U0178982

UN AÑO EN LA ANTIGUA ROMA

古罗马的一年

La vida cotidiana de los romanos a través de su calendario

透过历法
看古罗马人的日常生活

Néstor F. Marqués

〔西〕内斯托尔·F.马奎斯 著　刘雅虹 译

上海三联书店

谨以此书纪念亲爱的爷爷和姨妈

朝圣者，去罗马，
动身出发最重要；
条条大路通罗马，
任意哪条都能到。

——安东尼奥·马查多，《卡斯蒂利亚的田野》

目　录

1

前　言

　　我一直认为，如果不首先了解过去，对其进行研究并加以珍惜，就不可能展望未来。我们都是罗马的直接继承者，因此，更好地了解罗马的文化和习俗应该是一项道德义务。

　　这是我十多年前成为罗马世界的历史学家、考古学家和传播者的前提。2012 年，当社会通信技术已经淹没了一切和每个人的时候，我决定创建一个网络文化项目，让人们从中了解和欣赏罗马世界及其文化、遗产和馈赠。"古罗马的每一天"就是这样诞生的，这是一项朴素而坚定和自信的创举，从那时起，它试图通过利用技术作为盟友，以一种人人触手可及而且能负担得起的方式，将文化带入社会来满足这些前提。尽管如此，我一直试图保持完全严谨的科学性，这赋予了这个项目最大的优点，因为"盲目"传播的结果可能会像无知一样具有破坏性。

　　几年后，成千上万的追随者在这条道路上，以极大的毅力，将其作为一个了解罗马世界的渠道，巩固了"古罗马的每一天"的地位。通过各种社交网络上的技术手段和网站，或参加面授课程、讲座和旅行，任何人都可以享受这种理解罗马文化的新方式。

在历史科学和文化遗产领域的任何研究中，传播无疑是最重要的。一项研究的目的是把知识回馈给社会。否则，历史就会陷入困境，不可能达到它的最终目的。诚然，并不是所有的研究人员都想要、能够或者知道如何去做，但新一代的人开始明白，历史不能建立在人们的对立面。正如罗伯特·克纳普（Robert Knapp）在他的著作《被遗忘的罗马人》（*Los olvidados de Roma*）中关于罗马社会普通人的描述。作为历史学家，我们要真正与之沟通并传递热情的对象应该是那些在这片领域没有经验和方法，从零开始徒步前行的人，也就是占社会人数99%的普通人。他们应该了解历史，不幸的是，历史往往被锁在难以触及的抽屉里。

另一方面，我们必须充当传播者，因为如果不这样做，结果可能是灾难性的。神话、谎言和历史谬误如今已司空见惯。有时它们是如此根深蒂固，以至于很难从集体意识中拔除。谁不认为罗马角斗士总是在竞技场上战斗到死呢？罗马人在盛大的宴会上，天天吃，天天吐，又是什么意思？或者当政治候选人在说真话的时候，会用手抓住自己的睾丸？所有这些都是传说，都是由错误的信息和错误的传播流传下来的。

本书试图以引人入胜的方式接近罗马世界，但同时不忽视研究及其严谨性。你在这里发现的是多年研究的成果，甚至是好几个世纪的成果，因为有许多作家毕生都致力于更好地了解过去。然而，你必须知道，历史研究是一个有生命的，在呼吸和不断变化的实体。尽管我们可以提供我们今天所拥有的最新和准确的观点，但我们永远不可能完全确定我们所知道的关于罗马世界的一切。

罗马历法是"古罗马的每一天"项目的雏形，它的基础之一是评论每天发生的事情，是一个令人兴奋但充满复杂性的主题。有机会和能力花时间深入研究并将其写出来确实是一场冒险，我很自豪能在这本书中和读者一起分享这番体验。我们将理解历法是什么，它对罗马这样的社会意味着什么，以及它从起源到今天的演变过程。我们还将深入研究构成历法的元素，其中许多元素对我们来说是熟悉的，并了解罗马人对它们的理解方式：年、月、星期、日、小时……

最后，我们将进入一段完整的罗马年的旅程，从 1 月到 12 月。我们将观察到罗马社会及其文化、宗教信仰和日常生活。从皇帝到奴隶，从商人到参议员，所有这些都将反映在这部作品中，将引导你穿梭于 1200 多年的古罗马历史中。

感谢你分享古罗马文化。

内斯托尔·F. 马奎斯

第一部分

罗马历法：从起源到当代

引　言

　　正在阅读这些文字的你，请稍作停顿，思考一下。想一想，此刻是何年何月何日。再想一想，比如，公元前 27 年，被认为是罗马帝国的第一阶段和"元首制国家"理论上的起始时间。最后，想一想，从那个时间开始到现在，过去了多少年，多少个世纪，甚至多少个千年。

　　对我们所有人来说，在当下与任何其他时刻之间建立一种时间关系是非常容易的，正如我们从出生起就被教导的那样。无论日期有多么遥远，我们总是能够在头脑中刻画出时间流逝的尺度感。

　　历史上所有的社会都在或大或小的程度上使用了一种最广义的时间参考系统。无论是自然的还是社会的，时间周期是构建和巩固共同生活的要素。我们今天所说的历法只不过是时间参考基本系统之一，是先进而精练的代表，部分归功于罗马人，对此我们将在本书中加以证实。毕竟，历法是人类的发明，是为人类的方便而设计的，以真实的自然观察为依据，时间系统完全依赖于观察的精度。

　　你知道奥古斯都（Augusto）皇帝第七个执政官任期年份的时间吗？你知道罗马建城纪年 727 年吗？这是纪年方式中的两种。罗马公民通过这两种纪年方式，可以很容易知道我们所说的是哪个年份。虽然很可能我们对这两种纪年方式都觉得奇怪，尤其是第一个，因为它甚至不是基于连续的线性数字序列，但是我们仍然知道那是奥古斯都作为罗马的"第一公民"掌权的那一年，也就是公元前27年。

在日常生活中，我们一刻也没有停下来思考，我们如何能够把塑造时间的参考系统这样无论是比喻意义上的还是字面意义上的重要事情，视为是理所当然的？人们很容易认为时间和它当前的特征一直存在。时间是不变的，但是它的社会建构并非如此。

罗马人的时间观念与我们的时间观念完全不同，同时也是我们整个历法体系不可缺少的基础，当我们进入其中，我们将发现，没有什么是固定不变的，我们所做的每一种建构都是主观的，尽管它试图在自然、不变和连续的时间中扎根。

今天，整个西方世界都建立在一个把时间分成两半的轴上：公元前（a. C.）和公元后（d. C.）。当然，最近有一些替代方案试图对时间建立一种超越宗教的关系——纪年前和纪年后（a.n.e / d.n.e）。然而，这些替代方案仍然参考我们对时间的社会观念中的一个关键里程碑。事实上，即使是17世纪的神学家也认为这种纪年法只是一个商定的观点，甚至不能代表耶稣基督诞生的真实日期，我们后边将会看到这一点。

在古代世界，在罗马的边界之外，每个国家、城市或文化群体都以自己的方式理解当前时间，并计算和校准过去的时间。地中海文化的相互联系意味着，为了建立商业、政治或社会联系，有必要同步或至少适应所有这些文化的时间概念。这是一项实际上不可能完成的任务，因为有 10 个月的年份，而每个月的名称也互不相同，持续的天数也有多有少，一些月份少于 20 天……在古代世界，一切皆有可能。

然而，由于我们如今生活在西方的标准化中，这种情况听上去似乎是混乱和遥远的，但我们只需要回顾一下过去，就能发现日历中其他社会失调的例子。最引人注目的例子是法国大革命时期创立的以十进制为基础的革命历法，用来划分月份、星期甚至一天中的小时。

法兰西共和国的历法，自 1793 年一直使用到 1805 年被拿破仑一世废除。对居民来说，这是一个非常突然的变化，甚至超过了我们稍后会讲到的尤利乌斯·恺撒（Julio César）的改革。通过取代月份旧名称的尝试，所有月份都改了名字：葡月大致对应 9 月中旬和 10 月中旬，雾月从 10 月中旬到 11 月中旬，以此类推霜月、雪月、雨月、风月、芽月、花月、牧月、获月、热月和果月，其中一些，如雾月，其名字照搬自希腊语或拉丁语。

所有这些最终都证实，我们目前几乎本能认为的时间参考系统的连续性，不过是不久以前出现的一种错觉。我们将看到，几个世纪以来，直到最近的日期，在划分时间的方式上发生了连续不断的变化，这些变化已经在我们今天认为是固有和天然的系统中具体化了。

让我们抛开显而易见的术语，抛开一切看似显而易见的东西，来发现我们生活在其中的时间的起源：世纪、年、星期、日、小时……对我们来说很简单的概念，隐藏着可以追溯到时间暗夜中的几千年以前的含义。

什么是历法？

在深入解释罗马历法的起源以及它是如何成为我们今天所熟悉的历法之前，我们必须先问问自己：历法是什么，它在罗马世界代表着什么。

罗马历法在拉丁语中的名称是 fasti，来源于 fas 这个词，是众神眼里"被允许的事物"。fasti 所涉及的是法律事务、审判和其他罗马人在"工作日"（dies fasti）里完全可以做的事情。

另一方面，kalendarium 这个词在拉丁语中和时间测量没有任何关系，而是指罗马世界中在名为卡伦德日（kalendae）的当月第一天所应偿还债务的记录簿。这就是这个词的由来。这个词今天的含义直到 7 世纪才被使用，首次使用者是塞维利亚的基督教学者伊西多尔，是在记录圣徒及一年中的圣徒纪念日的登记簿中使用的。

罗马人有一个非常奇怪的与 kalendarium 有关的表达。在谈到卡伦德日偿还债务的行为时，人们经常讽刺地说：*ad kalendas graecas* ——"在希腊历法中"意思是"当某件事永远不会发生的时候"，因为希腊人使用的历法完全不同，上面没有卡伦德日。这就像我们说"当青蛙长毛的时候"。

正如我们所看到的，fasti 和 kalendarium 都没有提及时间起源的概念，但更接近于时间的社会性方面。事实上，时间的流逝是出现在历法上的众多元素之一，但它不是唯一的元素，也通常不是最重要的。历法在历史上一直被用于政治、经济和宗教目的，当然，罗马人也不例外。

就像在许多其他日常环境中一样，指定我们时间测量方式的词同样起源于罗马文化。停下来反思一下是一门有意思的功课，思考我们应该为这个文明做什么，因为我们是谁，在做什么，说什么，怎么说，这一切的起因和源头都来自于罗马文明。

从罗马到当代：历法的起源及演变

要了解我们日常使用的复杂的时间测量系统的来龙去脉，有必要追溯到几千年之前罗马城尚未建立的时期。让我们沿着历史的小径，回到那个隐没在迷雾中，那个神话传说、神灵和英雄并存的时代。

我们从阿尔巴·隆加（Alba Longa）出发，经过不到一天的行程，就来到了亘古闻名的阿尔布拉（Álbula）。静静的台伯河（Tíber）一路向南，流经这里。古代统治这里的是公正而沉静的国王努米托（Numitor）。他是埃涅阿斯的直系后代，而埃涅阿斯是维纳斯之子，是从被希腊人使用木马计谋掠夺成空、烧成灰烬的特洛伊城逃生的神话英雄。

努米托的弟弟阿穆利乌斯（Amulio）贪图权力，夺走哥哥的王位并将他流放，使其无法恢复属于自己的王位。对于侄子们，阿穆利乌斯或杀死或流放，使他们永远无法继承其父被夺走的合法之位。然而，这位僭位国王放过了努米托唯一的女儿雷亚·西尔维亚（Rea Silvia），条件是雷亚·西尔维亚要终身保持童贞，侍奉灶神维斯塔女神。

灶神女祭司雷亚兢兢业业地履行着自己的职责，在灶神庙里敬奉着维斯塔女神。一天，她来到山中漫步，在小溪旁的柳荫下睡着了。力大无比的战神马尔斯凝视着酣睡中的雷亚，竟然忘记了神令及俗规，趁机玷污了她，给她留下了生命的种子，孕育出一对注定在将来要建立丰功伟业的孪生兄弟。

当灶神女祭司雷亚生下了战神的两个儿子后，阿穆利乌斯又恨又怕，下令把孪生兄弟投入河中淹死。根据传说，这个邪恶的企图未能实现，在篮子里顺水漂流的罗慕路斯（Rómulo）和勒莫斯（Remo）这一对孪生兄弟，因为河水自动退去而大难不死。

命运和诸神让那个篮子在一棵无花果树下搁浅了，这棵树就生长在未来的罗马城山脚下。那里的一只母狼收留了孪生兄弟。在我们今天称之为"卢帕卡"的神圣山洞里，母狼把孪生兄弟当成自己的狼崽一样用自己的乳汁养大。不久之后，有位牧人发现了他们，牧人名叫福斯图鲁（Fáustulo），这个名字的意思是"救助者"。他和他的妻子阿卡·拉伦迪娅（Aca Larentia）把孪生兄弟和自己的孩子一起抚养。

孪生兄弟长大成人后，知道了自己的真实身份，回到了阿尔巴·隆加。看啊，伟大的罗慕路斯把他的利剑刺入阿穆利乌斯的胸膛，恢复了他们的外祖父努米托的合法王位。出于对外孙们的感激，努米托授予他们建立一座以他们的名字命名的城市的权力。

战神马尔斯和牧人福斯图鲁注视着母狼为孪生兄弟罗慕路斯和勒莫斯哺乳。
罗马，奥古斯塔和平祭坛浮雕

　　兄弟俩各自选了一座山，都想将自己选的山作为城址。由于兄弟俩未能达成一致，最终把决定权交给了神灵的预兆，胜出者将获得该城创建者的荣耀。勒莫斯看到 6 只鸟飞过阿文蒂诺山，而罗慕路斯看见 12 只鸟以优美的姿态在帕拉蒂诺山飞翔。这个灵异现象使罗慕路斯当之无愧地获得在帕拉蒂诺山上建立新城的荣耀，从此这座山成为后来若干世纪里帝国的都城。

　　人们向朱庇特、马尔斯及维纳斯献上供品，在山脚下犁出了一道不可逾越的界线，沿着这道犁沟挖了深坑，在界线处竖起了城墙，以建城者罗慕路斯的名字将新城命名为罗马(Roma)。一切就绪之后，罗慕路斯警告他的人民：任何人不得越过神圣的城墙。唉，不幸的国王，你不知道将要考验你的命运的力量有多强大！

无知而鲁莽的勒莫斯嘲笑新建的城墙太低矮，满不在乎地越过了城墙。他的恣意妄为带来了严苛的惩罚，只有一死才能弥补他对国王禁令严重挑衅的后果，因为这是神的意志。对勒莫斯行刑的刽子手也被处以极刑，这样才能彻底净化勒莫斯所犯下的罪过。有人说是塞勒（Celer），而另有人说是罗慕路斯本人执行了神的律法。鲜血平息了天怒。伟大的罗马历史就这样开启了。罗慕路斯国王统治下的罗马城繁荣昌盛，这个将主宰世界几千年的文明的第一颗种子就这样诞生了。

我们刚刚读了一段罗马城建立的传说，也许可以从中体会到提图斯·李维（Tito Livio）、奥维德（Ovidio）、狄奥尼修斯（Dionisio）、普鲁塔克（Plutarco）或迪奥·卡修斯（Dion Casio）这些优秀古典作家的些许叙述风格。我们所能找到的最古老的神话故事叙述了从孪生兄弟出生的公元前771年开始，一直到传统上认为的罗马城建立时间公元前753年之间的事件。这些事件的真相在今天看来并非如此，因为与上述神话传说最早的版本之间有5个多世纪的时间距离。毫无疑问，从时间上来看，这些记述可信度并不高。古罗马人结合其远祖的神话传说杜撰了自己的历史，将他们的文明与在他们之前曾在该地区生活的寂寂无闻的各个民族割裂开来，从而给自己创造了如雷贯耳的英雄人物祖先。

事实上，如维吉尔（Virgilio）这样的作家颂扬的是当时的权势人物，具体来说就是奥古斯都，通过与孪生兄弟罗慕路斯和勒莫斯，即《埃涅阿斯纪》（*Eneida*）中所记载的特洛伊神话英雄、维纳斯之子埃涅阿斯的直系后代建立血缘关系来使自己的政权地位合法化。

这一切使我们不得不质疑流传至今的古代神话传说。传说隐去了真相，使后世对此感兴趣的人们局限于那些触手可及的文学作品而难以获悉事实。我们所知道的大部分关于古罗马最早的文明都是后人的创作，也都属于古罗马历法的起源的一部分。虽然如前所述，这些有关神话传说的作品并不完全可信，但是如果没有它们，我们根本无法弄清楚古代罗马时间测量起源的关键。而一旦时间测量的起源之谜被解开，一切就迎刃而解了。

罗马历法起源：月亮历

由于传奇人物罗慕路斯的伟大智慧及英明决策，罗马人将创造这座城市第一个历法的荣誉献给他。正是这部最初的历法为后来的罗马历法及我们今天使用的历法奠定了基础。

与古罗马历法和我们今天使用的历法不同，这部最初的历法以月亮的相位作为基本元素来记录月份和年份的循环。从美索不达米亚到罗马的所有世界古代文明，一直把月亮神看作对自然界和人类生活影响最大的神灵之一。月亮推动动植物的生长，决定潮汐的规律及妇女的月经，是为数不多可以亲眼看见的神灵之一。月亮神端坐在自己的舆辇上，配合着太阳的节律，在天空中周而复始地巡游。在一个农业社会中，这是一个可以确定时间流逝的完美着力点。

罗马人对月份的命名传统与月亮有关，因为 menses（月份）这个词是古希腊人用来给天体命名的。如瓦罗（Varrón）在其著作《论拉丁语》（*Sobre la lengua Latina*）中提到，这个词的写法是 μήνη，来源于 μῆες——希腊文是 meses，与拉丁文的 menses 同源。在当今世界的其他语言中，以英语为例，也可以观察到这种现象。如 moon（月亮）或 month（月份）这样的单词拥有共同的起源。由于与月亮的关系，这些单词都与测量时间的原始方式有关联。

古罗马历法基于四个关键点来测量一年中每个月份的连续天数。这些日期与月亮及其变化的相位密切相关。伴随每个月份开始的第一个月相，是卡伦德。这个与肉眼观察到的新月一致的日期具有决定性意义，因为按规律变化的月相形成了月份，每个月第一天观测到的月相就成为这个月的卡伦德日。

一位低等祭司负责观测月相并记录新月开始的时刻，然后报告给祭典之王。后者虽然宗教等级并非最高，却是罗马宗教生活中声望最高的祭司，其影响甚至在大祭司长之上。古罗马人信奉掌管时间周期的朱诺·科维亚（Juno Covella）女神。当人们祈求这位女神施恩的时候，嘴里念着"朱诺女神，我在此虔诚呼唤你"，向女神祈求庇佑。

这个唯一持续时间不固定的第一阶段过去，就到了诺奈日（nonae），它与盈月重合。Nonae 这个名字最初的含义很简单。Nonae 来源于 nonum（数字 9），指的是到下一个日期之前流逝的日子，即卡伦德日后的第九天。在诺奈日，祭典之王在罗马广场或帕拉蒂诺山旁边的阿尔克斯小丘上，向民众宣布当月的节庆和大事安排。

月半是伊都斯日（idus），它标志着满月阶段。伊都斯日一直以来是向朱庇特献祭的日子。罗马传统告诉我们：在这一天，负责向朱庇特献祭的大祭司和其他祭司一起，用一只绵羊向众神之王献祭。

这三个日子——卡伦德日、诺奈日、伊都斯日，很可能是后来的罗马历法中测量日期的唯一标准。然而，通过当代的研究，我们观察月相，就会测算出古罗马历法尚有增加一个日期的余地。我们不知道早期的罗马人如何称呼这个日期，而后来的罗马人也不记得，但是肯定应该与亏月相重合。根据内涵计数法计算的 9 天一个周期，用于该月的其他时段。我们根据一些研究者的做法，称这个日期为 nundinae post idus，意思是"伊都斯日之后的第九天"。罗马历法没有提及这个日期，以至于不但今天的我们，甚至公元 1 世纪的罗马人很可能也不清楚。然而，隐藏在"纪年表"背后的一些节庆揭示了这第四个日期的存在，它就是最重要的"号角净化节"（Tubilustrium）。

Tubilustrium 由 tubae（大号）和 lustrare（祛除）两个词合成，号角净化节是罗马一个非常古老的节日。在该节日期间，清洁和净化"大号"——仪式上使用的号角，用于各种葬礼、游戏及祭礼。这个庆典在后世的罗马历法中，每年举办两次——3 月 23 日和 5 月 23 日。在更早的历法中，每月在这个日期举办一次市集（nundinae）——按照我们当代的计数法是在伊都斯日之后的第八天。我们也可以注意到，有很多以缩写形式出现的罗马历法，在 3 月 24 日和 5 月 24 日采用带有首字母缩写词的 QRCF，史书一般将其全称写为 quando rex comitiavit fas（当君王游行的时候)，这个短句可能再一次指代"祭典之王"。和在卡伦德日一样，"祭典之王"在其他日期也与历法密切相关。在这个日子，他有可能在上午的祭祀仪式游行中担任一个主要角色。这两个日期向我们展示了非常重要的仪式，这些仪式恰恰在该月的第三个月相结束的时候举行。

虽然这些庆典充分保留了解读这个遗失日期的密钥，但对罗马历法更深入的分析（将在本书的第二部分看到这一点）揭示出，每个月在伊都斯日后大约隔一个市集日，按照惯例将举行某个重要庆典，比如二月的界神节（Terminalia）、四月的柏勒里亚节（Parilia）、七月的尼普顿节（Neptunalia）、八月的孔索神节（Consualia）。稍后我们再具体讨论这些节庆。

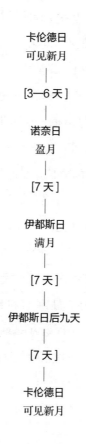

卡伦德日
可见新月
|
[3—6天]
|
诺奈日
盈月
|
[7天]
|
伊都斯日
满月
|
[7天]
|
伊都斯日后九天
|
[7天]
|
卡伦德日
可见新月

从每个月的这个非同寻常的最后日期开始，只需要等待一个新的 9 日周期（以内涵计数法计算），就到了与新月重合的下个月的开始。总之，古罗马历法系统赋予卡伦德日一个不固定的日期，但是将月相周期的其余重要日期保持固定的间隔，直到大约 29 天为止。

另一方面，罗慕路斯决定把一年内的第一个月——三月——献给他的父亲马尔斯，以示对这位战神的崇敬，这一直是罗马的传统。将三月作为一年的开端也包含了一些古老的含义，使我们得以窥探自然和人类生命周期之本源。

三月，肃杀的严冬已经过去，温暖的天气来临。在这个季节里，万物复苏，开始了新的周期，周而复始，无穷无尽。这是出生、成长、死亡和复活的完美循环。我们不必惊讶，许多文化和宗教普遍以此为基础。因此，对于那些依赖农业，也就是说，依靠大自然的更新换代生存的民族来说，三月理所当然成为一年的开始。随着天气的好转，人们在田间辛勤劳作，对经历自然循环之后的生存再次寄予了深切的期望。

温和的天气也预示着战争的重新开始，因此第一个月是献给战神马尔斯的。古罗马的三月标志着军事战争再次拉开了序幕。

从三月开始，月份的连续类似于我们今天所熟悉的方式，而七月和八月是例外，这一点我们将在稍后谈到尤利乌斯·恺撒于公元前 45 年进行的历法改革时予以详尽解释。所有的月份奉献给不同的神，我们后边将一一解读。然而，从五月到十月的月份名称呈线性分布，与其在历法中所处的顺序一致。Quintilis 是五月，Sextilis 是六月，September 是七月，依此类推，October（八月），November（九月）直到 December（十月），这个年度就结束了。接下来，伴随着 Martius（三月）又开始了新的一年。后世的研究者认为这种结构是罗慕路斯制定的，由十个月份构成的一年总共有 304 天。

奥维德等作家试图"事后"证明罗慕路斯选择一年只有十个月是合理的。奥维德在其《岁时记》中，显然在为罗马创立者的错误辩解，说罗慕路斯"熟悉武器甚于天体"（《岁时记》I，29）。根据其他古典史料记载，罗慕路斯决定一年的长短应该与人类怀胎十月相一致：九个阴历月。在这个解释中，四舍五入凑成十个阳历月。一个妻子为她死去的丈夫守寡的时间应该是十个月，数字 10 也是组成罗马军团的每一个战列的人数，而罗慕路斯将罗马市民划分为三个部落——拉姆嫩塞斯、塔提恩塞斯和卢凯伦塞斯，其中每个部落拥有的库里亚①数目也是十个。

那么，太阳年所缺少的其他日子怎么计算呢？公元 4 世纪的罗马作家马克罗比乌斯（Macrobio）认为剩下的 61 天一直持续到四季结束，但是未予冠名。其他作家则认为使用了某种时间校准法，随着四季更替调整为一年。我们可以看到，在这一时期，用来调整民事历法以适用自然节律的系统仍处于起步阶段，尽管我们将在下面发现，该运行系统意味着即将到来的下一次进化的萌芽。

当然，对于初次探秘罗马历法的人来说，因为我们头脑里固有的时间概念，可能觉得这是一个罕见而陌生的系统。然而，我们不应该认为帝国时期的罗马人——从公元前 1 世纪末开始——或者甚至生活在更早几个世纪前的罗马人，能够意识到奠定他们历法根基的这一切要素。绝大部分神话解释是罗马作家"事后"杜撰出来的，就像他们

---

① 古罗马的行政区划单位。——译者注

对自己文明创始的神话所做的那样。

在我们目前的观念中，我们倾向于把罗马看作一个整体——一个一切都一成不变的统一体。再没有比这种想法更不切实际的了。罗马作为一种文明，从默默无闻地萌芽到西罗马帝国的衰亡——传统上认为是在公元476年——持续了一千多年。将帝国时期的罗马人与早期罗马人相提并论，认为两者拥有同样的知识和经验，就如同将我们与中世纪的人进行比较一样。难道在10世纪就有了社交网络吗？那无疑是一次饶有兴趣的穿越，虽然此刻并非我们深入这条历史路径的良机。

一旦我们意识到要全面了解罗马历法的起源和演变，就必须对罗马文明不同阶段的巨大差异予以明确的区分，并跨越巨大的时间距离，这样才可以继续观察这第一部不规范而且稳定性差的月亮历法，在后来的几个世纪中是如何进化为更成熟的历法系统的。

从罗慕路斯到努马：太阳历转向

以上通过对古代时期的了解，我们知道了古罗马历法的起源及构成，将了解在该历法基础上的第一步改革，即修订该历法以使其更接近地球围绕太阳转的自然周期。我们来看看月亮历法转化为太阳历法的过程。

古典作家们告诉我们，这一改革是罗慕路斯国王的继任者、罗马城首位伟大的立法者努马·庞皮留斯（Numa Pompilio）国王的杰作。罗马作家将历法改革归功于这位传奇国王。和歌颂他的其他丰功伟绩一样，这一归属只是证明历法演变的一种方式，同时也是为奠定文明基础的君主统治的伟人们歌功颂德，增光添彩。

在新历法中，我们之前已经谈论过的日期得以确定：卡伦德日、诺奈日、伊都斯日的设定，使月份规律化，月份不再与月亮的阶段变化相吻合，部分地丧失了其自然性，促进了人们生活的实质性改善。

卡伦德日仍然代表每个月的第一天，是大祭司发布诺奈日的日子。低级祭司不断地祈祷："朱诺女神，我在此虔诚呼唤你。"在一月、二月、四月、六月、八月、九月、十一月和十二月各重复5次，宣布诺奈日在该月的第五天；而在三月、五月、七月和十月则重复7次，这些月份的诺奈日在第七天。毫无疑问，这是一种祭司们必须维持的人为宗教行为，目的是为了保留他们凌驾于罗马市民之上的权势的连贯性。民用历法与经济活动相关联，不断演化，而宗教历法在很长一段时期内保持古老的形式，由此可以在某种程度上看出保存至罗马历史更晚期的最古老的习俗。

另一方面，在这个严格的依附系统里，"祭典之王"在诺奈日宣布在该月剩下的日子里将要举办的庆典。从诺奈日开始，以内涵计数法推算，9天之后就到了伊都斯日这个关键日期，这是向朱庇特献祭的日子：在一月、二月、四月、六月、八月、九月、十一月和十二月是13日，三月、五月、七月和十月是15日。当然，也正是在这个时候，每个月的第四个关键日期，即我们之前认为的"伊都斯日后第九天"被废除了。

提图斯·李维和普鲁塔克等作家声称推动这个革新的是努马国王，也有作家认为是塔克文（Tarquino）国王，或者是某个被历史遗忘的人物。这个改革对于未来几个世纪之后的罗马的确意义深远。罗马人正在经历的这场观念上的转变——历法从以月亮为参照点，常常以人为干预的方式以保持最初的月亮历的特点，转向以太阳周期和一年四季为基准，而四季是组织农业生活的关键性因素。

然而，古老的罗慕路斯历法只有304个月亮日，它是如何与365个太阳日相吻合的呢？虽然问题尚未完全解决——这至少要等到尤利乌斯·恺撒的改革，但努马国王的改革增加了51天才凑够了一年355天。这个新的天数实际上几乎与12个月球周期的持续时间——大约354天——一致，不过因为古罗马人迷信奇数能带来好运，给该周期增加了一天，从而导致年复一年时间上的严重失衡。

新的天数加上从其他各个月份提取出来的日子共57天，创造了两个完整的月份，将其命名为一月和二月，给予这两个月的持续时间分别为29天和28天。

虽然这两个月份在历法上非常重要，但是后来的罗马作家们似乎对努马历法中一月和二月的位置顺序有争议。一方面，普鲁塔克（《努马生平》，18—19）肯定一月和二月在其设立之初，曾经是新的一年中的第一和第二个月份，代替了罗慕路斯历法中表示一年之初的三月。这可能意味着这两个月份的次序从其设立之初本来就是这样的。然而，另外一些作家，如奥维德（《岁时记》II，51）利用归纳推理法得出结论，通过上述月份举办的庆典推导出，位于一月之后的二月才是新的一年的开始。

一月是献给终结和重新开始的守护神——双头神雅努斯——的，这就使得大部分作家把一月作为一年的第一个月。而二月献给主掌冥界的神，用以进行净化和个人赎罪，因此其位置排在最后，意味着除旧迎新。实际上，在 2 月 23 日举行的界神节，祭祀主掌领土范围和边界的神特尔米努（Término）。有几位作家对这个祭礼进行了详细的记录，以此来证实二月作为年末的位置。

日历被重构为下列形式：

月份	天数
一月（Ianuarius）	29
三月（Martius）	31
四月（Aprilis）	29
五月（Maius）	31
六月（Iunius）	29
七月（Quintilis）	31
八月（Sextilis）	29
九月（September）	29
十月（October）	31
十一月（November）	29
十二月（December）	29
二月（Februarius）	28

除二月外，所有月份包含的天数都是奇数，被称作整月的月份有 31 天，缺月的月份则有 29 天。这种设置再一次涉及罗马人赋予奇数的神秘力量。我们找到了很多例子，比如维吉尔认为"神偏爱奇数"（《田园诗》VIII，75）。老普林尼也对这种数字力量提出疑问："为什么我们相信在任何事情上奇数总是更强大？"（《自然史》XVIII，23）

为了吸引好运，11 个月份拥有 29 天或 31 天，只有 1 个月份是 28 天。二月是用来向亡灵和主掌冥界的神赎罪的。很可能从宗教角度考虑，为了不给予这个不祥的月份以奇数，减少了 1 天。正因如此，罗马历法在后世，包括恺撒的改革，都保持二月的天数不变，以示对冥神的尊敬，这个传统一直保持到今天。

尽管当时做了这些努力使这部我们今天称之为日月历的历法符合规范，但还必须定期增加一个整月份以使其保持稳定并与太阳和月亮的周期一致。我们不知道在罗马王政时期这个过程是怎样实现的，但是提图斯·李维貌似给了我们一个线索。他认为太阳年和月亮年的周期是通过在每 19 年（按罗马人的算法是 20 年）中插入了几个月份来调节。在这个调节阶段结束时，太阳年和月亮年再次完全重合了。根据当前的计算，在这 19 年内，总共增加了 7 个月份。

在我们看来，和其他情况相同，这个历法似乎是一套混乱而多变的系统，从某种程度上来讲确实如此。然而，正如将在罗马文明的其他方面发生的那样，这个历法由此起步，在随后几个世纪里不断进化。

共和国时期的历法及其改革

我们不知道促成月亮历向太阳历演变的具体原因，但可以肯定的是，这一演变过程直到罗马共和时期才完成。我们再次深入到公元前 5 世纪的罗马。那是罗马王政时期的最后一任国王，绰号为"狂妄者"的小塔克文被赶出罗马城，罗马共和国宣告成立的公元前 509 年。

半个世纪后，一个被称为"十人委员会"的临时机构建立起来统治罗马。这个由十位议员组成的团体于公元前 451 年成立，目的是为罗马人建立一个新的法律框架，并将其内容镌刻在用铜材做的布告牌上，竖立在罗马广场的元老院中。这样，任何人都可以看到并研究这些由风俗习惯主导的惯例性法令，避免了可能产生的各种分歧，因为直至当时，在罗马城，习俗总是居于统治地位，经常引发贵族与平民之间的严重冲突。

第一任"十人委员会"创立了十个法律布告牌。第二年又增加了两个法律布告牌，由继任的"十人委员会"制定。这就是使该委员会闻名于世的"十二铜表法"，它们是罗马法的基石。这些法律涵盖了生活的各个方面，从家庭、财产到公民的继承权、刑事权。虽然这种曾经牢不可破的法律条款今天已经不再起作用，但我们通过一些罗马作家的记载得知，正是第十一个铜表法第一次以书面的形式提到，在正常的时间周期内插入额外的月份，以维持历法相对于太阳周期的稳定性。

我们终于搞清楚这套系统是如何纠正偏差并明确地参照太阳调整共和国民用历法的。要添加的月份名为闰月，每两年设置一次。这个新的月份共有 27 天，位于二月份之后的年末。

在公元前 5 世纪中叶，或者更确定一些，在公元前 4 世纪末期，"十人委员会"确定了二月份为一年的第二个月。根据宗教传统，增加的月份仍然被放在二月之后，并使二月失去了年末位置。尽管如此，闰月并非恰好加在二月末的 28 日之后，而是加在 23 日之后举办界神节的那一天——这个一年的象征性末尾在增加的 22 天之后来临，加上二月份尚余的 5 天零头——24 日到 28 日，构成了闰月的一部分。

理论上来说，这个针对历法不足之处的修订系统应该足以保持民事年与太阳年同步。然而，执政官的职务掌控在贵族权势人物手中。他们无数次地出于政治或经济目的有意地延长某一年，增加闰月以对自身有利；而为了缩短某个政敌的统治，即使按照正常情况应该增加闰月也绝不那么做。

祭司也同样仅限于在贵族中挑选。他们凭借宗教权威日复一日地掌控着时间机构。这种权威对平民，尤其对农民影响很大。人们安排农活、组织城市商业及其他合法活动，都有赖于月份结构的公告，然而，和早期由祭司惯常发布包括节日、诉讼、会议以及对于平民必不可少的其他活动一样，这些月份公告是祭司针对平民的另外一种系统性的掌控方式。

以普鲁塔克为代表的少数希腊作家，把这个月份称作 Μερκηδόνιος 或 Μερκίδινος——Merkedonios 或 Merkidinos，无疑是罗马人为闰月创造的戏称。这个词来源于 merces（薪资、付款、利息），很可能与政治和经济所有权有关。正如我们刚刚看到的那样，很多政治人物操纵闰月的增减。普鲁塔克的母语是希腊语，他一定领会不到这个词的戏谑含义是"政治腐败"。他以为 Merkedonios 这个词是闰月的原有正式名称，将该名称写入了《希腊罗马名人传》。

公元前 304 年，当一位获释奴隶的儿子、曾经担任过大祭司团秘书的格奈乌斯·弗拉维乌斯（Cneo Flavio）当选为市政官员后，情况发生了变化。之前在秘书的职位上，弗拉维乌斯就曾因对月份组织结构的细节了如指掌而闻名。自从他的新政治职务允许其施行强有力的决策开始，他就决定终结大祭司的优势地位。根据史料记载，可能是在同一年，弗拉维乌斯在罗马广场设置铜牌发布了一份完整的日历。这个公用历法标记了一年中每一天的特征，目的是为了让公众提前了解在合适的时间做合法的事务（《罗马历法日期分类》，89—98）。这样，人民将可以摆脱对之前操控这些信息发布的祭司的依赖。可以预料的是，贵族们一点也不喜欢这个举措。

在罗马历史的任何时期，在掌控一切权力、金钱及其分配的特权人物（元老院成员、骑士以及更晚期的十人委员）与占全体居民99%的平民百姓（自由人或者奴隶）之间一直存在着巨大的地位落差。弗拉维乌斯属于后者中的一员，尽管这个阶层一直处于非常劣势的地位，但还是努力地前进，部分原因在于弗拉维乌斯这种"小人物"的"小行动"。

罗马共和国经历了一个又一个世纪，不断地对外征服，建立了殖民地，而月亮历在历法中退居次要地位，尽管它在许多世纪后仍保留在罗马文学的想象中。奥维德曾亲临阿文蒂诺山山顶上的月亮女神神殿纪念庆典，他在《岁时记》中提到"月亮校准月份"（《岁时记》III，893—894），而该神殿的建筑时间可以追溯到塞尔维乌斯·图里乌斯（Servio Tulio）国王统治时期。

尽管弗拉维乌斯促成了历法的官方化，使之不再由贵族掌控，但闰年在罗马共和国时期仍然不失为一种政治和经济控制手段。从提图斯·李维记载的公元前190年7月11日的一次日食，我们得知历法在那一时期偏离太阳年大约四个多月。实际上，从天文学角度来说，那次日食发生在3月14日。我们可以想象这次异常天象对罗马人意味着什么。冬季从四月开始，夏季从十月开始，导致无论节庆抑或年周期，都不符合它们在传统的一年的自然周期中确立的位置。苏维托尼乌斯（Suetonio）解释说，没有一个节庆在合适的时间举办（《罗马十二帝王传》，"恺撒"，40）：丰收节不在夏季，葡萄收获节不在秋季……

从那时起，人们制定相应的法律试图纠正误差。法律严格控制闰年，使民用历法与太阳周期重新协调起来。这些措施确实成功地将以前的不规律调整到在大约一个三十年的时期内"仅仅"增加了两个半月。

然而，这一切并不足以建立一个稳定而规范，并且不被贵族要诡计和滥用的历法。此外，该系统很复杂，没有足够的可靠性来保证其正常运行。

这个时期的罗马已经不再是台伯河岸边的小城镇了。在广场的臭水塘前面，宏伟的建筑拔地而起，如所谓的艾米利亚大殿、奥斯蒂利亚元老院以及维斯塔女神神殿。在这种背景下，马库斯·富尔维乌斯·诺比利奥尔（Marco Fulvio Nobilior）将军在安布拉基亚（位于今希腊境内）获得军事大捷几年后，于公元前 187 年，为大力神修建了一座神殿（Hércules museion）。从 museion 这个词的本义——santurario de las musas（缪斯的圣殿）来理解，这座神殿被认为是一座真正的博物馆。根据马克罗比乌斯的记述，该博物馆里曾有一部宏伟的历法，是我们拥有确凿证据的罗马历史上第一部历法。

这些巨大的"纪年表"原先很可能被绘在神殿的一面墙上，包含了一年中的所有节庆及每个月的日子类别，可能还有书面的卷轴，通常是莎草纸卷，解释每个节日的细节。当然，到今天这种"纪年表"已经荡然无存，而对它的研究资料也只能窥见蛛丝马迹。尽管如此，通过下面这段话，我们知道它确实存在过。奥维德提到，为了在下笔之前搜集资料，他查询过一些"纪年表"：

Ter quater evolvi signantes tempora fastos, nec Sementiva est ulla reperta dies.

展开纪年表，翻来覆去地看，上面标注有时间，却找不到一个日子是用来播种的。

（奥维德，《岁时记》I，657）

尽管如此，我们所保存的最古老的罗马历法——大约制定于公元前55年左右——无疑是富尔维乌斯"纪年表"的最好反映。目前可以在罗马最大的宫殿马西莫宫欣赏到的"最大古纪年表"残片展示了我们此刻正在描写的延续到共和国时期的罗马的真实情况。你可以在本书的插图中看到历法复原图，欣赏到以缩写形式确定的各种节庆：二月的界神节和国王被逐日，三月和五月的号角净化节，还有其他各种各样的节庆。下面我们将按照一年的所有月份排列顺序来进行详尽解释。

在残片上部还可以看到缩写月份名称，下部则是该月份的持续天数；还能看到一个月中的关键日期——卡伦德日、诺奈日、伊都斯日——和其余日期的名称。在右边，有一列是在一年的12个月之外增加的，对应于每两年增加27天的闰月。

然而，这个广为流传的历法从其诞生之初就伴有严重的错误。追逐个人权力、凌驾于大多数人利益之上的风气导致罗马越来越陷入腐败。历法的制定出于政治目的且带有可疑的道德瑕疵，使用起来很糟糕。这一切自然很快就促使罗马进行彻底的改革，新的政治气氛借助盖乌斯·尤利乌斯·恺撒的推动而出现，同时新的历法诞生了。

从共和国到帝国：儒略历

盖乌斯·尤利乌斯·恺撒是罗马历史上最杰出的人物之一，是伟

A K	IAN	F F K	FEB	N B K	MAR	N A K	APR	F F K	MAI	F E K	IVN	N B K	QVIN	N A K	SEX	FF K	SEPT	FC K	OCT	N B K	NOV	F C K	DEC	N G K	INT F
B F		G N		D C	LVNON	C F	LVNON	B F		G E		F F	MART IVNON OSP NON MARTK	D N	IVNDNI FELICITAT	B F	SPEI VICTORI	G F		D C	LEIDEI	C F		H N		H F
C C		H N	MATR REG	E C		H C		C C		H C		G C	NON HABER	E N		C C		H C		E C		A N		A C		A C
E NON F	B NON N		E C		H NON F	VEDI	E NON N	B C		H C		F POPLI N		H NON N		D C		A C		G C		B C		C NON F		C NON
F F	LVCAE POPAE	C N I	COME ORI IN CAPIT	A F	INCARTOL	F N I	FORT PVBL	D NON N	B N	DI FIDI	A N	PAIL IBVS II	F SALVTI		C F	IOVI STATOR FVLGVR	A NON F		G F		F NON		D F		D F
G C		D N		B C		G N		E F		C N		B N		H C		D C		A C		E C		E C		E C
H C		A A GON N	E N		C C		H N		H L EMVR N	D N		C C		E CM		E MEDI N	B C		E C		G C		G C
A A GON N		B C		D C		A N		E VESTAL N	D C		A C		F CM		E MEDI N	B C		F C		A A CON N	A C	A C
B C		F N		E C		B N		F N	VESTB	E C		B C		G CM		F C	ONT		C C		B E N		B C
C CAR N	G N		F EN		C N	M D M I	B L EMVR N	F C	LOED APOL	C C		H C		A N		H E N		E E IDVS N	C E IDVS N	C E IDVS
D C	LVTVRNAE	H C		G E	QVIR N	D N		G MATR N	F C	MATR MAT VORTVNAE	C C		D C		A N		H E N		E E IDVS N	C E IDVS N	C E IDVS
E E IDVS N	A N		H L	IDVS N	C C		H N	MATR MAT VORTVNAE	D C	PORT FORTVN	B E IDVS N	A EIDVS N E		D F		D F
F E N	B E IDVS N	E E IDVS N	D EIDVS N	A EIDVS N	H IDVS N	F F	QVINQ VORT PORT IBVS HEB CAST POLLIONE	C F	IOVI OM	B F		G F		E CONS N		E C
G CAR N	C N I	B LIBER N	G FORDI N	F C	C QST D F	B C	HONORI	G C		H C		D C		C SATVR N	F C
H C	CARMENT	D LVPER N	B LIBER N	G FORDI N	F C	MERC MAIAS INVICT	B C	ALLEN SDE	G C		E C		C C		C SATVR N	F C
A C		E E N	H N		G C		D C		C C		D LVCAR N	A PORT N		D C		D C		A O PA N	H C
B C		F QVIR N	QVIRINO	D QVIN N	B N		A C		E C		B C		F C		E C		D C		B C	LOPS	C C
C C		G H C		C MINERV	A C		B C		C GVINAL N	G C		F C		C C	CDIVAL N	C C
D C		H A N		G N		D N		C CERIA N	B AGON N	G C	MINERVAE	F LVCAR N	VENERIS	H C		E C		D C	LA FEM	C C
E C		A B	FERAL	H TVBIL N	E PARIL	N C N		D N	KOREM LIB LIB	H N EPI N	COMO HONOMS	E CONS N	VENERIS	B C		F C		D C	LA FEM	C C
F C		B C		A Q R C F	F N	ROMA CONDI	D TVBIL N	A C		H N EPI N	D CL VENERIS	B C		C C		E LAREN N	C C
G C		C C		D TERMIN N	G VINAL F	E Q R C F	B C		B F VRR N	G VOLK N	D C		B C		H C		F C	DIANN VARR INCA PIENORE	E REGI N
H C		D TERMIN N	E REGIF N	H C	VENER ERVC	F N	FORT P AL C	D C		A O PIC N	E F N		D C		A C		F C	DIANN VARR INCA PIENORE	E REGI N
A C		E REGIF N	F C		A ROBIG N	G C		D C		A O PIC N	C VOLTVN N	H C		E C		B C		G C		G E N
B C		F C		G C		B C		E C		C VOLTVN N	H C		F C		C C		G C		G E N
C C		G E N		H E QVIR N	G C		C C		F C		GC LARV	G C		A C		H C		A C		H E QVIR
D C		H E QVIR N	G C		E C		D C		A C		B C		A C		H E QVIR
E C		A C		H C		E C		D C		A C		B C		A C		A C
X X	I	X X	X X	II	X X X X X	X X X X I	X X	X I	X X X I	X X	I	X X I	X X X X X	X X	X I	X X X I	X I	X X X X	X X X VII

保存至今最大的罗马古历法复原图。

罗马，马西莫宫国家博物馆

大的指挥官和军事战略家，是当时及后世最著名的人物之一。时至今日，他的军事战术由于实用性已经被研究和复制了数百次。

在征服高卢，以及维钦托利投降之后，志得意满的高卢行省统治者恺撒，收到了越来越多与他对立的元老院对他担任下一年度（公元前49年）罗马最高执政官职务的反对意见。恺撒的回应是率领第十三军团武装越过卢比孔河。这在当时是叛国行为，因为这条河是高卢和意大利的边界，禁止军队和武装力量通过。

元老院被恺撒的举动吓坏了，站到了庞培将军一边，这导致了他们之间的内战。这场冲突以庞培将军在埃及被暗杀而告终。庞培将军在法萨利亚之战溃败后逃到埃及避难。就连恺撒本人也认为这次谋杀是不光彩的，哪怕死者是他的对手，但毕竟是罗马公民。

我们先把恺撒的战功放在一边。相对于恺撒的巨大军事声望，作为政治家和管理者的恺撒形象自然逊色一些。在东方取得胜利并于公元前47年10月返回罗马之后，恺撒再次把注意力集中在政务上，以争取下一年度的最高执政官任命，并继任前一年授予他的独裁者职位。这是由个人单独享用权力的职位，在极端紧张和需要的时刻，独裁者以一种特殊和暂时的方式控制共和国。

在以其卓越的军事才能结束内战，并稳固了罗马的政治局势之后，恺撒开始考虑对历法进行改革，或者更确切地说，彻底地更换现行历法，为罗马创造一部真正的太阳历。

罗马当时使用的是从古罗马历法调整的日月历，在保持年周期稳定方面仍然存在许多问题。大约在公元前1世纪中叶，民历年与四季的自然周期相差三个多月。对行政、制度和宗教的恶意政治利用不过

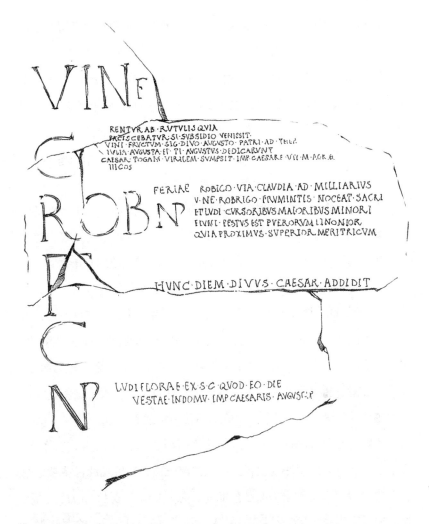

VIN

RENTVR AB · RVTVLIS QVIA
PACISCEBATVR · SI · SVBSIDIO VENISSIT
VINI · FRVCTVM · SIG · DIVO · AVGVSTO · PATRI · AD · THEA
IVLIA · AVGVSTA · ET · TI · AVGVSTVS · DEDICARVNT
CAESAR · TOGAM · VIRILEM · SVMPSIT · IMP · CAESARE · VII · M · AGR · &
IIICOS

CROBN

FERIAE   ROBIGO · VIA · CLAVDIA · AD · MILLIARIVS
V · NE · ROBIGO · FRVMINTIS · NOCEAT · SACRI
ET LVDI · CVRSORIBVS MAIORIBVS MINORI
FIVNT · FESTVS EST PVERORVM LINONIOR
QVIA PROXIMVS · SVPERIOR MERITRICVM

A
F
C

HVNC · DIEM · DIVVS · CAESAR · ADDIDIT

N

LVDI FLORAE · EX · S · C · QVOD · EO · DIE
VESTAE IN DOMV · IMP CAESARIS · AVGVSTI·P

普雷尼斯提尼纪年表残碑，图中文字 HUNC DIEM DIVUS CAESAR ADDIDIT，意为
"这一天由神圣恺撒增加"。

罗马，马西莫宫国家博物馆

是为罗马共和国敲响了丧钟，因为人们只考虑怎样控制这个可利用的工具，而从不关心如何改进工具本身。

针对这种形势，恺撒提出对历法进行技术革新，禁止在历法上玩弄政治或财政营私舞弊的伎俩。他废除了几乎一个整月份的时间，使之不再被用来调整年份。恺撒的英明决定是设立了一个由非罗马专家组成的委员会，其中包括亚历山大的索西琴尼（Sosígenes de Alejandría），他被认为是新历法的主要设计者。

首先，太阳年的持续时间被确定为 365 天零 6 小时，这可能是沿袭了当时已经注意到这个时长的埃及传统。最令人惊叹之处在于经过验证，古代计算的精密程度与今天相比，仅仅相差了约 11 分钟。

为了保持民历年与太阳年一致，恺撒决定给一年现有的 355 天再增加 10 天。这"增加的 10 天"通过谨慎而周密的安排进行添加，以尽可能不改变历法的原貌。维持与从前历法相似的特点是非常重要的，主要出于政治和宗教原因，相似度更高，改革就不会失败。正因如此，月份的数量、排序及名称没有改变，完整保留了到今天。这就是我们熟悉的现行历法，不同的是闰月在新历法中永远消失了。

特别考虑到二月如前所述，专门用于祭祀亡灵、祖先并进行净化，为了不干涉古老的年底宗教仪式的最黑暗方面，二月继续保持数世纪以来的 28 天不变，时至今日依然如此。另一方面，三月、五月、七月，加之在新历法中拥有最多天数——31 天——的十月，这几个月也保持原来的天数不变。最后，如下表所示，一天或两天分配给剩余的几个月份：一月、四月、六月、八月、九月、十一月、十二月。

月份	持续天数	
	儒略历之前的历法	儒略历
一月（Ianuarius）	29	31
二月（Februarius）	28	28
三月（Martius）	31	31
四月（Aprilis）	29	30
五月（Maius）	31	31
六月（Iunius）	29	30
七月（Quintilis）	31	31
八月（Sextilis）	29	31
九月（September）	29	30
十月（October）	31	31
十一月（November）	29	30
十二月（December）	29	31

　　新增加天数放置的位置也得到了谨慎的研究。为了使罗马月份及其内部结构的改变显得微乎其微，使在卡伦德日和伊都斯日之间举办的大部分活动不受任何干扰，所有增加的天数都被放在每个月的后半部分。

　　这一改变对当时的影响非常小，对于后世的影响更是微乎其微。但对于当时经历了这种变化的人们来说，像确定出生日期这样简单的事情就开始出现问题。出生在添加日期月份的伊都斯日和月末之间的公民必须选择是保留自然日还是出生日期。有的人决定保持后者，比如莉维娅皇后，她出生于公元前 58 年 1 月 28 日，在新历法中这一天不是 28 日，而是 30 日，因为旧历法不存在 1 月 30 日，1 月只有 29 天。

另一些人，比如她的丈夫奥古斯都皇帝，决定使用自然日。他这样做的特殊动机是要与他的保护神阿波罗保持联系，因为他出生在阿波罗神的节日——9月23日。奥古斯都的生日在历法改革之前，是十月卡伦德日前第十天。在新历法中，当每月增加了一天之后，对应的是9月22日。因此，尽管他的生日变为十月卡伦德日前第九天，但他仍然保持9月23日阿波罗神的节日为自己的生日。

在新历法中，应该注意的最后一点是闰月的问题。在此之前，解决方法依然复杂而烦琐，但是在儒略历中，解决方案既简单又先进。持续时间为365天零6小时的太阳年比365天的民历年多出来的6小时，以每四年给二月增加一天来补偿，而不是像从前那样增加一个整月，这就避免了各种利益操纵。恺撒保持了历法的传统形式，并凭借其"大祭司"地位的特权，委托其余的祭司负责监督和执行新的闰日系统。

这就是我们今天所熟悉的历法系统，从那时候一直到今天几乎没有变化，只是略有调整。正如我们所看到的，这个新历法完全尊重宗教传统，甚至保留了在2月23日界神节——象征性岁末——之后，2月24日（月亮历的卡伦德日前第六天）之前，添加闰日的传统。从字面上来看，是把下一个日子复制了（卡伦德日前"复"第六日），即"又一个第六日"。就这样，将每年多余的6个小时逐年累积起来，每四年补够一天并校正天数，如此操作直到今天。

万事俱备，公元前46年这次改革的完成，只有一个问题需要解决：当新历法开始启用时，公元前45年1月1日应该与太阳年的开始保持一致。根据现在的推算，公元前46年的新年实际开始于原来的公元前47年10月，就是说当时的民历年比自然年提前了3个月。

这个问题的解决办法是在一年内抵消两个历法之间存在的天数差别。为了达到这一目的,增加了 3 个闰月。第一个闰月在其平常的位置,即二月的界神节之后。另外两个,即所谓的"前闰月"和"后闰月",加在十一月和十二月之间,3 个闰月加起来共 90 天。这样,公元前 46 年总共持续了 445 天,是罗马历史上最长的一年,被戏称为"最后一个混乱年"。

"儒略纪年表"(fasti anni iuliani),或者称为"儒略历法",于公元前 45 年 1 月 1 日正式开始实施。那些深受旧历法之苦和经历新历法调整的人们也许对其并不抱多大热情,但是,毋庸置疑,它提供了一个牢固而持久的新历法。这套系统原封不动地延续到两千年后,为今天的我们所承袭。

在恺撒设立新历法刚满一年并被任命为"终身独裁者"之后,命运呼唤他去面神。公元前 44 年 3 月的伊都斯日,恺撒成为一桩针对他的政治阴谋的受害者,他的生命结束了。在庞培元老院,60 多名议员捅了他 23 刀,刺穿了他的身体,以这种突兀的方式终结了他的政治和军事抱负。

谋杀案发生几个月之后,当年的例行最高执政官马克·安东尼(Marco Antonio)提议将七月的名称 Quintilis 改为 Iulius 以纪念恺撒,因为七月是恺撒的出生月份。从那年开始,在恺撒的生日 7 月 12 日,对他进行官方祭祀,这在罗马是史无前例的,这就是如今七月名称的由来。

奥古斯都及历法权力

在恺撒的继承人屋大维（Octaviano）和恺撒的得力助手马克·安东尼之间发生了激烈的政治和军事对抗，屋大维在亚克兴战役中获胜并征服了埃及之后，罗马恢复了相对平稳的状态。这种情况理论上意味着罗马共和国价值观的重新建立，实际上是新事物的开始。通过玩弄局势手段，尤其是对政治宣传的利用——对此我们将在后文专门讨论，公元前 27 年 1 月 16 日，恺撒的继承人屋大维摇身一变成了"奥古斯都"，即罗马"第一公民"（Princeps）。

凭借"第一公民"的地位，奥古斯都以一种非常聪明的方式，在罗马原来的基础上，在没有任何阻力的情况下，顺利地重建了新的制度体系，即我们今天所熟知的罗马帝国制度。

奥古斯都进行的无数改革，其核心在于重建美德、仁慈、正义以及对祖先的虔敬。所有这些都是传统主义风尚的宗教价值观，在共和国后期已经逐渐消失。奥古斯都将道德及对神的尊敬回归首位，创造了一个被称为"黄金时代"的和平与繁荣时期。

历法也从中获益匪浅，因为它规定了罗马公民每年必须庆祝的每一个宗教节日。当然，奥古斯都尊重其当时已经被神格化的养父的历法改革，但他不得不调整自公元前 44 年以来大祭司们一直执行的闰日，否则对儒略历的影响将是灾难性的。

公元前 8 年，《帕库维亚八月法》颁布，要求在接下来的 12 年内取消闰年，使历法恢复至自然状态。归咎于先前对闰日操作说明的误解，从开始实行闰日时算起，各位大祭司每三年增加一个闰日（以内涵计以保存的大理石副本为原型，用罗马黄金完美复制的美德之盾。上面的文字意为"鉴于奥古斯都的美德、仁慈、正义及虔诚而授予其美德之盾"。

阿尔勒，阿尔勒古迹博物馆

数法计算是每四年增加一次），而实际上应该每四年增加一个闰日，按内涵计数法计算则是"在第五年开始"。大祭司们的做法导致民用历比太阳历提前了好几天。如果没有进行这次校正的话，在几个世纪之后，误差将会非常明显，必定会出现第二个"最后一个混乱年"，是奥古斯都避免了其发生。

解决了以上问题的同一个法令也将八月的名称 Sextilis 改为

Augustus，以纪念这位"第一公民"，就像从前对七月改名一样。这个是奥古斯都生前获得的无数荣誉之一，八月是奥古斯都在公元前 30 年征服埃及的月份，也是他在公元前 29 年庆祝三重胜利的月份。

在奥古斯都时期，历法在罗马世界得以普及和通用，无论是公用的抑或私人专用的历法版本数量都呈指数级增长。我们今天仅存的五十多种罗马历法（全部是残碑），其中 80% 以上都属于奥古斯都 – 提比略时期。

儒略历在时间方面的更新也催生了大量的新历法版本。许多之前一直在使用的历法实体被毁坏了，其中大部分是绘在墙上的，而只有我们前面提到的"最大古纪年表"一直保存到今天。

奥古斯都的罗马，基调是繁荣和富裕。奥古斯都临终前，还记得他初见罗马时，罗马由泥瓦建成，而他留下的，是一个大理石的罗马。历法也经历了同样的过程。之前的历法很多是绘在墙上的，而保留下来的奥古斯都时期的历法几乎都是镌刻在宏伟的大理石碑上，最有名的例子就是我们保存至今的"普雷尼斯提尼纪年表"（fasti praenestini）残碑。

幸存下来的大部分历法来自罗马或者深受罗马城影响的意大利中部地区。然而，2010 年，在罗马帝国时期的西班牙城市（如今的塞维利亚的埃西哈）发现的"大理石纪年表"残碑，充分体现了在奥古斯都时期各行省里存在的政治 – 宗教融合。这一小块残片，对应的月份是三月，是迄今为止发现的那个时期意大利以外的行省中唯一的"纪年表"例证。

阿斯提吉塔尼纪年表残碑

　　这个社区的精英由退役军人组成，他们被安置到一个繁荣的新城市。巨大的精神和情感纽带将他们与罗马紧密连接在一起，因此，他们使用政治官方象征和国家宗教信仰保持与罗马的和谐相处。

　　当然，历法不仅以宏伟的大理石碑形式出现，也有体量小的石刻历法，而其他更多的则是书写在莎草纸上的袖珍历法。所不同的是，后一类由于其承载物的脆弱性，没有一部保存到今天。

有一部属于这一时期的文字作品，虽然残缺，但与奥古斯都极力推行的观念——符合道德准则和爱国主义的政治宣传——完美地相统一，这就是奥维德的《岁时记》。作者刚写完一年中的前六个月，就被奥古斯都流放了。这部作品给我们叙述了奥古斯都时期的罗马一年中所有节庆的来龙去脉和庆典仪式。另外，奥维德的《岁时记》表现出一种阿谀奉承的风格，宣扬了以奥古斯都及其家族为典型的罗马公共生活的各个方面。

　　奥古斯都是古代乃至人类历史上最重要的政治天才之一。他生机勃勃的规划得以完美实现证明了这一点，在文学、艺术甚至货币方面的成就无愧于这种评价。历法也毫不例外地成为奥古斯都宣传计划的工具之一，它不仅仅是一种掌控时间的方式：历法是一种社会和政治元素，从中体现出"第一公民"的宅心仁厚、罗马美德和传统典范。简而言之，历法就是一年中以节庆为中心的生活方式。

　　频繁不断地举办节庆，向"第一公民"及其政治和军事功勋、其保护神致敬，通过这些规划国家新秩序的措施，对社会施加一种积极的影响。当然，这一切尤其指向精英阶层，这个拥有五六千万人口的帝国中只占微小比例的不到二十万人。在这个厚颜无耻、主张阶级歧视，并由经济实力决定话语权的社会中，这些所谓最诚实的人（honestiores）构成的富人阶层虽然人数最少，却集中了所有权力，凌驾于普通人——字面上理解是"下等人"（los humiliore）——之上。

　　奥古斯都时期无疑是罗马世界一个继往开来的时代，传统习俗得到恢复，甚至可以被看作罗马自身的重建良机。因此，历法结构、节庆在后来都没有变动，官方大理石碑刻的生产也停滞了。后世添加到历法上的最突出的节庆，大多数情况下，仅与某位已故杰出皇帝的形象有关。奥古斯都的复兴和稳固时期以及历法演变的停滞，使纪念奥古斯都及其家族的庆祝活动在随后的几个世纪里继续存在。

其中最明显的例子是一张写有节庆名单的莎草纸，包括一年内的所有宗教和军事节庆。这份文档属于在杜拉欧洛普斯城驻扎的来自帕尔米拉的第二十士兵协助支队。不幸的是由于叙利亚战争，这两座名城早已被毁坏并劫掠一空。这个节庆名单是亚历山大·塞维鲁（Alejandro Severo）皇帝时期的，确切地说是公元225—227年的，是1931年对这座罗马－叙利亚城市的阿尔忒弥斯神殿的挖掘作业中发现的。尽管这个历法并不起眼，我们却可以从中看到在公元3世纪仍在举办无数的节庆向奥古斯都及其家族致敬，表明在整个帝国时期，奥古斯都王朝在集体记忆中具有巨大分量和重要性。

然而，历法的这种表面的永恒稳固性并未永远持续下去。如果说有一件事对历法和整个罗马社会来说是一场新的革命，那无疑就是血腥的宗教斗争。在4世纪末，随着基督教成为罗马的官方宗教，这场斗争达到了顶峰。

罗马帝国后期和历法基督教化

在3世纪的罗马，已经存在各种各样的宗教崇拜：官方诸神、东方诸神以及在世界首都罗马争夺信徒的其他宗教神祇。其中，值得一提的是对某些神灵的崇拜，由于各自的形式特征和相似之处，被统称为神秘宗教。这些宗教在对信徒的启蒙，甚至死亡和回归神性这一生命循环的仪式方面具有共同特点。密特拉（Mitra）、阿蒂斯（Atis）、赫里俄斯（Helios）、阿多尼斯（Adonis）和基督（Cristo）是 3 世纪罗马社会宗教伦理中最突出的一些神。

我们稍后将有时间谈论其中的几位神，但是现在我们先专注于这场斗争的最后阶段：4 世纪。公元 312 年，著名的米尔维安桥战役打响，君士坦丁（Constantino）击败了马克森提乌斯（Majencio），随之登上罗马皇帝宝座。这意味着一场重大的宗教改革，促进了已经强大的基督教达到鼎盛时期。公元 313 年，君士坦丁颁布了《米兰敕令》，宣布罗马帝国宗教自由，受影响的不单是基督教徒，但是他们确实受惠于此。

君士坦丁还颁布了一条法令，以决定性的方式改变了星期的产生方式，当时星期变得越来越重要。公元 312 年，"太阳日"——我们现在的星期日，被宣布为官方休息日，这一特色一直延续到今天。在"太阳日"不能从事任何法律或商业工作，唯一明确的例外是农活。这一法令一直持续到 6 世纪，当时还规定农活也不能在星期日做。然而，这一措施并未被大多数人接受。整个中世纪，人们都在从事田间劳动，理所当然地忽视了这个在现实中行不通的规定。

所有这些变化，无论是宗教的、政治的还是社会的，都反映在历法上。具有讽刺意味的是，历法从一个官方的、公共的、众所周知的元素，回到了它的起源——一个私人和个人的元素。帝国前期用宏伟的大理石镌刻的历法已经变成过往岁月的零星残片，在所谓的用于掌握日常时间流逝的小型个人历法——主要是一些历法书——中残存下来一部分。这些私人历法，从前曾经存在过，但不幸的是，我们没有保留下来任何关于 4 世纪以前版本的线索。

　　这些名为"费罗卡利纪年表"（fasti filocali）的历法无疑是研究这一时期罗马历法演化的绝世珍宝。这是一份抄本，包含几份完整的纪年表，从 1 月到 12 月的全部节日、皇帝的出生、时间测量说明，还有很多其他文章。"费罗卡利纪年表"抄本的落款日期是 354 年，作者

费罗卡利纪年表封面：费洛卡罗祝瓦伦蒂诺阅读愉快。

是弗利乌斯·狄奥尼修斯·费洛卡罗（Furio Dionisio Filócalo）。他可能是那个时代最著名的文人，为瓦伦蒂诺（Valentino）制作了该历法。从图像上看，历法的整体风格发生了变化，因为插图不再是逸事，而是排在月份之前的主要元素。

当时能够拥有历法的都是贵族。历法虽然最初的插图可能会用丰富的颜色来装饰，以使"抄本"的主人感到赏心悦目，但不幸的是，保留到今天的几乎只有单色本，并且是后来为原本制作的副本。这一复制过程对于古代几乎所有的作品都很常见，这样的话，即使原本遭到损坏或丢失，历法也不会失传。这份保存最好的历法副本，目前珍藏在梵蒂冈教廷图书馆。它是在 17 世纪根据一份 9 世纪的手稿制作的，而这份手稿又是从 4 世纪的罗马手稿中抄写而来的。

我们发现这些纪年表反映出在当时的社会中，传统节庆仍然很重要，而且当时还保留着罗马世界经典的时间测量系统——卡伦德日、诺奈日及伊都斯日。纪年表也提供了一些新信息，比如 7 天一星期的时间周期出现并逐渐占了上风，而 8 天一星期的诺奈日传统，也以并行方式保留在历法中，一直延续到一个世纪之后消失。另一方面，尽管当时的社会政治和宗教发生了变化，但"费罗卡利纪年表"非常重视庆祝罗马宗教的传统节日，表现了帝国在整个 4 世纪所经历的特殊的宗教宽容时期，即从 313 年宗教自由化到狄奥多西（Teodosio）宣布基督教战胜其他宗教。

380 年，在君士坦丁宣布宗教自由半个世纪之后不久，来自伊比利亚半岛的狄奥多西皇帝颁布《帖撒罗尼迦敕令》，也称作《人民宪法》，通过该法令，正式确定基督教为罗马国家宗教，而当时存在的所有其他宗教信仰被毫不留情地禁止。与之前君士坦丁时期获得的相对稳定性对比，这个新法规的实施造成了一种宗教对抗气氛。这标志着罗马传统历法的终结：从那一刻起，它开始被基督教隐藏和诋毁，是反对当时其他宗教的反传统工作的一部分。

在基督教新的官方政策中，为了向基督教的上帝而不是太阳神表示崇敬，"太阳日"开始成为"主日"。有迹象表明，针对异教的"无敌的太阳"，积极利用基督这个形象作为真正的太阳神——"正义的太阳"，是后者的崇拜者赢取新信徒的方式。就这样，官方的休息日被赋予了一个新名字，这个名字后来演变成了我们的"星期日"。

第二个也是最后一个从古代幸存下来的历法抄本的制作时间就在这场宗教革命之后。这就是《波列米乌斯·西尔维乌斯历法》，大约写成于公元448—449年，地点在高卢的东南部，可能是卢杜南—里昂。作者是一位名为波列米乌斯·西尔维乌斯（Polemio Silvio）的上层社会基督徒，他的任务是改编罗马传统历法以适应新的基督教现实。

与"费罗卡利纪年表"不同的是，在那些异教传统仍然盛行的历法中，波列米乌斯·西尔维乌斯不得不记录一个带有基督教节庆的历法，而这些节庆尚处于发展和稳定阶段。该历法在删除对基督教伦理观有意的攻击和异教元素之后，仍保留了罗马传统的某些元素。狄奥多西皇帝的两个儿子和继承人霍诺里乌斯（Honorio）和阿卡狄乌斯（Arcadio）在公元395年正式宣布从历法中永久取消异教徒的节日。与其他历法相比，我们发现这个历法内容相当少，而且许多填补空白的注释是有关天文的，甚至是气象的内容。

波列米乌斯·西尔维乌斯也在其历法中删除了古老的8天一周期

的市集日，该周期已经废弃，取而代之的是 7 天一星期。尽管如此，令人好奇的是如维吉尔或者西塞罗这些古代杰出人物的生日是如何保持的；除了那些传统上与基督教鼎盛时代有关的皇帝，如君士坦丁或者狄奥多西，其他还有诸如维斯帕先（Vespasiano）和塞普蒂米乌斯·塞维鲁（Septimio Severo）这些皇帝，他们的生日又是怎样保持的。奇怪的是，有一些罗马传统节日也在这个历法中保留了其原来的位置，但时间终会将它们抹去。其中最引人注目的是牧神节和七丘节，尽管因其明显的异教特色，但通过基督教的严格过滤，仍然得以保留下来。

如果需要停止庆祝某个异教节日，基督教总是非常直接，往往将新的宗教节日叠加在旧节日上，逐步取代旧节日。

这无疑就是最后的罗马历法，延续了上千年前开始使用的罗马最古老时期的"纪年表"。即便如此，举办哪些节庆、庆祝节庆的方式，仍然遵循基督教圣徒纪年表。所以，由教皇格列高利十三世（Gregorio XIII）颁布的对儒略历的调整，延续到了今天。看起来和时间一样古老的历法，就这样自然而然地伴随着我们度过一天又一天。

格列高利历法

为我们的社会打下根基的罗马的熊熊火焰之所以能够生生不灭，是因为有很多尚未燃烧殆尽的炭火，其中之一无疑就是我们保存下来并日复一日在使用的儒略历法。虽然这个断言从根本上来说是正确的，但是大家都知道，我们目前使用的历法是由教皇格列高利十三世在 16 世纪下令对儒略历进行改革后的历法。

由索西琴尼实施的罗马算法，确定太阳年的持续时间为 365 天零 6 小时。技术上更先进、更精确的计算显示了该结果带来的微小误差。事实上，太阳年大约持续 365 天零 5 小时 49 分钟 12 秒，与公元前 45 年设计儒略历所运用的原始计算相差不到 11 分钟。

这个小小的误差，实际上在整个罗马帝国时期是感觉不到的。然而，当我们考虑到这个历法运行到整个中世纪甚至近代早期，到 16 世纪误差达到了十天，就不得不加以重视了。换个说法，儒略历每 400 年累积 3 天的误差。目前，儒略历的误差是 13 天左右，应该加到今天的日期里。如果我们把格列高利历倒推，回到它诞生之前的时期，即所谓"格列高利历推算法"，它将与公元 3 世纪的儒略历完全同步。

很多当时或者更早期的学者意识到这种不合拍，试图进行修正，提出不同的方法来改良历法，以便让其恢复正常运行。在这些提议中，有两条来自于萨拉曼卡大学，一条在 1515 年，另一条在 1578 年，后者被梵蒂冈采纳。

虽然第一次提出这个建议的是教皇保罗三世，但最终是格列高利十三世援引恢复复活节本来日期的理由，进行了这次改革，具体由德国耶稣会教士克里斯托弗·克拉维乌斯（Cristoforo Clavio）完成。1582 年 2 月 24 日教皇颁布了《因特尔·戈若维希马斯敕令》，其中详述了同年十月将要生效的改革。

在教皇敕令中，建立了格列高利新历法，议定了两项措施来纠正儒略历法的计算误差。第一项措施是确立 400 年的周期，其间闰年数量不是 100 个，而是 97 个：满足可以被 100 整除这个规则的年——1700、1800、1900、2000、2100，这些年的闰年被废除；但是可以被

400 整除的年却是例外，比如 2000 年实际上是闰年。

第二项措施立即纠正了当时已经累积起来的十天误差，将当时仍处于主导地位的儒略历 1582 年 10 月 4 日星期四的下一天，遵循格列高利历法准则，定为当年的 10 月 15 日。

该办法立即就在意大利、葡萄牙、西班牙和其他殖民地得以施行。这些殖民地服从教会的意志，但是其他很多地方晚了几年甚至几个世纪才接受了这个改革及伴之而来的梵蒂冈其他方案。其中，英国只采用了 1752 年的改革。有一些国家如俄国和希腊，在东正教教会的主导下，不得不等到 20 世纪才采纳格列高利历法，而其礼拜仪式仍然按照儒略历法一直保持到今天。

这样的分歧引起了好几个颇有意思的史学错误，比如米格尔·塞万提斯和威廉·莎士比亚这样的名人逝世日期一致，即今天的国际图书节。两位作家都是 1616 年 4 月 23 日去世的，事实是塞万提斯的忌日遵循的是格列高利历法，而莎士比亚的忌日遵循的仍然是比目前的历法实际上晚了十多天的儒略历法。

目前，世界上大部分地方遵从的是格列高利历法，说到底，它不过是对儒略历的略微修正。自从公元前 45 年盖乌斯·尤利乌斯·恺撒在罗马共和国推行儒略历以来，这个历法在本质上就没有间断，一直被使用到我们生活的 21 世纪。

古罗马人如何计算

　　如果有人问我们一星期从开始到结束有多少天，我们每个人都会毫无疑问地回答是七天。然而，对于一个普通的罗马人，这个回答是不正确的。

　　在古代，内涵计数法的使用非常普遍，我们在解读以下章节时必须牢记这一点。在这几段中，我们将讨论罗马人用来测量时间流逝的从大到小的各种元素。

　　内涵计数法是把一个时间段的第一和最后一个单元都计算进去的算法，而我们当代的计算方法是不包含第一单元。

　　几乎所有的古代文明都运用内涵计数法。比如，在古希腊，两次奥林匹克运动会之间间隔的时间段（即今天每四年举行一次）被称为"奥林匹克周期"，即"一个 πεντετηρίς"，字面意思是"每五年一次"，但是我们知道，只有以内涵计数法计算才是这样的结果：举办奥林匹克运动会的年份之后间隔三年，才到下一届奥林匹克运动会的年份。

　　罗马人在计算时间段时，在生活的各个方面都使用内涵计数法，对于计算时间方面的间隔也一样。接下来我们将看到明显的例子。对于那些不了解其内情的人来说，这常常是很伤脑筋的一件事情，比如计算月份的天数。还有一个明显的例子是传统上的在八天的工作日之间设置的市集日的时间段。可以看出市集日（Nundinum）这个词来源于 nonum——"nueve"（9），因为按内涵计数法计算，这个八天的周期可能是九天。

这种算法今天已经过时了，但我们仍然下意识地使用于无数的事物中。基督教的教义和经文是根据内涵计数法体现的。耶稣基督在受难日（星期五）死去，并在第三天复活节星期日复活。虽然在我们看来，从星期五到星期日只过去了两天——星期六和星期日，然而奇怪的是，教义上却仍然按照内涵计数法计算为三天，与当前的逻辑相矛盾。还有一些类似的例子，我们甚至可以在当代不同的语言中找到。比如法语中的 huit jours（八天），仍然是一星期的称呼方式；而我们的 quincena（半月），根据定义，这是两个星期的时间，虽然也等同于 15 天，但在运用时这两种含义没有区别。

一旦明确了这些基本概念，我们就可以遵循那些古典作家所使用的同样框架，对古罗马怎样计算时间进行讨论，从总体到个体：世纪、年、月、星期、日甚至小时。

世纪

我们的生活日复一日，却从未停下来想一想，支撑我们时间系统基础的文化内涵是什么。因此，当我们研究古罗马人的时间系统时，通常情况下总是倾向于按照我们自己的、深深扎根于当代社会体系的经验来进行推断。

这种行为最明显的例子之一，体现在我们思考古罗马的"世纪"的含义的时候。世纪（siglos）这个词，来源于拉丁语的 saeculum，在我们看来，它有一个明确的含义：从时间的一个固定原点算起，以线性方式排列，逐步增加的一个百年周期。

然而，罗马的 saeculum 与这个定义相去甚远。首先，它是一个超越人类的时间单位，一个事实上任何人都无法完整体验的自然元素。另外，它的持续时间是可变的，因为它意味着一个人的生命可能持续的最长时间。

考虑到这个定义，要搞清楚一个 saeculum 的大致持续时长，摆在我们面前的可能性是多种多样的。比如，希罗多德（Herodoto）说，神话中的塔尔忒索斯国王阿甘托尼奥斯（Argantonio）活了一百五十多岁；而另外一些希腊作家甚至肯定古代国王能活到三百多岁。而老普林尼也提出类似的数据，他论证说，对于那些不校准历法的古代人，每年可能持续差不多三个月或者更少，这样的话，活那么多年是很有可能的。

在罗马，对于世纪的持续时间有各种各样的观点，从80年到100多年不等。人们还认为人类生命的最长时间在各个地方都不一样，受制于地区在地球上所处的位置，并受天空中星体的交角影响。逻辑上来说，那个时代的平均预期寿命远远低于这个数字，一般在30到50岁，人的寿命长短取决于地区和社会地位的不同。

正如公元前1世纪的罗马作家马库斯·特伦蒂乌斯·瓦罗（Marco Terencio Varrón）所说，出于实际原因而非自然原因，即出于世俗的原因，世纪的持续时间习惯于被固定在100年。然而，这位作家去世后不久，这个数字就被奥古斯都皇帝以官方的形式改变了。

尽管如此，与我们现在的世纪不同，罗马人的世纪是一个不固定的单位，这意味着其持续时间没有任何起始点，因此可以随意从任何原点开始，并持续很长时间。其使用在宗教世界中特别突出，主要是作为未来预言的一个决定性因素。

与对待许多其他事物一样，罗马人回顾过去，看到伊特鲁里亚人是如何划分他们的世纪周期的。他们把一个城市或者国家的建立时间作为起点，挑选在建城同一天出生的人中寿命最长者，这个人去世的那一天就标志着第一个世纪的结束。

在罗马的远古时代，当确立城址的时候，由于罗慕路斯国王看到了12只鸟列队飞翔，鸟相占卜官预言，罗马城从其建立开始算起，将持续12个世纪。人们普遍认为罗马将延续1200年。按照罗马自己的算法，罗马将于公元448年终结。奇怪的是，这个时间就在传统上标志着西罗马帝国衰亡的那一刻——公元476年9月4日——之前不久。

世纪卢迪

罗马传统建立了一项庆祝活动，即被称为"世纪卢迪"（ludi saeculars）的仪式，它标志着一个世纪的结束，并宣告新世纪的开始。在进入帝国时期之前，它一直被称为"特伦蒂尼卢迪"（ludi terentini）。虽然当代人知道这些仪式分别是在公元前3世纪和公元前2世纪的40

年代举办的，但对这些活动了解甚少，甚至连举办日期也不清楚。

公元前 17 年，罗马"第一公民"、共和国昔日传统和道德观的恢复者奥古斯都，决定重新举办"世纪卢迪"仪式。针对这次庆祝活动，宣传准备工作花了好几年时间，举办了从前的所有活动，但是对世纪有了新的定义：从那时起，世纪将持续 110 年时间。

从 5 月 31 日开始到 6 月 3 日，夜间祭祀冥间的诸位神灵，白天则举行一系列祭祀活动，向以奥古斯都的保护神阿波罗为首的诸位光明神致敬。这是罗马有史以来第五次举办这样的活动，一个新世纪就这样开始了。这开启了一个和平与繁荣的新时代，这与新毕达哥拉斯主义理念相符，该理念认为人的生命每 440 年轮回一次。这个宽泛的时期以 110 年为一个循环，从逻辑上讲，这是奥古斯都以世纪的方式正式确立的时间阶段——第一个是黄金时代，第二个是白银时代，第三个是青铜时代，最后是黑铁时代。举办第五次"世界卢迪"意味着回归黄金时代———一个和平、繁荣和富裕的时期，标志着奥古斯都全部精神财富的基本目标。

"世纪卢迪"被宣传为有史以来最壮观的表演，以前没有人看到过，将来也没有任何人会再看到。由于测量"世纪"的持续时间时，包含同一世纪的两个端点，后来的世纪中，"世纪卢迪"也得以连续举办。第二次是在公元 88 年，当尚未满法定的 110 年时，由图密善(Domiciano)皇帝举办。第三次是在公元 204 年，塞普蒂米乌斯·塞维鲁皇帝及其儿子卡拉卡拉（Caracalla）共同举办，从而恢复了奥古斯都确立的 110 年周期的正确日期。

Tali spectaculo nemo iterum intererit [...] neque ultra quem semel

ulli mortalium eos spectare licet...

没有人有机会第二次经历过如此景象，没有一个凡人将
会再一次看到它们……

（公元前17年的"世纪卢迪"纪念铭文片段。

《拉丁语料库铭文》VI，32323）

这些仪式也是为了定期预防流行病、瘟疫及其他会对城市造成普
遍影响的严重疾病。祭祀的目的在于安抚冥界诸神，为即将开始的新
世纪祈福。难怪5世纪末的异教徒历史学家佐西莫（Zósimo）暗示，
自从君士坦丁皇帝于313年决定不再庆祝"世纪卢迪"，永远终结了这
个古老传统，人类开始遭受诸多灾难和不幸。

从那时起，在4世纪末将要占主导地位的新现实中，基督教确保
没有必要再进行这些异教徒的庆祝活动。真正的上帝创造了一个可
能——繁荣将持续"万世永久"，这是一个至今仍然在基督教仪式中
使用的表达。

然而，这些不是罗马独有的"世纪"纪念仪式的标志。公元47年，
克劳狄乌斯（Claudio）皇帝在政治利益驱使下，开始了一种新的"卢
迪"周期，以纪念罗马建城800年。尽管这些活动确实是以"世纪卢迪"
的名义发起的，但接下来举办的活动并不是出于对奥古斯都原来周期
的尊重。公元147年，安东尼·庇护（Antonino Pío）皇帝举办了罗马
建城900周年纪念活动，而在公元248年（并非247年，这一点我们
后面将会详解）菲利普一世（Filipo I）皇帝有幸举办了罗马建城1000

年纪念仪式，这是一个有无数演出的盛大庆祝活动。

可以看出，在罗马，人们对城市的建立日期一直牢记在心。以这个日期为起点，创立了一种测量时间的方式。另一方面，这种计算年份的方法并不是古罗马唯一的，甚至不是最普遍的。

年

罗马年和我们现在的年一样，从尤利乌斯·恺撒施行历法改革以来，一直拥有 365 天。然而，在罗马世界，有一个比自然年的级别更高的概念——伟大的年。这个时间单位是可变的，甚至古罗马的作家们对其持续时间也没有一致的结论。对于罗马人来说，"伟大的年"是一个 lustrum，是五年的时长，我们的单词 lustro（五年时间）就来源于此。这个概念是在塞尔维乌斯·图里乌斯统治时期确立的，根据传统，在每个"伟大的年"的末尾要进行公民的身份和人口普查。

让我们来关注罗马人计算年数的方式吧。与我们现在的系统不同，在古罗马，不止一种方式可以知道当时处于哪一年，或者计算过去的某些时刻。粗略地说，我们可以把计算系统分成线性和非线性，前者用于从一个具体的时刻开始计算的年，后者用于与数字的上升连续性不一致的年。那么我们来看哪种方式在这两种选择中使用最广泛。

最高执政官纪年

虽然这在今天看来很奇怪，但在古罗马，表示年岁流逝最普遍的方式并非我们现在的线性连续法，而是所谓的"最高执政官纪年"。从罗马脱离君主统治，建立共和国的公元前 509 年开始，每年的国家行政机构最高职务由两位行政官联合担任，他们就是从 42 岁以上的公民中挑选出来的"最高执政官"。

这是一种年度行政官员职务和身份。从那时起，在该年度统治的最高执政官的名字被用来表示年度。比如，公元前 509 年，即罗马共和国的第一年，是卢修斯·朱尼厄斯·布鲁图斯（Lucio Junio Bruto）和卢修斯·塔克文·科拉蒂努斯（Lucio Tarquinio Colatino）担任最高执政官的那一年，最普遍的拉丁语格式为：*L Iunius Brutus L Tarquinius Collatinus consulibus*。从我们的视角来看，这种形式过于复杂，然而，却表现出罗马对其最高执政官的尊敬，他们是每年度最杰出的人物。

另外，还有一种可能性，其名字为该年度冠名的最高执政官在战斗中死亡，或因其他任何原因而丧命。在这些情况下，必须任命一位接替者——代理最高执政官——履行当年剩余时间的职务。虽然这个新的最高执政官取代了原来的最高执政官，但是这一年的名称仍然保留原来的最高执政官——日常最高执政官——的名字。矛盾的是，如果代理最高执政官任命的情况发生了，人们可能会开玩笑地问："最高执政官大人，您这个最高执政官是哪个最高执政官？"

在帝国时期，虽然也出现了其他计算年份的方法，但这个惯例得以继续保持。在古典资料、法律文本和我们保存下来的古罗马各种文稿中，都有许多关于最高执政官纪年的参考资料。对我们来说，幸运的是，今天的研究已经完全可以重建从共和国建立之初到帝国结束时年复一年的罗马最高执政官名单，所以我们可以知道任何罗马最高执政官纪年指的是哪一年。

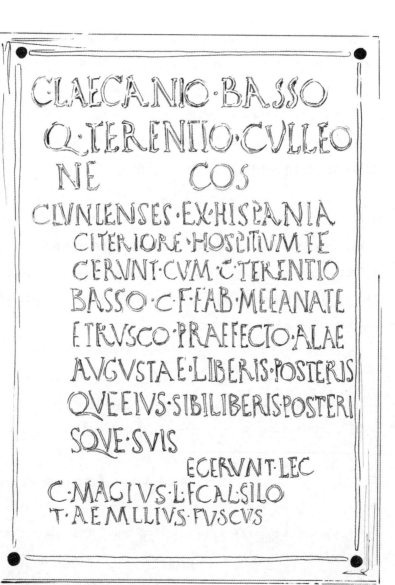

CLAECANIO·BASSO
Q·TERENTIO·CVLLEO
NE　　　COS
CLVNIENSES·EX·HISPANIA
CITERIORE·HOSPITIVM·FE
CERVNT·CVM·C·TERENTIO
BASSO·C·F·FAB·MECANATE
ETRVSCO·PRAEFECTO·ALAE
AVGVSTAE·LIBERIS·POSTERIS
QVE·EIVS·SIBI·LIBERIS·POSTERI
SQVE·SVIS
　　　　　ECERVNT·LEC
C·MAGIVS·L·F·CALSILO
T·AEMLLIVS·FVSCVS

克鲁尼亚城和骑士团长官签订的款待条约,日期为公元 40 年,上部为"最高执政官纪年"。
马德里,国家考古博物馆

最高执政官名单也有部分保存在名为"卡比托利欧纪年表"的大理石上。fasti 这个单词，我们前边已经用来指代"历法"，它还有第二个含义，即"罗马最高执政官名单"。这些最高执政官名单很可能由奥古斯都皇帝在公元前 19 年前后题写，刻在一个拱门上，与罗马广场的尤利乌斯神殿连在一起。许多残碑在 16 世纪被发现，并被永久保存在"藏品宫殿"，现在是卡比托利欧博物馆的一部分。

纪年

虽然如前所述，罗马最普遍的计年方式是"最高执政官纪年"，但是也存在其他方式，所有这些方式都基于不同纪年的使用。这种时间计算系统基于使用数字的线性顺序，从使用该纪年的人们普遍认可的一个共同的拐点开始。

> ληπτέον δέ καὶ τοῖς καιροῖς ὁμολογουμένην καὶ γνωριζομένην ἀρχὴν
> παρ' ἅπασι καὶ τοῖς πράγμασι δυναμένην αὐτὴν ἐξ αὐτῆς θεωρεῖσθαι

> 应该选择一个公认的、被所有人接受的时刻作为（新纪年的）开始，使自己可以时刻看到将来的各种重大事件。

> （波利比乌斯，《故事》I，5，4）

现今世界上大部分居民都由同一个纪年支配，即从耶稣诞生开始计算的基督纪年。关于这个纪年的出现我们后面再详谈，因为恰当的做法是首先介绍创建时间更早的其他纪年。aera 这个词来自拉丁语 aes-aeris，意思是"铜"或者"钱"，士兵们通常用此来表示他们截止到当时收到的年薪数额，以计算他们在军团服役了多少年。

可能引起纪年改变的原因是多种多样的：某个重要人物的去世、普遍性的重要事件、新的社会团体的建立，等等。在古代，每个城市、各个省份或者不同国家都有自己的参照点，地中海沿岸存在不同的纪年，它们通常会共存，一般不会产生严重的问题。

罗马建城纪年

毫无疑问，在罗马人使用的纪年中，最著名的是从罗马城建立开始的纪年，即 ab Urbe condita，缩写为 AUC。我们从字面上来看，其时间路径来自"该城市的建立"——对我们来说是公元前 753 年。无论是用于计算时间，还是用于宣传，这个纪年都貌似一个完美的系统，但它远非罗马使用最广泛的日期记载系统。这是出于几方面的原因，其中最突出的一点是，甚至罗马人自己对罗马城建立的确切时间也有不同的说法。至少直到公元前 3 世纪，罗马作家们也不认可罗马城建立时间是我们今天认为的公元前 8 世纪中叶，认为这是罗马人为了颂扬自己的血统而虚构的建城时间。争论仍在继续：公元前 751 年、公元前 748 年或者公元前 753 年是罗马共和国的不同作家们为了明确罗马建城时间而搞混的其中几个年份。

在公元前 1 世纪，学者马库斯·特伦蒂乌斯·瓦罗经过计算，得出结论：公元前 753 年可能就是后来由官方确定的罗马建城日期。这时候已经到了帝国时期，明文规定了罗马建城日期从此以这个时间为准，延续到了今天。另一方面，关于罗马建城纪年，必须考虑到一个细节，虽然在实际操作中差别很小，但是严格地说，罗马建城日不是从 1 月 1 日，而应该是从 4 月 21 日开始。

由于它不是一个准确的日期记载系统，而是一种用来指代罗马历史上某些年份的形式，因此，除了学术文献外，我们所保存的使用它的例子并不多。在帝国时期，学者们开始联合使用罗马建城纪年和最高执政官纪年来确定罗马历史的具体日期。

根据瓦罗的计算，从克劳狄乌斯皇帝统治时期开始，罗马建城以来最突出的纪念仪式得以制度化，与我们已经评论过的世纪庆典并行。公元 47 年，纪念建城 800 周年。公元 147 年，安东尼·庇护举办了 900 周年纪念。公元 248 年，菲利普一世举办了 1000 周年纪念活动。

这个最后的日期既非计算错误也非没当回事。我们可以肯定那个时代的罗马人对这个时间并未算错，而是和以前的百年纪念时的做法一样：不是在罗马建城 1000 年的公元 247 年庆祝第一个千年的末尾，而是在罗马建城 1001 年时庆祝罗马新千年的开始。公元 248 年，一位名叫帕卡蒂亚努斯（Pacatiano）的军人试图从菲利普一世手中夺取帝位，他的一枚硬币就证明了这一点。

这位帝位的追逐者在该年铸造了一种独一无二的钱币，上面铸有铭文：ROMA AETERNAE ANNO MILLESIMO ET PRIMO，意思是"永恒的罗马，1001 年"。因此，这种银质安东尼铸币证明，公元 248 年庆祝的确实是罗马建城 1001 年——新千年的开始，银币上出现的日期与以前的世纪庆祝不一致。

银质安东尼铸币，公元 248 年由篡位者帕卡蒂亚努斯为纪念罗马建城 1000 周年铸造。

以钱币为例，在整个罗马历史上，只有一种货币包含罗马建城纪年的年代。这是在公元 121 年用黄金和青铜铸造的纪念币，上面铸有铭文：ANNORVM DCCCLXXIIII NATALIS VRBIS，意思是"这座城市诞生 874 年"。

铸于公元 121 年哈德良皇帝统治时期的金币。

应该记住的是，公元前 753 年 4 月 21 日并不是罗马人唯一的立国之日，公元前 509 年发生的社会和政治转折也使这个日期本身被认为是一个时代。那一年，罗马王政时代的最后一位国王小塔克文被驱逐，一个新的共和国诞生。为罗马世界最重要的"至尊朱庇特神"（Júpiter Óptimo Máximo）修建的卡比托利欧神殿落成献祭仪式，传统上也记载在那个时刻。

为了纪念这个罗马纪年——罗马作家们一直使用到共和国末期，罗马人每年都会举办一个象征性仪式。在九月向朱庇特献祭的伊都斯日，在卡比托利欧神殿的门上楔入一颗钉子，标志着共和国建立以来的新年的开始。当时的人也认为钉子还能抵抗来年的灾难和瘟疫。

皇帝纪年

随着帝国的到来，一种新纪年系统也开始使用，这种系统建立在每位皇帝及其统治年份的基础上。然而，这一趋势并不是由罗马皇帝开启的，而是由共和国最后一位独裁者盖乌斯·尤利乌斯·恺撒开启的。随着新儒略历的诞生，引发人们对儒略历纪年的讨论。公元前 45 年是该纪年的第一年，当年设立了新的年度计算系统。

屋大维也拥有自己的纪年，开始于公元前 27 年。当时元老院因为他"拯救共和国"而授予他新的名字：奥古斯都。当时及后世的作家们提到奥古斯都统治时期，往往使用奥古斯都年这种方式。这是罗马建立以来时间最长的统治，一直持续至奥古斯都四十一年，或者说公元 14 年。

后来，其他皇帝也使用他们自己的纪年标记年份，直到 4 世纪强制推行基督纪年为止，此前一直与皇帝纪年并行的最高执政官纪年被基督教皇帝纪年取代。然而，即使在西罗马帝国衰亡之后，执政官制度仍在继续，一直到公元534年还存在着最高执政官；而在东罗马帝国一直到公元541年，查士丁尼一世才最终废除了最高执政官制度。

在罗马晚期纪年中，值得注意的是纪念戴克里先（Diocleciano）皇帝统治的时期。这位3世纪末的皇帝废除了埃及在此之前一直特有的管理体系，强制推行最高执政官纪年。在那之前，年份是通过官方的、独特的方式在不同皇帝任职埃及国王的时代的纪年来计算的。然而，很多埃及人，主要是天文学家，仍然保持着这一传统，甚至在戴克里先死后，他们还在继续按照戴克里先纪年计算年份。事实上，埃及的科普特基督徒几个世纪以来一直在使用这种纪年系统——甚至直到今天——当提到戴克里先对基督教徒的迫害时，将戴克里先的名字用"殉教者纪年"（Era de los Mártires）代替。

基督纪年

当然，我们不能不提到我们今天所用的纪年，它已经成为历史上最简单和最广泛的时间计算系统，从古代一直延续到今天。它取代了各种各样的纪年系统，其中大多数是复杂的，比如最高执政官纪年、罗马建城纪年或者皇帝纪年，等等。

基督教的年代测定法已经存在了超过十五个世纪。这种计算以罗马建城纪年的753年，或者说耶稣基督道成肉身的公元前1世纪作为起始时间。虽然对确定耶稣出生的确切日期，基督教传统上存在广泛的争议，甚至持续到了当代，但是第一次被提出作为计算年份的起始点，发生在公元 525 年，由一位生活在 6 世纪的罗马、名叫狄奥尼修斯的斯基泰修士提出。

狄奥尼修斯，又名 Exiguo[①]。他试图重建时间线，以上溯到耶稣基督道成肉身的日期，但他的目的并非创造一个新的历法系统，而是为了获得一种更有效的方法，来计算基督复活的日期。查明基督诞生的确切日期不是他的任务，也不是他的主要意图。尽管如此，这个时候的其他一些作家却对此颇有异议。他们经过计算，各自得出奇特的结果：基督诞生于基督纪年之前的第 5 年、第 3 年或第 1 年。

8 世纪时，具体来说是 725 年，熟悉狄奥尼修斯文稿的"可敬者"贝达（Beda el Venerable）在其著作《论时间的计算》（*De temporum ratione*）中，第一次系统地确立了基督纪年。毫无疑问，这是一个关键的转折点，注定要影响有史以来数百万人的命运。这就是年复一年主导我们生活向未来前进的纪年的起源，也是我们生活在 21 世纪的原因。

另一方面，虽然这个系统从 9 世纪开始迅速传播，但是基督诞生之前的年份当时仍然按照罗马建城纪年或者最高执政官纪年记载。因为就像现在的我们牢记在心的仍然是我们的基督纪年，那么在古代和中世纪时期，若从一个预先确定的日期往后倒着数年份的话，这种奇怪现象也是难以理解的。

我们至少直到 1292 年才找到"公元前"形式的出现，在佚名作者的作品《时间之花》（*Flores Temporum*）中第一次使用。然而，由于在中世纪关于基督诞生的真正日期引起的争论，它并非一个普遍的系统，

---

① 微不足道的人。——译者注

到了现代社会以后才得以逐步确立，其目的在于术语的正规化。我们明白不必与基督真正的诞生日期符合，只需采用一个各方认可的基点，从这个点可以确定历史上任何事件的日期。

地方纪年

我们已经看到，虽然进行了不断的改革，但在统一的帝国内部，时间计算系统是有规律的。然而，我们需要特别强调一种远离常规的非常有意思的纪年——伊比利亚纪年。因其独特性并与我们西班牙人的密切关系，很值得来评论一下。

伊比利亚纪年是一种测量时间流逝的方式，它的起点是公元前38年1月1日，与屋大维——未来的奥古斯都——为了实现整个伊比利亚半岛的最终和平对半岛北部的征服战争有关。为了纪念他，伊比利亚纪年又被称为"奥古斯都纪年"。

伊比利亚纪年最古老的文献可以追溯到4世纪末。伊比利亚纪年是一种地方纪年系统，也许因为只限于小范围内使用，在那之前没有留下任何书面记录。从那时起，伊比利亚纪年开始被经常使用于基督教铭文中，以至于最终变成西哥特王国的官方纪年。这个纪年在伊比利亚半岛一直使用到中世纪。该纪年在伊比利亚半岛西部的使用尤为普遍，葡萄牙是最后一个停止使用该纪年的国家，直到1422年才改用基督纪年。在其他地区，比如卡斯蒂利亚，到1383年才停止使用该纪年，在地中海地区的有些地方一直使用到14世纪。

但即使在伊比利亚半岛内部，也存在另外一种纪年，名为"首领纪年"。这种纪年在坎塔布连地区使用。这是一个鲜为人知的纪年系统，我们对其成因或者起始点一无所知。已发现的使用这种纪年的铭文证实，这种纪年从 4 世纪开始使用，至少到 6 世纪才停止。

月

无论是在古罗马还是今天，月份都是划分一年的主要单位。正如我们了解到的，月份在古代世界的起源与月球密切相关，因为它在最古老时期的持续时间与月球周期的持续时间相同。

虽然起源是自然的，但是一年划分为我们今天熟悉的十二个月是人类的创造，与自然支配一年的周期没有关系；当然，我们现在谈论的是四季。在这方面，诗人克劳狄安（Claudiano）给我们留下了这段赞美乡村生活祝福的美丽诗句：

> *Felix, qui propriis aevum transegit in arvis, ipsa domus puerum*
> *quem videt, ipsa senem; [...] frugibus alternis, non consule computat*
> *annum: autumnum pomis, ver sibi flore notat.*
>
> 在乡村生活的人是幸福的，同一所房屋见证了他从童年到老年，……标记他岁月的是四季而不是最高执政官，累累硕果告知他秋季的来临，满目鲜花伴随他来到春天。

（克劳狄安，《诗歌》，20）

今天，四季的循环和罗马时代一样：春季—夏季—秋季—冬季。四季的变化无疑是转折点，早在罗马时代之前就影响着传统和文化。

想想看，在古代，宗教节日的数量与季节的变化有关，主要与冬至有关。"冬至"这一天的拉丁语名称为 brevissima（最短的）的缩写形式 bruma，因为这是一年中最短的一天，象征很多神的重生，如太阳神、密特拉神或耶稣基督。同样，天体之王（太阳）从冬至这一天再生，使得白昼越来越长。由于历法的变化和调整，今天的至点和分点比古代提前了四天。在 1 世纪和 3 世纪之间，它们分别与三月、六月、九月和十二月这四个月份的 25 日重合。

虽然今天的至点和分点对我们来说标志着季节的开始，并且考虑到在上述情况下，这些时刻在古代具有非同寻常的重要性，因为罗马人和其他文明不像我们现在这样计算四季。幸运的是，一些作家，如瓦罗或老普林尼，留下了在他们的概念中季节变化发生的日期。对他们来说，这些变化大致出现在分点和至点之间的中点，与昴宿星团或者天琴座等星座在天空中的出现或消失同时发生。

因此，春季在 2 月 7 日或 8 日开始，夏季在 5 月 9 日或 10 日开始，秋季在 8 月 10 日或 11 日开始，冬季在 11 月 10 日或 11 日开始。两位作家的日期之间的微小差别，可能是由于他们的作品之间的一个世纪的时间差，在这个时间里，至点和分点在日历上略有变化。分至点日期的变化，认为分至点是四季的开始，而不是四季的中点，很可能发生在 4 世纪左右，一直持续到今天。

然而，这些与历法有关的精确的季节计算，自从新的儒略历法系统实施以来才成为可能。该历法允许以一种简单的方式将自然的和民用的时间周期联系起来。在以前的时期，即使是在那些不太重视星星而更关注气象的人进行了改革之后，季节变化也发生得稍晚一些，可能他们不能确定非常准确的日期，也有可能他们也不在意确定与否。

但是现在让我们来看看月份。关于其起源和含义，我们将在本书的第二部分深入研究。月份的名称在帝国时期发生了多次变化，而所有的月份名称中只有两个保持了下来：七月（julio）和八月（agosto），是为了纪念恺撒和奥古斯都，用他们的名字代替了原来的名称 Quintilis 和 Sextilis。提比略(Tiberio)拒绝了将九月(septiempre)和十月(octubre)改为他自己和他母亲的名字。尼禄（Neron）试图将四月（abril）改为 Neroneus，但未成功。图密善也意图将其出生的十月永远冠以自己的名字。康茂多（Cómodo）最终改变了所有月份的名称，用他授予自己的皇帝头衔来改变每个月的名称。这样，在他统治的部分时期，历法由以下十二个月份组成：Amazonius, Invictus, Pius, Felix, Lucius, Aelius, Aurelius, Commodus, Augustus, Herculeus, Romanus, Exsuperatorius。不管怎样变化，在后来对这些月份的皇帝名称进行了强制性的除忆诅咒（damnatio memoriae）之后，这些被改名的月份最终恢复了其本来名称。

虽然到目前为止，我们已经看到罗马年的十二个月的结构与我们所熟悉的今天的月份结构相同，然而，罗马年的每个月份的内部排序却与目前的任何月份系统完全不同，因此我们觉得陌生而复杂。

罗马月份通过三个主要日期排序，以它们为出发点计算其他日子。卡伦德日、诺奈日和伊都斯日是标记罗马人生活的里程碑。卡伦德日是我们的"历法"（calendario）这个词的由来，它总是标志着每个月的第一天。而诺奈日是可变的，正如我们前面已经解释过，根据月份不同，或为 5 日或为 7 日。最后，伊都斯日在 13 或 15 日，这取决于诺奈日的时间，因为这两个日期总是被一个市集日分开。

罗马月份的每一个日子跟我们的算法不同，罗马人计算的是离我们说过的三个重要日期中的某一个还差多少天。一个例子帮助我们更好地理解这一点。我们以一月为例，卡伦德日一过，第二日是哪一天，我们会数一数还有几天到 5 日，这一天是诺奈日，以内涵计数法计算，我们会说这（第二日）是一月的诺奈日之前的第四天。这个月最长的阶段是从伊都斯日到月末。在这种情况下，1 月 18 日是二月卡伦德日前的第十五日。

但是我们不应该认为这是所有古代文明使用的系统，恰恰相反，只有罗马人使用它。希腊人和其他东方民族，计算日期的方式和我们今天一样。在西罗马一带，卡伦德日、诺奈日和伊都斯日的罗马系统一直使用到中世纪晚期，此时才终于强制推行每个月从 1 日到 28 日、30 日或者 31 日的线性系统。

星期

市集日

奥维德在其《岁时记》中谈到一年中反复出现的周期时提到，除了月份，还有另一个独立的周期，每八天重复一次。实际上，对罗马人来说，传统上一星期是八天，而不是七天。市集日是一个为期八天的周期——如果我们按照内涵计数法计算，这个周期是九天（nundina），这就是其名称市集日（nundinae）的由来——标志着在罗马举办市集的日期。

这个周期是专门为乡下居民设立的，这样他们就可以在固定的日子里放下农活，进城买卖产品，也可以到法庭办理法律事务。根据罗马作家们自己的说法，这个传统可以追溯到罗慕路斯国王和图利乌斯国王时期。

每一个市集日，都是献给朱庇特的。因此，崇拜朱庇特的最高大祭司弗拉门·迪亚利斯之妻，在大祭司公署雷吉亚向众神之王献上一头羊羔，还会举办宴会，或者提供至少比其他日子更丰盛的美食。孩子们不必去上学，因为老师们常常利用这个日子向公众讲述他们的学识，以教化从城外来到罗马的大量民众。很多罗马人习惯在市集日沐浴、剃须或者静静地剪指甲——总是从食指开始。我们可以推断，每天洗澡远非社会下层阶级人们的习惯，尤其在帝国到来之前，正如塞内卡（Séneca）在他的一封书信中告诉我们的那样：

Nam, ut aiunt, qui priscos mores urbis tradiderunt, brachia et crura cotidie abluebant, quae scilicet sordes opere collegerant, ceterum toti nundinis lavabantur.

好吧，根据那些告诉我们这个城市的古老习俗的人的说法，人们每天只清洗干活弄脏了的四肢，而身体的其他部位在每个市集日清洗。

（塞内卡，《致卢西利乌斯的信》XIII，86，12）

我们可以说，市集日实际上是欢乐的节日，但同时也是忙忙碌碌、熙熙攘攘的工作日，人们忙于采购和出售商品，总之，是一个社交和互动场合。同样正常的是，地方法官在这一天宣布法律，以确保法律的内容不仅在罗马市民中传播，而且在外来的人群中也能得到更广泛的传播。然而，随着时间的推移和城市的发展，罗马城越来越拥挤，不管是市集日，还是非市集日，罗马城里随时人满为患。

这个市集日系统在历法中，用字母表中的前八个字母表示——从A到H，例外的是字母G在拉丁字母表中直到公元前3世纪才出现，因此我们发现，之前一直用的是字母Z。每年的市集日都会和其中一个字母重合，产生一个连续的周期。在这个周期内，当年的每一天被指定一个字母，正如我们在许多公共历法的左侧边栏看到的一列字母。在这个系统中，与市集日相对应的字母年复一年都不相同，但是在每年内这个字母是同一个，以便罗马人能够辨别哪个时间对应的是哪一天。

罗马人根深蒂固的迷信使他们认为，如果市集日与某个月的诺奈日重合，就被视为是"对国家有害的"日子。当市集日恰好是1月1日时，整年都被认为是"悲惨的"或者"悲哀的"。

随着时间的推移，有意思的是，罗马的演变及其领土的扩张使这个模式传播开来。这样，每个城市都遵循其自身的市集日周期，这就造成了在这个"永恒之城"管制下的城镇，nundinae这一天总是市集日。

星期

正如我们之前提到的，罗马有一个为期八天的周期——市集日——支配着城市和农村居民的生活。然而，就像罗马生活的许多其

普拉埃奈斯提尼纪年表，对应十二月初，上面可以辨认出市集日的字母序列。

他方面一样，市集日并非他们使用的唯一模式。事实上，还有另外一个人为的周期与市集日共存，而且最终取代了后者，直到今天我们仍在使用，这就是我们即将谈论的星期。

正如我们所知，七天一星期可能出现在古希腊后期——公元前2世纪到前1世纪，主要被亚历山大港的天文学家使用，其基础是主宰这个周期的七个行星神。这个周期在埃及的使用，以及这个民族对太阳神的崇拜，使得2世纪的历史学家迪奥·卡修斯认为埃及人是这个系统的创造者。然而，其真正源头我们应该在巴比伦民族寻找，他们认为世界是由七个神合而为一的一位神统治的。

无论如何，这个周期系统的广泛传播，特别是在地中海以东的广泛使用，促成其声名早在公元前1世纪就传到了罗马。这一时期是我们发现该系统在罗马社会实施的最早时期，从那时起，它甚至在历法中与市集日共存。

七位神将其名字赐予了天文家们所知道的天空中最明亮的恒星和他们所称的行星。行星（Planeta）这个词来自于希腊语πλανήτης，意思是"游走的"，因为天文家们观察到它们罕见地不随天空中所有其他星体一起移动，而是以一种不稳定的、独特的方式移动。这些星体以同心的方式分布在七个球体中。根据它们与地球的距离，从远到近排列：土星、木星、火星、太阳、金星、水星、月亮。

从今天的角度来看，所有这些似乎都没有什么意义，但是在当时，人们对我们今天所知道的天文系统进行更好的解释将需要很长时间，而且是渐进的。此外，值得注意的是，在这一时期，天文学家已经确定了太阳系中的大多数天体，如土星、木星、火星、金星和水星这样的行星，月亮这样的卫星，以及太阳这样的恒星。

这些天体中的每一个对应一位神。从最远的土星开始，按照顺序给每一个天体分派一天中的一个小时。这样，从土星日（dies Saturni）开始，每一天的名字就是与其白昼开始的第一个小时相对应的神的名字。虽然这似乎是一个复杂的系统，但是，我们所知道的星期的顺序就是由这个系统产生的，这个系统将行星分配给白天的每一个小时。一星期的第二个白天的第一个小时处于太阳的保护下，第三天的第一个小时由月亮保护，以此类推：火星、水星、木星、金星，最终完成了七天的周期。根据每天第一个小时的守护神，星期的最终排序为：星期六、星期日、星期一、星期二、星期三、星期四、星期五；然后又是星期六，新的一星期开始了。

在之前的内容里，我们根据费罗卡利纪年表抄本复制了星期的日子形象（之后将有更详细的内容介绍）。正如我们所看到的，出于实际需要，我们从拉丁语原文翻译的每个铭文，解释了星期的每一天适合做什么事情，在那一天出生的孩子的命运，在那一天生病的人的病势，以及一些普遍性的建议。在象征那一天的中心人物左右两侧，有一些条目，详细列出了完整的时刻顺序、对应于不同小时的每个星神的名字以及每个小时的特点。

总的来说，除了火星日和土星日之外（火星对应战神马尔斯，土星对应农神萨图尔诺。在古罗马神话中，这是两个报复性强且残忍的神），其他日子对罗马人来说都是温和的。今天，我们仍然保留着相当多的迷信，在西班牙民间还有很多关于火星日一天有害的谚语，如"在星期二（Martes）你不能结婚，也不能上船"，或"对于不幸的人来说，每天都是星期二"。

在拉丁语中，这些日子的名称为：dies Saturni（sábado，星期六），dies Solis（domingo，星期日），dies Lunae（lunes，星期一），dies Martis（martes，星期二），dies Mercurii（miércoles，星期三），dies Iovis（jueves，星期四），dies Veneris（viernes，星期五）。在这个名单中，我们完全可以看出拉丁文名称的演变，最终变成了我们现在使用的名称，尽管我们现在将会看到一些例外。

我们今天的 sábado（星期六）是受犹太人的 sabbath 的影响，而 dies Saturni 的名称在西班牙语中消失了，但是在其他语言，如英语中，Saturno 今天仍然在使用：Saturday。

Dies Solis 的情况类似，而它是受到后来的基督教的影响，我们将在后面的内容里细谈。同样，英语等其他语言也完整地保留了拉丁语名称：Sunday，字面意思是"太阳日"。

Dies Lunae 自然地演变为我们今天的 lunes（星期一）。其他语言中也保留了这些写法，比如意大利语为 lunedi，英语中的 Monday 来自于 moon（月亮）。

Dies Martis 是西班牙语中表现最明显的例子之一，它演化成了 martes（星期二）。另一方面，dies Mercurii 演化成了 miércoles（星期三），dies Iovis 演化成了 jueves（星期四），dies Veneris 演化成了 viernes（星期五）。星期二、星期三、星期四、星期五，其他语言，如英语，由于古英语在形成阶段受到北欧日耳曼文化的影响，用它的北欧同音异义词替换了罗马诸神：Tuesday 来自于战争之神 Tiw 或者 Tyr，Wednesday 是从 Odín——古英语 Woden——而产生的，Thursday 来自于 Thor，而 Friday 来源于 Frigg 女神，被同化为维纳斯。

在罗马的日常生活中，有很多七星神的形象。总之，7（siete）这个数字，也许还有 3（tres），在古代世界数字命理学传统中是最强大的魔法数字。天体、神圣音乐的和声、希腊字母的元音、英雄和诸神的传说……这一切经过化合反应，孕育了神奇的数字 7；如此之多，以至于今天它仍然被认为是一个与好运相关的神秘数字。

在罗马，甚至有的大型建筑物，将数字 7 融入建筑或装饰中。紧挨着罗马斗兽场的图拉真浴场，有七个大浴缸，供奉着守护星期的七位星神。另一个例子是塞维鲁纪念碑。这是公元 203 年塞普蒂米乌斯·塞维鲁皇帝下令在马克西姆竞技场（Circo Máximo）旁边建造的纪念碑，可惜在 16 世纪被毁。它的名字指的是数字 7，单词 septisolium 意思是"七位星神"（templo de los siete soles）。

甚至在私人空间，也出现了各种形式的七星神形象，其中最突出的是用马赛克拼成的图案。比如在图拉真皇帝和哈德良皇帝的故乡塞维利亚附近的古伊塔利卡城（Itálica）发现的名为"天象之家"（Casa del Planetario）的马赛克，还有在所谓的"旁格玛塔"（parapegmata）——意思是"刻在大理石、赤陶甚至店铺和房屋墙上的石膏板"——上发现的用来计算时间的小历法。

这种类型的小历法常常描绘一星期的七星神形象（参见本书附录部分"费罗卡利纪年表的一星期七天"），在每个神的形象的下面都有单独的孔，插入骨头做标记，用来指明这位神代表的是哪一天。其中最著名的小历法无疑是在罗马图拉真浴场附近发现的，它是一座小型基督教堂墙壁的一部分。不幸的是，这个珍品在 19 世纪消失了，再也

一幅由七颗行星组成的马赛克，代表着一星期的七天，来自伊塔利卡城。

没有人看到过它，但其配置的图纸保留了下来。

除了星期的日子之外，"旁格玛塔"还带有各种注解，详细说明了指导一年活动的黄道图记号、市集日或者月亮日。这些元素经常被添加在这种小型个人历法中，指导其主人适应罗马从1世纪开始使用的不同时间系统。

在罗马图拉真浴场附近发现的"旁格玛塔",现已经遗失。

　　在整个 2 世纪和 3 世纪,七天一星期的使用越来越广泛,部分原因是基督教发展到了高峰期,至少在 5 世纪之前,这个系统一直与周期为八天的市集日并行。正如我们前边提到的,在 321 年,君士坦丁皇帝将星期日作为一星期的官方休息日,这给我们一个概念:在 4 世纪,七天一星期已经比八天的市集周期更加重要。当开始在每星期日举办市集的时候,八天一周期"实际上"已经被七天一星期取代了。

　　然而,虽然异教和基督教关于星期的概念是相似的,但是君士坦丁的这个操作与基督教并无直接关系,因为他宣布休息日是敬拜太阳神的日子。星期的日子命名在基督教会中并不受欢迎。鉴于这个系统敬拜的是七星神，基督教试图按照犹太教的模式来替代这些名称。基督教变通了犹太教模式，将星期的第一天定为星期日（主日），而不是犹太教的星期六。从星期一开始，星期内的其他日子由所谓节日(feriae)组成，给节日添加了一个数字顺序：第二节日、第三节日、第四节日、第五节日、第六节日和星期六（安息日）。使用"节日"这个词，因为在基督教的上帝外衣下面，每天都是一个节日。

虽然基督教术语在罗马市民中没有受到普遍欢迎，甚至在基督教徒中也受到同样待遇——只是作为礼拜元素被保留下来，但有些语言，比如葡萄牙语，的确把这种给星期的日子命名的方式保留到了今天，而我们①只采用了星期日（domingo）。剩下的日子，除了星期六来源于犹太教的sabbath，几乎没有什么变化，仍然保持着对罗马七星神的致敬。

	LatÍn	Castellano	Inglés	Italiano	Francés
	拉丁语	卡斯蒂利亚语	英语	意大利语	法语
星期一	*dies Lunae*	lunes	Monday	lunedi	lundi
星期二	*dies Martis*	martes	Tuesday	martedi	mardi
星期三	*dies Mercurii*	miércoles	Wednesday	mercoledi	mercredi
星期四	*dies Iovis*	jueves	Thursday	giovedi	jeudi
星期五	*dies Veneris*	viernes	Friday	venerdi	vendredi
星期六	*dies Saturni*	sábado	Saturday	sabato	samedi
星期日	*dies Solis*	domingo	Sunday	domenica	dimanche

---

① 指西班牙人。——译者注

	Latín	Catalán	Eclesiástico	Portuguès
	拉丁语	加泰罗尼亚语	教会拉丁语	葡萄牙语
星期一	*dies Lunae*	dilluns	feria secunda	segunda-feira
星期二	*dies Martis*	dimarts	feria tertia	terca-feira
星期三	*dies Mercurii*	dimecres	feria quarta	quarta-feira
星期四	*dies Iovis*	dijous	feria quinta	quinta-feira
星期五	*dies Veneris*	divendres	feria sexta	sexta-feira
星期六	*dies Saturni*	dissabte	Sabbatum	sábado
星期日	*dies Solis*	diumenge	dies Dominicus	domingo

日子

在我们已经搞清楚了日子是如何构成月份、市集日甚至星期之后，让我们把注意力集中到作为单元的日子、日子的重要性及其在一年内的变化上。对今天的我们来说，所有的日子都是一样的，但是在罗马，存在不同种类的日子，在每一个日子什么可以做，什么不可以做，都是由这些类别来决定的。若从时间和概念上对比一下，类似于我们今天的工作日和节日之分，我们接下来将发现这一点。

可以肯定的是，在公元前 4 世纪末，各种各样的日子被创造出来，随着时间的推移，它们的细微差别会发生变化。一年之中，经过划分的各个日子以不规则却不缺乏意义的形式结合在一起，就像市集日的情况一样，构成了一个复杂的系统，满足城乡居民的需要。

在春季和初夏，城市里"非工作"天数的增加，肯定有助于避免那些依赖农业生产的人被迫放弃他们的农活来投身于公共或法律事务。从公元前 4 世纪末格奈乌斯·弗拉维乌斯发表第一部"纪年表"以来，

普拉埃奈斯提尼纪年表，对应于一月末，可以看到代表每个月里不同日子的标志。

所有的罗马历法，除了带有我们已经知道的其他说明，都包含了代表每一个日子性质的字母，以避免任何形式的混淆或歧义。

在"普拉埃奈斯提尼纪年表"中，最常见的三个字母是 C、F 和 N，加上难以理解的 NP 和更加罕见的 EN、QRCF 和 QStDF。这些字母是什么意思？古罗马真的有那么多不同种类的日子吗？我们来验证一下。

在深入研究古罗马日子的细微变化之前，我们要做的第一步是划分工作日和节日。工作日有多种类型，而节日是专门奉献给神，或者祭祀神的节日。然而，正如我们已经说过的，历法标记了不同类型日子间的许多更大的差异，所以我们最好分别对各个日子进行深入研究。

工作日

历法上用字母 F 标记的日子被称为工作日（dies fasti），即神的律法所允许的日子。在这些日子里，人们可以开展活动，特别强调公共和法律事务。这些日子——全年有四十多天——加上天数更多的国民大会日，被认为是工作日，标志着日历上某些日子与其他日子的区别。

将日历命名为"fasti"与了解每一天的性质的需要有关，以便按照神的法度行事。当新的一天开始的时候，每个人都必须问自己：这一天的性质是不是"fas"——是神允许的还是禁止的。

工作日是元老院惯常选择用来开会或者辩论的日子。虽然会议可以在任何时候举行，但是只有在非常重要的具体情况下，才能在其他日期召集元老们。另一方面，这些日子也被选出来让罗马其他行政官员履行他们的职责，特别是审判官，他们在工作日和国民大会日——我们下面将会看到——听取那些提出司法案件的公民的请求和要求。

审判官主持审判的第一部分，即"法律诉讼"，听取提交给他的司法案件，并决定是否应继续审理该案件，并确定应根据具体情况适用何种法律。审判的第一部分被称作"宣布法律"（idus dicere），我们的司法权（jurisdicción）一词就是从这里来的，即"确定适用法律的权力"。

这个诉讼初始制度在罗马审判中很常见，古典资料中记述为"当审判官说出三个庄严的词的时候"——do, dico, addico——"我给，我说，我裁决"（瓦罗，《论拉丁语》VI, 4）。这三个词构成一个法定程序，由法官用于进行判决的第一阶段。

根据审判官在工作日办理的法律事务的重要性，由于审判官能够说出前述三个神圣的词，罗马作家们自己将 fas 这个词与动词 fari（hablar①）联系起来。今天我们知道这是一个错误的词源，但它让我们看到了罗马人自己对这些司法行为的极大重视。

国民大会日

国民大会日（dies comitiales）在历法中用字母 C 表示，这无疑是一年中数量最多的日子。这些日子特别指明是办理公共和法律事务的：所有在工作日做的事情，都可以在国民大会日做，但是反过来则不可以，因为国民大会日是唯一可以用来召开国民大会的日子。这些大会被称为委员会，根据其形式及权力，分为好几种（百夫长会、纳税人会或者库里亚会），是罗马人民政治代表的主要机构。

---

① hablar 意思是"说话"。——译者注

在国民大会上，公民投票表决、支持提案，总而言之，从理论上决定国家的政治命运。因此，为了能够经常性召开这种大会，确保公民身份的稳定性及他们对罗马政治生活的直接参与，一年中有180多天是国民大会日。

虽然我们可能会认为罗马历法乍一看，是由无数的节日和敬拜神的日子组成的，但若把国民大会日和工作日加起来的话，我们将会发现，一年中有220天可以被认为是工作日。如果将罗马历法与我们目前的日历相比，在西班牙，我们通常每年有240到250个工作日。虽然工作日的规律性（从周一到周五）使它们看起来比罗马历法上的工作日要多，但实际上，这两个日历在工作日和节日数量方面非常接近。

不祥日

作为工作日的对立面，用字母N表示的不祥日（dies nefasti），是专门献给神的日子。在这些日子里，某些行为，尤其是法律行为，是神的律法所不允许的。我们已经论述过的审判官的法律行动就是这种情况。如果该审判官在不祥日听讼，在众神的眼中这就是严重的亵渎行为。这种亵渎行为是可以被宽恕的，如果审判官是出于虔诚且没有恶意而做错了，是不谨慎的，那么就必须向众神献上赎罪祭来弥补过错，以平息神怒并恢复神恩。然而，如果一个审判官明知故犯，滥用不祥日，就没有什么办法来开脱其罪责，他将永远背负其过错，被认为是不虔诚的。

然而，并非所有的人类活动在这些日子都是被禁止的。实际上，由法官主持的审判的主要部分可以顺利地进行。因此，正如古典作家马克罗比乌斯在其著作《农神节》中讨论这些问题时所回忆的那样，神可以允许人们在不祥日做任何若不做就会有害的事情。他举例说，如果一个人在不祥日为即将倒塌的房屋支起了梁，他不需要在神面前赎罪，因为神理解做这个事情的必要性。

不祥日一年有 60 多个，零散地分布在一年当中，但是特别集中在净化时期或与崇拜神和赎罪有关的时期。二月就属于这种情况，该月超过一半的日子都具有这个性质，由于这个月是用来净化和祭祀冥神的，所以很符合逻辑；还有，从 6 月 5 日至 14 日，每一天都是不祥日，是维斯塔女神神殿每年一度的清洁和净化的日子。维斯塔女神守护永恒之火，守护的是罗马文明的根基，

不用说，不祥日的名称产生了我们现在的"邪恶"（nefasto）一词，它含有"在神面前不正当"的意思，类似于"不敬的""可怕的"，其含义在中世纪改变了，已经和现在的"不祥的"或"可恶的"含义相近。

祭神日

不祥日也存在变体，无疑使所有试图弄清楚其含义的研究者大伤脑筋。我们应该考虑到罗马市民们对这种系统已经习以为常，所以只用缩略语 C、F、N 等就可以明白每一天的性质。用"NP"表示日子的情况，是需要我们弄清楚的问题，因为没有一个典籍保存了这个缩略语的含义。

历史往往有空白，即使是经典或后来的资料也无法填补空白。有关"NP"的情况，我们知道，2 世纪末的罗马语法学者塞克斯图斯·庞

培·费斯图斯（Sexto Pompeyo Festo）在其著作《论词的含义》（*De verborum significatione*）中，收录了 nefasti 这个词，恰恰就提到了"NP"这个缩略语。然而，这部作品保存至今的唯一副本在 11 世纪的一个手写本中，由于时间的流逝和部分被烧毁，保存得非常糟糕。更不幸的是，由于命运的安排，文本中保留字母 P 的正确含义的那一行永远消失了，而我们通过这条途径探索的唯一的依靠是研究和假设。

曾经有很多人试图深入了解"NP"的正确含义。看起来似乎很明朗，正如我们已经深入了解到字母 N 与 nefas 有关系，那么有待于解决的只有字母 P 了。19 世纪的学者，如特奥多尔·蒙森（T. Mommsen）等很多人，将其解读为不被神的律法允许的法则的开始（principio）、早期（prior）或部分（parte），提示其"不祥"的特性仅仅在这一天的开始时段保持。

然而，翻一下历法，我们可以看到，标记为"NP"的日子，与在纪年表中以特殊形式表示的各种节庆日及与每个月向朱庇特献祭的伊都斯日之间有着紧密的联系。这些日子的宗教性质是毫无疑问的，因此，现在"NP"被解释为对献给神的节日的一个特别警示，在这些节日里，字母 P 的意思可能是 piaculum。

Piaculum 这个词既可以指对神的冒犯（piaculum est），也可以指补偿性的祭祀，指在冒犯了神之后进行赎罪祭（piaculum facere）。这些节日尤其强调是献给神的日子，根据这个说法，可能有了祭神日（dies nefas piaculum）的名称。

特别日

虽然一年中的大部分日子与我们已经介绍过的四种日子中的某一种对应，但是由于历法保持了最古老的传统，某些类型的日子被分配到特定的日期。在共和国时期，特别是在整个帝国时期，这些日子已经因为仪式得以固化，但是没有太大的实际作用。具体来说，有三种特别类型，其性质在一天中被分割开来。

这些被分开的日子，第一种是那些在纪年表中，用缩略语 EN 标出的日子，这个标识的解释也引起了很多问题。传统上，从 16 世纪开始，人们就把它读作 endotercissus，一种 intercissus 的古老形式。最近，为了纠正这一相当可疑的解释，有人提议应解读为 endoitio exitio nefas，在缩略语中略去了双 E。这个新的解释揭开了这些日子的真正含义——在这些日子里，不管上午还是下午一旦进行了相关的祭祀，都被当作不祥日对待，而若是中午进行了相关的祭祀，就被当作工作日。

另一方面，这些被单独划分出来的日子，还有另外两种，用更精确和区分度更大的缩略语表示，它们只发生在一年中非常具体的日子：QRCF，在 3 月 24 日和 5 月 24 日；QStDF，在 6 月 15 日。

QRCF，全称为 quando Rex comitiavit fas，意思是"当最高大祭司在古罗马集会场发言或者说主持祭礼，（将）得到神的许可"。这个固定说法也指出一个单独划分的日子，其传统之根就这样扎在了罗马历法中。当大祭司完成了这一天开始时特定的活动，这一天就变成了工作日。

6 月 15 日的 QStDF，全称为 quando stercum delatum fas，意思是"当污秽被清除后，（将）得到神的许可"。这个日期及其含义直接关系到维斯塔女神神殿的年度清洁，因为在这一天将彻底清除维斯塔女神神殿外面的污秽，净化神殿。这场大扫除将持续好几天，这些天都是不祥日，净化完成的这一天就变成了工作日。

黑色日

黑色日（dies atri），也被称为宗教日（dies religiosi），这些日子特指具有与死亡相关特点的日子。由于这些日子存在某种不祥的预兆，虽然并非严格禁止，但这些凶兆劝阻人们，或者说人们认为不适宜举行宗教仪式或任何公共活动。不应将黑色日和缺陷日混淆，后者是一种不祥的小日子，可能在帝国初期就消失了，在古代文献中只出现过几次。公元前30年，在马克·安东尼将军在亚历山大港战败并自杀后，元老院宣布马克·安东尼将军的生日是有缺陷的，以此来玷污他的名誉，支持胜利的屋大维。几年后，屋大维成为罗马的奥古斯都、第一公民。

根据罗马史料，如奥卢斯·格利乌斯（Aulo Gelio）或者马克罗比乌斯等作家的记载，黑色日的起源可以追溯到公元前4世纪初，当时发生了阿利亚河战役，罗马军队被高卢军队大肆屠杀。一般认为，在公元前390年7月18日的溃败发生仅一年之后，即传统上认为的公元前389年——虽然这个日期极有可能不是真实的，元老院开会讨论，为什么罗马遭遇了那次惨败，接下来又连遭其他重创，如克雷梅拉被韦伊城的伊特鲁里亚人打败？

元老院的调查结果认定，在七月的伊都斯日的第二天，也就是阿利亚河战役爆发前不久，为了祈求在战斗中得到神的保佑，罗马举行了祭祀活动。因此，元老院的结论是，"伊都斯日之后的日子"，应该被看作不祥日，由此也扩展到卡伦德日、诺奈日及其他节庆日之后的日子，将其命名为"黑色日"。在这些日子里，这些行为——旅行、参军、打仗、结婚、航行或者进行任何重要活动——都是轻率的、不慎重的。

黑色日不是官方纪年表上注明的日子，因为这些日子很大程度上与工作日是重合的，确切地说，是很多市民按照传统、遵守宗教戒令而形成的日子，就像现在的很多人对"星期二"和"13"很介意一样。

某些最重要的黑色日的确体现在历法中，并非因为这些日子的"黑色属性"，而是由于在这些日子里所发生的事件或者举行的仪式。例如，纪念阿利亚河之败的 7 月 18 日，的确出现在纪年表中，因为这是罗马历史上尤为悲惨的日子。历法中的另外一些黑色日，却没有如此明确地表示出来，如父母去世的日子，二月专门用来祭祀先人的日子，五月祭祀恶灵的"利莫里亚节"，即每年有三天时间，在此期间，通往冥界之门被打开，活人与亡灵的世界连接起来，必须对亡灵进行安抚。然而，奇怪的是，在黑色日举办葬礼也是不慎重的，原因是祈祷文的开始必须提到雅努斯和朱庇特，而在这种日子这么做的话，完全是冒失的。

随着时间的推移，黑色日失去了其原来的含义和名称，在大约 4 世纪的时候已经被称作埃及日（dies aegyptiaci）。我们无法知道变化产生的确切时间，但首次出现很多黑色日位置的是公元 354 年的费罗卡利纪年表。黑色日以新的名字出现，并非因为与埃及的宗教有关系，也许是因为相当一部分罗马市民已经认为这些日子与己无关，所以给这个传统带上了某种异域色彩吧。

其他日子

除了我们已经介绍过的所有日子外，在罗马历法上还有其他各种各样的日子，如果条件允许，这些日子可以叠加在工作日、国民大会日、不祥日等日子上。在这些日子中，战士日最为突出，适合与敌人展开战斗；其他的日子与法律事务相关，比如到期日或指定日、缓期日或延期偿还日；重大而具体的日子，如公元 14 年 8 月 19 日是奥古斯都皇帝的忌日，被宣布为悲痛日；或者甚至那些只是影响到一个人的日子，比如驱邪日，在这一天给刚出生九天（按照内涵法计算，从出生后到脐带已经脱落的时候）的婴儿取名字。正如普鲁塔克认为，与幼儿阶段相比较，新生儿在出生后的九天之内，更像是一株根部尚存于母体的植物。(《罗马问题》，102)

最后，值得一提的是酷暑日，也被称为犬日。由其名字可以理解这是一年中最热的日子，大体来说是在七月末，此时，天空中出现天狼星。这个星体属于大犬星座，形状像狗，因此，同化为狗的热量。实际上，一直延续到今天的说法"狗天气"，总是有一种不好的含义，因为在古时候这总是与最酷热难耐的日子相关。

公元 389 年，狄奥多西、瓦伦提尼安（Valentiniano）和阿卡狄乌斯这几位皇帝颁布了一项法令，结束了上述我们所分析的节日命名法。这项法令将原来的历法变成了节庆名单或庆祝活动列表。在当时已经基督教化的罗马，这一措施连同煽动迫害异端的其他措施，意味着对传统历法的彻底打击。卡伦德日、诺奈日和伊都斯日保留下来作为单纯的计算工具，其原来的含义统统被清空了，但它们的本质却随着时间的推移而隐藏起来。

小时

与年、月、日不同，令人感到奇怪的是，在罗马，小时及其测量方法的出现恰逢罗马已经在意大利巩固了其权力，并正在与迦太基人的战斗中节节胜利的时期。直至公元前3世纪，计算日子流逝的唯一方法是观察太阳在天空中的位置，我们称之为自然日——从黎明到日落，而不是民用日——地球自转一周的24小时。

自然日内的时间

在引进测量工具之前，自然日有几个阶段，不但与土地和农活密切相关，而且与城市也密切相关。这几个阶段是无法精确测量的。虽然在今天，一个没有小时的日子会使我们觉得奇怪，甚至失去方向感，但那时候的生活其实更简单，原有的时间系统足以让人们顺利完成日常工作。我们应该考虑到，当日落西山、夜晚降临的时候，实际上整个生活都归于宁静，一切都归于黑暗，人们拥有的唯一光明来自于蜡烛、灯笼和火把。

我们从几位作家的文稿中了解到自然日的结构。其中瓦罗、弗朗顿（Frontón）、森索利诺（Censorino）和马克罗比乌斯认为，这个结构是乡下人对时间的测量方式。他们写下这个结论的时候，一天的时间已经按照小时计算了。

一天开始于黎明时分（solis ortus），字面意思是"日出"；然后是上午（mane），这个词代表好运；接下来是一天中最重要的时刻中午（meridies），由公共传令官宣告这个时间的到来，这个习惯一直沿袭至公元前 3 世纪中期。传令官观察太阳光何时落在罗马广场的两个演讲台之间。下午被称作 postmeridiem，出现在小时后面的 PM 就是这个单词的缩略语。下午的结束分几个阶段，反映了一天的最后时刻最终的（suprema）用来命名白天的最后一个小时，之后就到了日落时分（solis occasus）。

在天黑（vespera）之前，是黄昏（crepusculum），在这个持续很短的时段，天空尚有一丝亮光，最后，进入夜晚（nox），是点亮油灯和第一支火把的时刻。借着这仅剩的火光，到了入睡的时刻，再下来是午夜（media nox）。

过了午夜，是深夜（intempesta nox），此时万籁俱寂。最后是公鸡打鸣的时间和黑暗的最后时刻。此后，出现黎明的第一束光，然后天就亮了，新的一天开始了。

小时的测量

我们上面提到的自然术语一直在罗马的整个古代时期被使用，这一点的证据是，提及这些术语的诸位作家所生活的时代都是在"小时"出现之后，而且，我们今天仍然在继续使用这些术语。无论如何，民用日测量的引入在当时的确意味着罗马社会前所未有的彻底革新。

测量系统的发明并非罗马人的功劳，传到罗马时已经很晚了，因为直到那时，希腊人采用的非常先进的计时系统是从埃及人特别是巴比伦人那里学来的，而当时已经在物质方面非常领先的巴比伦人，极有可能是最早钟表的真正发明者。因此，正是由于希腊的影响，罗马才有了历史上的第一个时钟，以及小时（hora）这个词，小时将一天分为 24 等份。

最古老最传统的钟是日晷，拉丁语名为 horologium solarium，根据太阳投射在一个计量针上的阴影斜角来标记时间。虽有各种说法，但老普林尼以其广博的学识告诉我们，第一个到达罗马的日晷是公元前 293 年 2 月 17 日由卢西奥·帕皮里乌斯·库索尔（Lucio Papirio Cursor）在奎里努斯神殿前安置的。他是在神殿的奉献仪式上这样做的，以这种方式向他的父亲致敬。这座神殿是公元前 325 年由卢西奥·帕皮里乌斯·库索尔的父亲下令在奎里纳尔山上建造的。（老普林尼，《自然史》VII，212—215）

随着时间的推移，使用日晷来测量小时的做法在罗马城普及起来，公共场所设置了巨大的日晷，富裕家庭则在私人宅邸拥有自己的日晷。然而，这个测量系统要运行必须依赖太阳，因而存在两个无法解决的严重弊端：无法在阴天和夜晚测量时间。

公元前 159 年，普布利乌斯·科尼利厄斯·西皮奥·纳西卡（Publio Cornelio Escipión Nassica）派人在罗马广场的艾米利亚神殿安置了另一个从希腊引进的新发明，从此解决了测量小时对太阳的依赖问题。它可以在阴天、夜晚甚至室内使用：我们指的是"水钟"。水钟一旦与日晷校准后，就可以在必要时，白天夜晚连续使用。从此以后，水钟广泛应用在元老院、法院及其他公共场合，用来限制演讲和答辩的时间。

随着帝国时期的到来，钟表的使用在大多数城市普及开来，由于罗马的技术革新，这些城市能够知道时间。怀表的使用也很普遍，甚至在富人家里，专门派一个奴隶干报时的活儿，就像是人类钟表。

毫无疑问，罗马历史上最著名的钟表是"奥古斯都钟"，是公元前

罗马奎里努斯神殿复原图，神殿前曾经安置着罗马城的第一个日晷。

10 年奥古斯都皇帝下令在战神广场建造的。它由第一个运到罗马的巨型埃及方尖碑组成，就像一个巨大的指时针，将影子投射在用青铜材料镶嵌在大理石地面的子午线上。虽然传统的假设认为这是当时流行的一个日晷，但目前人们倾向于认为它更可能专注于确定一年中黄道十二宫的标志，并测量一年不同季节白天长度的变化。当然，这座由法昆多·诺维奥（Facundo Novio）设计的方尖碑，也带有宣传性，因为它建在和平祭坛（Ara Pacis）旁边，目的肯定是在阿波罗神纪念日的那一天，向奥古斯都的这位保护神致敬。无论如何，正如老普林尼所言,在其所处时代——公元 1 世纪中后期,奥古斯都钟已经停用（《自然史》XXXVI，72—73）。目前经过考古发掘，在地下八米多深处原来的地面上，已经找到了一些残留下来的青铜线碎片，而在 18 世纪重建的方尖碑，今天可以在罗马蒙泰奇托里奥广场的原始位置附近看到。

民用日的等分

把一天分成 24 小时的主张是随着日晷的发明而提出的。虽然罗马的一日和当代的一日同样，都是 24 小时，但是二者有一个关键性区别，使我们觉得很奇怪，因为我们的生活规律已经习惯了时间精确到秒，而罗马的一小时持续时间少于 60 分钟。

或者更确切说，罗马的一小时并不总是持续 60 分钟。事实上，只有在昼夜平分时，当白天和夜晚持续时间相同的时候，一小时才有 60 分钟，由此产生了拉丁语单词 aequinoctium。小时的长度是可变的，因为它不是按自然日的二十四分之一计算的，而是按民事日的十二分之一计算的。也就是说，从黎明到日落分为 12 小时，从黄昏到拂晓同样分为 12 个小时。由于没有能够测量时间的精确仪器，必须直接或间接地依赖太阳，白天总是由 12 个小时组成，而夜晚则由另外 12 个小时组成。如果我们想象一个日晷，很简单就能理解长度可变的小时这套系统背后的逻辑：在冬季，由于光照时间较短，经过每个小时标记的阴影移动得更快；而在夏季则移动得更慢，但是总是经过钟表的 12 个同样的标记。

在夏季的罗马，当白天的时间更多的时候，4：30 左右天亮，19：30 左右日落，如果没有 20 世纪实行的夏时制，把黎明和黄昏推迟了一个小时的话，这一时间系统会一直从古代延续下来。在冬季的罗马，7：30 左右天亮，下午 4：30 左右日落，春季和秋季处于一个中间点，每天 6 点左右天亮，下午 6 点左右日落。因此，除了春分和秋分，如前所述，罗马的每一个小时在夏季可以长达今天的一个半小时左右，而冬季则为 45 分钟左右。

另一方面，这个系统的使用并不意味着罗马人不熟悉固定时长的 24 小时或者昼夜平分时。它们被当时的天文学家用来进行计算和推算历法，并被标记在所谓的黄道十二宫祭坛，也出现在老普林尼等人的博物学作品中。然而，它们并非罗马市民天天使用的标准，因为测量工具的依据是太阳，不存在一种简单的方式计算昼夜平分时的小时进度。在中世纪的大部分时间里，这个系统在某些情况下被继续使用，因为只有到 1500 年前后，机械时钟才开始变得更加精确，一个刻度为 15 分钟。然而，直到 1657 年，摆钟发明出来后才能精确到分钟，这时候已经到了现代。

在古罗马，每天的 24 小时从午夜开始计算，这是日期发生变更的一刻。然而，古代世界的每种文化，各有其自己的日期变更时刻。巴比伦人从天亮开始计时，雅典人从天黑开始计时，甚至还有更离奇的，公元前 3 世纪被罗马征服的古意大利民族翁布里亚人（umbros），从中午开始计时，一直计到半夜。

这些小时，可以一分两半，甚至分为 12 份，白天从天亮到日落编号，夜晚从日落到天亮编号：黄金时间（primera hora）是第一个小时（hora prima），第二个小时（hora secunda），第三个小时（hora tertia），第四个小时（hora quarta），第五个小时（hora quinta），第六个小时（hora sexta）与中午重合，第七个小时（hora septima），第八个小时（hora octava），第九个小时（hora nona），第十个小时（hora decima），第十一个小时（hora undecima），最后一个小时（hora duodecima）。实际上不这么称呼，因为通常使用的是与自然日的日落有关的术语。

由于夜晚增加了测量小时的困难，加之各个小时重要性的降低，一般使用的计时方式是将小时分为四等份，尤其在军事环境中，与军营中的岗哨（vigiliae）时间相对应：第一班岗（vigilia prima）、第二班岗（vigilia secunda）、第三班岗（vigilia tertia）、第四班岗（vigilia quarta），每一班岗时间为三个罗马小时。但是，夜晚的每个小时也有名字：夜晚第一个小时（hora prima noctis）、夜晚第二个小时（hora secunda noctis），等等，直到黎明再次到来。

罗马日子的组织

我们已经看到罗马的计时系统，最初是通过观察自然日来表示的，后来通过测量随季节变换而变化的小时来表示。但是，一天之内的城市生活是如何组织的呢？

大多数市民在黄金时间左右起床，开始新的一天，充分利用白天时间，特别是白天时间更短的冬季。然而，我们发现了早起者的例子，比如博学的老普林尼，为了有更多的时间写作，他会在黎明起床，即在夜晚的第七个小时，甚至第六个小时。正如他的侄子小普林尼在一封信中讲述的那样：

Sed erat acre ingenium, incredibile studium, summa vigilantia. Lucubrare Vulcanalibus incipiebat non auspicandi causa sed studendi statim a nocte multa, hieme vero ab hora septima vel cum tardissime octava, saepe sexta. Erat sane somni paratissimi, non numquam etiam inter ipsa studia instantis et deserentis. Ante lucem ibat ad Vespasianum imperatorem—nam ille quoque noctibus utebatur—, inde ad delegatum sibi officium. Reversus domum quod reliquum temporis studiis reddebat. Post cibum saepe—quem interdiu levem et facilem veterum more sumebat—aestate si quid otii iacebat in sole, liber legebatur, adnotabat excerpebatque. Nihil enim legit quod non excerperet; dicere etiam solebat nullum esse librum tam malum ut non aliqua parte prodesset. Post solem plerumque frigida lavabatur, deinde gustabat dormiebatque minimum; mox quasi alio die studebat in cenae tempus. Super hanc liber legebatur adnotabatur, et quidem cursim.

（普林尼）是一个极其聪明的人，有着惊人的学习能力和最少的睡眠需求。从火神节开始，他在午夜的灯光下工作，不是为了得到好的一天的开始，而是为了有更多的时间学习；在冬天，他从第七个小时开始，或者最迟第八个小时开始，但通常是从第六个小时开始。此外，他很容易入睡，有时甚至在学习中睡着又醒来。他经常在黎明前拜访维斯帕先皇帝，因为维斯帕先皇帝也在夜间工作。然后他从那里去履行他的公共职责。他回到家，在吃了点东西之后——根据古老的习俗，白天的食物简单而清淡，把剩下的时间花在学习上。在夏季，如果他有空闲时间，经常躺在阳光下一边看书，一边做笔记，抄写某个章节。因为他不管读什么，总是要抄写某个章节，甚至经常说，没有一本书是糟糕的，总有某一章节有用。日光浴之后，他通常会洗个冷水澡，然后吃点东西，睡一会儿；然后，仿佛进入新的一天，一直学习到晚餐时分。

（小普林尼，《信件》III，5，8—11）

也有人和老普林尼不同，比如卡利古拉皇帝，更喜欢在床上睡到下午。苏维托尼乌斯告诉我们：公元41年1月24日，这位皇帝一直睡到天大亮，他还在犹豫是否应该从前一天的贪睡中醒来。当他终于被朋友说服起床后，不幸的命运降临在他身上——就在这一天，他被谋杀了。（《罗马十二帝王传》，"卡利古拉"，58）。

伴随着清晨第一缕阳光，这座城市开始苏醒。为了充分利用一天的时光，每天上午最早开始的是法律和公共事务。元老院在天亮之前或者日落之后，甚至在第十个小时之后，颁布的任何法令都被普遍认为是无效的。此外，法庭也是从清晨开始调解案件的，通常可以在下午做出决定，从而在日落前结束审判。

商店整个上午都开门营业，但如果有商店售卖葡萄酒，在第四个小时之前是不允许的。午饭时间也是在中午之前，在第四个小时和第五个小时之间。这个时间很多公共餐饮场所开始为不能回家吃饭的罗马人提供食物。

午饭后，是进行延续到今天的一项传统的最好时间，我们对此已经熟悉。在第六个小时——中午，这是夏季最热的时候，很多人停止工作，进行短暂的休息，享受午睡。就连奥古斯都皇帝每天在午饭之后，都要享受惬意的休息，正如苏维托尼乌斯的记述：

Post cibum meridianum, ita ut vestitus calciatusque erat, retectis pedibus paulisper conquiescebat opposita ad oculos manu.

午饭后，他和衣而睡，一只手放在眼睛上。

（苏维托尼乌斯，《罗马十二帝王传》，"奥古斯都"，78）

事实上，午睡的名字并非随便起的，因为其词源来自于人们通常用来午睡的时间——第六个小时。随着时间的推移和传统的延续，第六个小时的名称也成为午睡的名称。

下午是罗马人最喜欢去浴场的时间，在一天的辛苦劳作之后，在那里他们可以享受放松的社交气氛。在那些没有男女分开浴场的城市里，从天亮到第七个小时，浴场向女士开放；而最好的时间——从第八个小时到日落，向男士开放。有条件的人也在第八个小时和第九个小时之间在家里沐浴，洗完澡就到了吃晚饭的时间。

当白天剩下的时间不多了，市民们开始吃晚餐，大多数人在自己家里，在第九个小时之后，日落之前。偶尔举办宴会的时候，由于有油灯和火把照明，晚餐可以延长到深夜。那些不能，或者只是不想参加这种丰盛宴会的人，可以选择去酒馆。第十一个小时左右，那里人声鼎沸，人们花一个铜板就可以买一杯劣质葡萄酒。热衷于酿酒术的老普林尼在其《自然史》（XIX，8，70）中写道：庞贝最好的葡萄酒引起的头痛甚至能够持续到第二天的第六个小时。

最后，当一天结束，人们已经入睡的时候，马车运载着货物在城市已经寂静的街道上来来往往。这在白天是禁止的，特别是在罗马城，交通已经变成了一个特别严重的问题，严重影响了市民的日常活动。

小时的性质

公元前 1 世纪，随着历法上星期的施行及其给罗马日常生活带来的进步，出现了把每天的每一个小时献给星期的七颗行星之一的做法。正如我们已经看到的，掌管每天第一个小时的神用他的名字给那一天命名，从星期六开始，形成星期的惯例。另外，每一个小时用一个字母来标记，这个字母对小时的产生具有决定性的影响。

在本书后面的内容中，有从"费罗卡利纪年表"中提取的关于星期的插图，从中可以看出，构成一个罗马日的每个小时后面都会出现一个表明其特征的字母：B——有益的，N——有害的，C——中立的（中性的）。每个小时的性质会影响一天内做某些事情的最佳时间的选择。根据罗马人的信仰，如果指向某个具体时间点的不祥迹象太多，就意味着可能会破坏一笔好买卖或者损害一件敏感的公共事务。

小时的性质受主掌它们的神的影响，或者更确切地说，是由神决定的。有害的小时与在残酷的战神马尔斯和报复性强的农神萨图尔诺有关；良辰吉时则和爱与美之神维纳斯、众神之王朱庇特相关；其余的小时，献给月亮神、墨丘利神和太阳神，后面这几位神是中性的。

借助这个系统，小时以规律的方式分配，使每一天拥有 6~7 个有益的小时、10~12 个中性的小时。而墨丘利神主掌的那一天，是唯一的有 8 个有害小时的日子，4 个在夜晚，4 个在白天。

对所有构成罗马历法的要素从一般到具体进行考察之后，我们理解了该历法的基本结构。接下来，所有这些都将帮助我们在古典罗马的生活中度过整整一年，并参加那些在日常生活中以自己的方式生活的人的庆祝活动、仪式和习俗。

第二部分

罗马历法：节庆和日常生活

引　言

　　现在我们已经对罗马历法的来龙去脉有了深刻的了解，从其最遥远的起源到现在的发展及其所有细节和复杂性，我们终于可以接近其内涵了。庆典、重要日期、重大事件纪念日以及纪年表上标记的罗马历史上发生的许多其他大事，有助于我们看到其中反映出来的，日复一日使用历法的所有人的习俗和罗马社会决定性的仪式。

　　本书第二部分是儒略历一年十二个月的介绍。我们将观察历法的全貌，涉及公元前 45 年儒略历系统建立之前的时期，以及之后的时期，在某些情况下可以延续到公元 5 世纪，因为在罗马一千多年的历史中，并不是所有的节庆都具有同样的重要性。通过这种方式，我们将可以看到节庆的演化及理解节庆的不同方式。

　　按照古代模式，之后的内容将变成 21 世纪真正的"当代纪年表"，一部通过罗马历法汇编而成的罗马历史，以便作为日常参考，并向有关史料致敬，我们将以其为基础，建立历法的内容和结构。奥维德、瓦罗、马克罗比乌斯和其他很多作家，以及我们目前所了解的各种"纪年表"，无论是刻在大理石柱子上的公共历法抑或私人历法，特别是公元 354 年的手抄日历或者叫"费罗卡利纪年表"，都将成为我们的参照点。

我们将采用"费罗卡利纪年表"的部分结构，该历法虽然出现在晚期，但是让我们看到私人历法是什么样子。虽然这种手抄本形式可能在更早期就已经存在，但它却是从公元 3 世纪末才开始普及。在我们"纪年表"上的每一个月份前面，都会有一幅图像，其依据是今天在梵蒂冈教廷图书馆收藏的 17 世纪的两个手抄本，它们复制于另一个 9 世纪的手抄本，而后者今天已经遗失了，而这个手抄本又是公元 354 年的原稿的复制品，原稿在很多世纪前也已经毁坏了。每幅图代表当月的节庆，或者只是一种习俗，或者仅仅是与其所涉及的月份有关的概念的理想化。我们在手抄本的每幅图像下面，可以看到最初为当月形象配的双行诗，对每个月的有趣事物进行评论。这些诗也保存在名为《拉丁文选》（*Antología latina*，665）的诗集中。我们不知道这些诗的作者是谁，也不知道是什么时候写的，但是他们一定是罗马历史上的著名人物，写作的年代也许是从奥古斯都时代开始的。

我们也将在每个月看到"纪年表"结构的理想中的样子，上面有日期、日子的特征及最突出的节庆。我们的依据是五十多种罗马历法的残片，它们中有很多是奥古斯都时期的，其中最突出的是"马非阿尼纪年表"，它是目前被了解得最全面的纪年表；还有一个是保存至今的最豪华的罗马历法副本——"阿密特尼尼纪年表"，又称"普拉埃奈斯提尼纪年表"。

我们将展示从 A 到 H 的八个市集日字母，每个月的卡伦德日（K）、诺奈日（NON）和伊都斯日（EID），以及到以上各个日期的剩余天数。

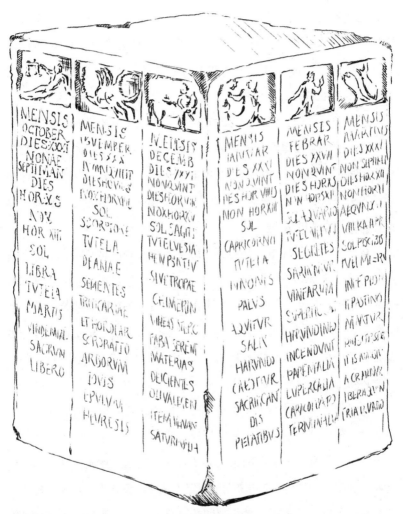

"农民年鉴"显示了一年的 12 个月以及每个月最重要的农业任务。
那不勒斯，国家考古博物馆

我们也将标记国民大会日（F）、工作日（C）、不禅日（N）、祭神日（NP）、国民大会日兼不祥日（EN），以及更奇怪的 QRCF 和 QStDF。最后，罗马历法每个月最突出的节日将以缩写形式出现，比如，用 LVPER 代表牧神节，我们将在本文后面部分解释。

在每个月里，我们将会发现其起源、奉献、节庆以及其他在罗马历史上发生的重要里程碑式事件。为此，我们将利用在本书第一部分和该引言前半部分提到的一切可能的文献资料，以及其他一些非常有趣的资料，展示了一年的 12 个月，并给出了一些有意思的迹象，以及表明其与农业的关系。

在一年的每个月里，罗马历法的主要功能是汇总"国家节庆"或者称为"国家公共节日"的日期。国家公共节日包括主要的节日和假期，这意味着停止一切工作。负责向罗马诸位主神献祭的祭司们，在这些天甚至不可以看见有人干活。他们出门的时候，总是通过传令官敦促所有正在工作的人停下来。如果发现有人违反禁令，就会处以罚款，或者必须用一头猪来祭祀赎罪。

其他日子，如举办角斗表演、田径比赛或者戏剧表演的日子，也是节日。虽然这些日子因为是大规模的庆祝活动，通常也会出现在官方历法中，但是尚未达到国家公共节日这个级别。卢迪日（"游戏日"或者"表演日"）在共和国末期一年几乎有 80 多个，因为这些日子不是特殊的节日，尤其不是献给神明的节日，公共活动和经济活动可以照常进行而并不会冒犯神明。这些日子的起源与共和国的发展相关，作为一种向"至高无上的朱庇特神"进行特殊献祭的方式，以在战场上获得他的保佑，也就是所谓的"罗马卢迪"。因此，在罗马历史上，一些最著名的卢迪日是为了纪念军事胜利而举办的。

节日也是给神献祭的基本元素，因为它们是为神而创造的，正如瓦罗的记述"(节日是)为了敬神而设立的"(《论拉丁语》VI，12)。还有其他类型的节日，在这种情况下指私人节日，以纪念杰出人物或家庭，但这些节日不是由市民共同庆祝的。皇室节日是例外，它们是公共性质的。"去世后净化节"是私人节日，是在一个家庭成员去世后的十天里举办的在今天看来并不喜庆的节日。每个人都会庆祝自己的生日，或者任何其他在其生命中具有特殊意义的日子。

在公共节日中我们区分了三种：第一种是固定节日，每年在某一特定日期庆祝，也是唯一反映在官方日历上的节日，因为它们每年都是固定的；第二种是概念性节日，也是年年定期举办，但是确定日期的人是行政官员或者祭司，因而无法反映在日历上，而是事先公布；第三种是法定节日，这种节日的时间具有不稳定的特点，每次都以特殊的方式确定日期，由最高执政官、裁判官或者某位独裁者下令举行，以纪念某一次胜利，或者为某次对神的严重冒犯赎罪，或者为减轻某次灾难带来的影响。

所有的公共节日，无论其性质如何，都是为了罗马人民的利益而对神进行感恩或者赎罪仪式的节日，由国家支付适合每种情况的祭祀和仪式的费用。公民没有义务自己进行任何类型的仪式或者祭祀。不过，如果他们希望这么做的话，他们可以以一种特殊的方式进行。罗马宗教有无数的神，其中一些比另一些重要，这些神守护日常生活的不同方面，其功能在后来的基督教中与保护神或者守护神相关。

仪式通常包括动物祭祀，除了那些极其洁净的神，比如主掌生育的卡门塔女神（Carmenta），她不能与死亡有任何联系。祭祀是由敬拜相应神的祭司进行的，一般在神殿或者圣所前的祭坛上进行，通常会伴随一场仪式盛宴。

最后，历法还显示了其他突出的日期，如重要的军事胜利或失败的日期，神殿供奉各位罗马神的日期，甚至发生一些超自然事件的日期，如闪电击中雕像的日期，需要预防恶兆的日期。所有这些都将在我们即将解释的罗马历法中得以体现。

一　月

MENSIS IANVARIVS

Primus, Iane, tibi sacratur ut omnia mensis
undique cui semper cuncta videre licet.
眼观四方的雅努斯，第一个月献给你，给它冠以你的名。

MENSIS IANVARIVS DIES XXXI

1	A	K·IAN·F		ANNVS·NOVVS INQVIPIT
2	B	IIII	F	
3	C	III	C	
4	D	PR	C	
5	E		NON·F	
6	F	VIII	F	
7	G	VII	C	
8	H	VI	C	
9	A	V	AGON·NP	
10	B	IIII	EN	
11	C	III	CAR·NP	
12	D	PR	C	IVTVRNAE
13	E		EID·NP	
14	F	XIX	EN	DIES·VITIOS EX·S·C
15	G	XIIX	CAR·NP	
16	H	XVII	C	IMP·CAES·AVG APPELLATVS·EST
17	A	XVI	C	ARA·NVMINIS·AVG DEDICATA·EST
18	B	XV	C	
19	C	XIIII	C	
20	D	XIII	C	
21	E	XII	C	LVDI·PALATINI
22	F	XI	C	LVDI
23	G	X	C	LVDI
24	H	VIIII	C	
25	A	VIII	C	
26	B	VII	C	
27	C	VI	C	CASTORI·POLLVCI AD·FORVM
28	D	V	C	
29	E	IIII	F	DIVVS·CAESAR·ADDIDIT
30	F	III	NP	ARA·PACIS·DEDICATA·EST
31	G	PR	C	

XXXI

雅努斯的月份——一月——在摩羯座（Capricornio）的保护下开始，是儒略历和前儒略历中罗马年的第一个月，甚至可能从努马·庞皮留斯国王的改革（罗马人自己将这次改革归功于他）时就是这样。一月的名称来源及奉献与雅努斯神有关。这位神是双面神，被认为是万物开始和结束的保护者。他的一张脸总是面向过去，另一张脸面向未来。他是罗马人在一月的卡伦德日祈求的神，在新的一年开始时祈求他的保护。同样，在任何情况下，在向任何其他神祈求之前，通常会先向雅努斯神祈祷，因为他是掌管开始的神。

Iane biceps, anni tacite labentis origo, [...] dexter ades patribusque tuis populoque Quirini, et resera nutu candida templa tuo. Prospera lux oritur: linguis animisque favete! Nunc dicenda bona sunt bona verba die.

　　雅努斯双面神，悄然流逝的一年默默开始，请厚待你的参议员和奎里诺人民，请允许打开你闪闪发光的神殿之门。

　　一束耀眼的光芒显现：避免不祥的预言，打消恶念！现在到了好日子，必须说良言吉语。

（奥维德，《岁时记》I，65—75）

对农民来说，这个月是休息的时间，接下来将开始新一年的播种。在罗马，两位执政官宣誓履新，他们是罗马行政权力的最高代表。尽管直到公元前 2 世纪中叶，最高执政官在 3 月 15 日伊都斯日上任，而在此之前是在其他时间进行的。但伊斯巴尼亚（Hispania）战争最终将日期改为了一月的卡伦德日，我们将在三月讨论这一点。

一直以来，一月有 29 天，直到儒略历开始实施，正如我们所看到的，在这个时期增加了两天，一月改为 31 天。关于一月在一年中的位置值得我们注意，它可能并非一直是第一个月，即使罗马作家们在这一点上也未达成一致。根据普鲁塔克的记述，传说中的努马·庞皮留斯国王增加的一月和二月，从一开始就被放在第一和第二的位置（《努马生平》，18—19）。其他作家如奥维德（《岁时记》II，51）肯定一月是第一个月，二月是最后一个月，因为二月有许多净化节，我们将很快了解这一点。无论从何种意义来说，一切都很难确定，因为我们不应该忘记，罗马历法的古老概念是后来由古典作家们自己创造的。不管怎样，正如我们前边所看到的，最可行的选择是，一月在其设立之初就被安排在一年的第一个月。

一月的图像表现了在新年的第一天为罗马新的一年祈求繁荣昌盛的场景。在图中，我们看到一个男人身着长衫，左臂上搭着一件华丽的托加长袍①。这是两位最高执政官其中之一在其就职仪式上向朱庇特献祭，"祈求神在新年里护佑他"。他的右手在火焰上撒香，身边的公鸡提示我们正在举行的是晨祭。画面的点睛之笔是男人左手拿着的三叶花，再次预示着吉兆和好运。

这只是在一月的卡伦德日举行的众多仪式之一，目的是为罗马、为最高执政官，尤其是为帝国时期的皇帝，招来好运和众神的青睐。晨祭在罗马广场举行，人们通常在一个被称为"彰显吉兆之处"的地方，观察鸟类的飞行迹象，祈盼众神显示吉兆。

---

① 托加长袍，或称罗马长袍，一种罗马公民的服装。——译者注

非固定节日	路神节	概念性节日

新年的第一个节日是路神节（Compitalia），这是一个概念性节日，在历法上没有固定的日期，人们可能会选择一个天气最好的日子来庆祝。这是一个非常古老的节庆，但重要性逐渐丧失，到了共和国末期几乎消失了。后来，就像许多其他宗教节日一样，奥古斯都在公元前7年恢复了该节日，并且持续到帝国末期，也是在这个时候这个节庆的日期终于固定在1月3日。

Dienoni populo Romano Quiritibus Compitalia erunt; quando concepta fuerint, nefas.

古罗马人民在第九天庆祝路神节，日期已经确定，没有诸神的允许，这一天将不宜进行世俗事务。

（奥卢斯·格利乌斯，《阿提卡之夜》X，24，3）。

路神节向拉列斯神——他们被认为是善良温和的神——献祭，祈求这些"十字路口的守护神"的保佑。罗马城的所有社区皆受其保护，每个社区拥有一个供奉这些神的祭坛，以获得他们的保护。这个节日主要是由平民尤其是奴隶庆祝的，奴隶在这一天被允许自由活动。每家每户的大门装饰着大蒜头，因为根据最古老的传说，阿波罗神的神谕规定，这个节日需要人头作为祭品。有一段时间，小孩子会被献祭来取悦神——尽管这可能只是一个传说——直到共和国的创始人卢修斯·朱尼厄斯·布鲁图斯下令献祭的头应该是大蒜头，而不是人头。

　　路神节的主要传统是仪式性的清洁。在这个节日，人们牵着一头猪在街上走，以净化街道，一直走到拉列斯祭坛，在那里用这头猪献祭。这件事是由社区官来完成的，该职务通常由获得自由的奴隶担任，其职责是保持罗马城社区的清洁和秩序。罗马当时有 265 个社区。这些社区祭坛的使用后来进入基督教传统中，尤其在意大利南部和西班牙的一些地区，今天人们仍然可以在街道上看到供奉圣徒或圣母玛利亚的小神龛。

　　节日在被称为"路神节卢迪"（Ludi Compitalicii）的演出中落下帷幕，这场包含戏剧、音乐和舞蹈的表演一直持续到官方节日结束两天之后。平民和奴隶最喜欢这些表演，因为有趣而诙谐的内容使他们可以暂时摆脱平日的严格约束。

宰牲节（Agonalia）是罗马宗教中最古老的节日之一，即使是在这方面最有学问的罗马作家也无法确定其真正的起源。在历法中有好几个宰牲节，但在它们之间很难找到确切的联系。一年中的第一个宰牲节是献给雅努斯神的，"祭典之王"在他的公署——位于罗马广场的雷吉亚——向雅努斯神献上一头公羊。对于古人来说，对该节日名称起源的各种假设集中于这头动物祭品的概念。

奥维德同意瓦罗的观点，认为它可能来自于主持祭礼的祭司在宰羊之前提出的问题"我杀它吗（agone）"，其例行回答是"杀吧，开始吧"（hoc age）。它也可能来自于"运送"（agere），因为公羊被献祭并非出于公羊自身的意愿；或者甚至来自于公羊在被宰杀时的垂死挣扎。（奥维德，《岁时记》I，319—332；瓦罗，《论拉丁语》VI，12）

| 1 月 10 日 | "掷骰子"纪念日 | 一月伊都斯日前第四天 |

公元前 49 年 1 月 10 日夜晚，驻扎在高卢的常胜指挥官恺撒，处于其生命中最重要的一个交叉路口。他带领全副武装的第十三军团，准备越过意大利边境卢比孔河，而根据罗马法律，任何武装部队都不能通过这条河。

元老院以小加图（Catón el Joven）为首的一伙议员反对恺撒，对他进行诽谤和威胁，企图彻底终结恺撒的政治生命，支持庞培。面对这样的挑战，恺撒丝毫也没有犹豫。当天夜晚，他没有出现在战士们面前，而是和他最信任的骑兵们秘密会合，带他们渡过了卢比孔河，突然出现在他的对手面前。这一行为等于直接点燃了内战的烽火。这场内战持续了数年，恺撒和庞培进行了一场又一场的战斗。

恺撒当时很清楚那场挑战对他自己和整个罗马意味着什么，因此，在向不可逆转的时刻跨出决定性的那一步之前，他说了一句话——Iacta alea est，这句话将永远铭刻在历史上。苏维托尼乌斯流传到后世的翻译是"骰子已经掷下"（《罗马十二帝王传》，"恺撒"，32，1），即今天无人不知的这句话——"命运已经决定了"。

其他作家，如普鲁塔克，表述出另一句话，虽然意思接近，却有更深一层的含义。尽管历史未能公正地认可，但这句话无疑更能代表恺撒当时的感觉：

εἶτα, ὥσπερ οἱ πρὸς βάθος ἀφιέντες ἀχανὲς ἀπὸ κρημνοῦ τινος ἑαυτούς,

μύσας τῷ λογισμῷ καὶπαρακαλυψάμενος πρὸς τὸ δεινόν, καὶ τοσοῦτον μόνον
Ελληνιστὶ πρὸς τοὺςπαρόντας ἐκβοήσας, 'ἀνερρίφθω κύβος,' διεβίβαζε τὸν
στρατόν.

就后，就像那些从悬崖跳进深渊的人一样，恺撒失去了
理智，对危险视而不见，只对在场的人大喊这句希腊语"掷
骰子"，就贸然带领部队过了河。

(普鲁塔克，《庞培的一生》60，2）。

恺撒在如此重要时刻，说的不是拉丁语，而是在古代非常优雅的
语言希腊语,他引用了希腊剧作家米南德（Minandro）的短语"ἀνερρίφθω
κύβος"——"掷骰子"。骰子不是为了恺撒掷出去的，也并非像之前
苏维托尼乌斯告诉我们的那样，已经掷出去了。骰子，在恺撒的手中，
还没有掷出去。游戏即将开始，只有时间才能证明谁是胜利者。

1 月 11 日、15 日	卡门塔女神节	一月伊都斯日前第三天，二月卡伦德日前第十八天

人们在 1 月 11 日和 15 日庆祝卡门塔女神节（Carmentalia）。正如我们将在一年内逐步看到的普遍现象，节日更多的是在奇数日子举行，因为罗马人迷信奇数日比偶数日更适合过节。如果一个节日持续一个工作日以上，通常会空过那个处在两个奇数日之间的偶数日。而这个本应在 11 日和 13 日庆祝的卡门塔女神节，实际却在 11 日和 15 日庆祝，而我们对其原因不甚了解。

这个阴森的古老节庆是献给卡门塔女神的，她的名字来源于 carmen，意思是"歌曲、诗歌"，甚至是"咒语"。因此，卡门塔女神最古老的特点之一就是预言的天赋。拉丁字母的发明也归功于她，是由她的儿子阿卡迪亚国王埃文德罗（Evandro）引进意大利的。

埃文德罗是一位英雄，他当时的住处，可能位于罗马后来名为帕拉蒂诺山的地方。在特洛伊战争之前 60 年左右，他离开希腊的阿卡迪亚地区，来到意大利。阿文蒂山上出现了一只怪兽，被当地人称作卡克斯，吓坏了当地居民。赫丘利战胜了怪兽，于是埃文德罗为赫丘利修了祭坛，该祭坛名为赫丘利大祭坛，位于罗马的屠牛广场（Foro Boario）。后来，埃文德罗也帮助特洛伊英雄埃涅阿斯战胜了敌人图尔努斯国王及鲁图利人，维吉尔的《埃涅阿斯纪》记述了这一情节。

罗马人对埃文德罗及其母亲卡门塔女神有一种特殊的虔诚，无论是因为我们上边所讲到的事实，还是因为在其他情况下对他们的祭祀，比如牧神节的设立，这一点我们放到二月再谈。虽然卡门塔女神是一位非常古老的神，但是她对罗马人来说很重要。她有一位专属祭司，被称为卡门塔祭司，负责向她献祭。甚至在紧靠著名的卡门塔利斯门的大礼堂广场附近，还有她的一座神殿。神殿的建成归功于女人们，她们对她非常虔诚，因为卡门塔女神也是保护生育的神。因此，在她的神殿里，为了使生育女神与死亡毫不相干，祭司供奉的是不流血的祭品。穿着兽皮衣服进殿也是不被允许的，务必要保证女神的火是洁净的。

正如古典作家们告诉我们的，为了避免在分娩时婴儿的双脚先出来的难产情况，要向女神献上两种不同的祭品。为此，在卡门塔女神神殿里有两座祭坛：在一座祭坛里，她被尊为普罗萨（Prorsa）——保佑出生时脚朝前的新生儿；而在另一座祭坛里，她被尊为珀斯特佛特（Postverta）——保佑出生时脚朝后的新生儿。

有意思的是，想象一下为什么会在一月初进行生日庆祝。如果我们回顾历法上概念严谨的九个月，就会发现原因：献给爱神维纳斯的四月，是特别指定给结婚用的；然而，五月和六月的大部分时间对婚礼来说都是不吉利的，在这段时间里，结婚即使没有被禁止，也会因为许多日子的不洁性质而被强烈劝阻。

| 1 月 14 日 | 凶日 | 二月卡伦德日前第十九天 |

公元前 30 年，在马克·安东尼和克利奥帕特拉（Cleopatra）先后于 8 月 1 日和 8 月 12 日自杀后，根据罗马元老院颁布的法令，从此之后，安东尼的出生日期——1 月 14 日——被视为凶日。这个日子被认为非常不吉利，这一决定的目的在于摧毁马克·安东尼死后对他的记忆。

1 月 16 日	恺撒·奥古斯都皇帝称号纪念日	二月卡伦德日前第十七天

公元前 27 年 1 月 16 日，屋大维在宣布"恢复共和国"仅仅三天之后，被元老院授予"奥古斯都"的称号，从此以后这就成了他的新名字。下面是他的政治遗嘱的一部分，年迈的奥古斯都讲述了他年轻时因建立丰功伟业而成为罗马"第一公民"。在这段内容中，他谈到了他在公元前 30 年从希腊到埃及追击并战胜马克·安东尼和克利奥帕特拉之后，罗马元老院授予他的功勋和荣誉。

Quo pro merito meo senatus consulto Augustus appellatus sum et laureis postes aedium mearum vestiti publice coronaque civica super ianuam meam fixa est et clupeus aureus in Curia Iulia positus, quem mihi senatum populumque Romanum dare virtutis clementiaeque et iustitiae et pietatis caussa testatum est per eius clupei inscriptionem. Post id tempus auctoritate omnibus praestiti, potestatis autem nihilo amplius habui quam ceteri qui mihi quoque in magistratu conlegae fuerunt.

因为这一功绩（战胜埃及），元老院决定授予我"奥古斯都"的称号，并公开装饰我家的房子，门柱上缠绕着月桂树枝，大门装上了公民冠冕，在朱利亚元老院放置着元老院和罗马人民授予我的金盾，上面的铭文证明了我的英勇无畏、宽厚仁慈、公正虔诚。从此以后我享有高于所有人的威望，但我从未拥有过比在行政官职务上的所有人更广泛的权力。

（《安塞拉努纪念碑铭文》，"奥古斯都的功绩"，34，2—3）.

与恺撒不同的是，奥古斯都非常注意限制授予他的荣誉，并努力证明那些最终授予他的荣誉是由元老院提出的，因此他的处境比他的养父好得多。只有这样才能确保自己不会像恺撒那样被反对者们密谋杀害。

就这样，荣誉纷至沓来：宅邸大门上的公民冠冕，门柱上的月桂树枝，元老院表彰其高尚品德的金盾……官方宣布共和国重新恢复，罗马人民已经被拯救。而事实远非如此，"第一公民"独揽大权，一种新的政府形式——罗马帝国——拉开了序幕。

从奥古斯都时代开始，1月17日就在历法中占据了重要地位。许多原因使这一天成为罗马人的节日。首先，在成为奥古斯都的继承人之后，提比略（Tiberio）在皇宫所在的帕拉蒂诺山为奥古斯都的守护神献上了一座祭坛，以此来确保皇帝的福祉。提比略采取了非常明智的方式：在皇帝还在世时，几乎把他像神一样崇拜，而不是公开把他当作神，否则早就成了一桩丑闻。皇帝的福祉就以这种方式与帝国的繁荣联系起来。

每年1月17日，各个等级的祭司，如大祭司、占卜官以及"15人祭祀团"一起，浩浩荡荡地前往帕拉蒂诺山阿波罗神殿旁边的祭坛，在那里用动物献祭。提比略选择这一天举行神圣奥古斯都祭坛的献祭仪式，代表自己及其母亲莉维娅·德鲁西拉（Livia Drusila）表达感恩之意。因为也是在1月17日，他们母子开始成为奥古斯都生命的一部分。公元前38年，莉维娅在和其前夫提比略·克劳狄乌斯·尼禄（Tiberio Claudio Nerón）离婚之后的第二天，就迫不及待地和屋大维——未来的奥古斯都——结为夫妻。根据某些资料记载，她和前夫有两个儿子——三岁的提比略和刚出生抑或即将出生的德鲁苏斯（Druso）。

莉维娅一直是一个强势而聪明的女人，没有人比她更懂得如何履行奥古斯都伴侣的职能，用更富有现代意义的话来说，她并非顺从皇帝，与他分享各种荣誉，而是在他们52年的婚姻期间，做他的坚强后盾，为他的各种决定出谋划策。不幸的是，在后世厌恶女人的历史学家比如塔西佗（Tácito）的笔下，她被塑造成一个恶毒皇后的形象。在当时盛行的大男子主义观念中，一个有权力的女人怎么可能不是恶妇或者说阴谋家呢？从那一刻起，只要过了一定的时间，历史就会变得模糊起来，而现代史学也接受了这些价值判断。我们不要忘记罗伯特·格雷夫斯（Robert Graves）和他的小说《我，克劳狄乌斯》（*Yo, Claudio*）在这个问题上所起的关键作用，这部小说使莉维娅的形象在大众文化中被固化为背信弃义的投毒妇。

莉维娅获得更突出的地位，很可能是在奥古斯都于公元14年去世后，因为在奥古斯都的遗嘱中，莉维娅被授予新的名字——尤利娅·奥古斯塔（Iulia Augusta），并成为皇帝的家族尤利乌斯家族的一员。莉维娅随即和其子提比略一起，着手对奥古斯都进行神格化，并加紧为奥古斯都神修建神殿。此外，从公元14年开始，在这个日期设立了帕拉蒂尼卢迪，这是为纪念奥古斯都而举行的盛大庆祝活动，在帕拉蒂诺山专门为此而建的一座剧院里举行了戏剧表演，后世一代又一代皇帝将这个节日延续了下去。这个起初持续三天——1月的21、22、23日的演出，在公元41年，又增加了一天——1月24日，以实施暗杀卡利古拉皇帝的计划。

非固定日期	播种节	概念性节日

播种节（Sementivae）是一月的第二个概念性节日，通常在一月末的 24 日和 26 日之间举办，因为这个时候气候稍微好一些。这个节可能与异教徒节（Paganalia）有密切的联系。如果它们不是同一个节的话，播种节指的是田地（pagi），进一步延伸，就是农民（pagani）。在帝国末期，从这个术语中产生了对非基督教徒的一种称呼方式——异教徒（pagano），因为农民的基督教化程度很低，比城里人地位低。

播种节主要献给两位女神：一位是克瑞斯（Ceres），她是土地、农业和谷物的保护神；另一位是大地之母忒勒斯（Tellus），她接收并保护种子，使其生长。播种的月份主要是十月、十一月和十二月初，因此，一月份是土地和耕种者休息的时间。然而，也有一些特定作物在春天播种。播种节是一个保护播种的节日，保护已经种下的作物及将在春季播种的作物。

这个持续两天的节庆的第一天，是献给大地之母忒勒斯的，第二天是献给克瑞斯女神的。两位女神得到了同样的祭品——一块用斯佩尔特小麦面粉做成的蛋糕和一头怀孕的母猪，以保护庄稼不受鸟类、蚂蚁和任何可能会影响它们的疾病的侵害。人们还给拉犁开沟的耕牛戴上花环，并让它们在节日里休息。

Cum ex Hispania Galliaque, rebus in iis provincis prospere gestis, Romam redi, Ti. Nerone P. Quintilio consulibus, aram Pacis Augustae senatus pro reditu meo consacrarandam censuit ad campum Martium, in qua magistratus et sacerdotes Virginesque Vestales anniversarium sacrificium facere iussit.

我在伊斯巴尼亚和高卢卓有成效地完成了在这两个行省的事务，回到罗马，在提比略·尼禄和普布利乌斯·昆蒂利乌斯担任最高执政官期间（公元前13年），元老院商定在战神广场修建奥古斯都和平祭坛，以感谢我的归来，并下令行政官员、祭司和维斯塔女祭司进行每年一度的献祭仪式。

（《安塞拉努纪念碑铭文》，"奥古斯都的功绩"，12，2）

在奥古斯都留给罗马人民的这段政治遗嘱中，我们可以看到他在向我们讲述，在平定了高卢，尤其是伊斯巴尼亚接连不断的暴动，凯旋之后，元老院下令为和平建立一座祭坛。这是雄图大略的"第一公民"筹谋的又一个宣传工具，巩固了他作为和平缔造者和罗马救世主的形象。从公元前17年开始，短短几年时间，罗马已经步入了新的黄金时代。

和平祭坛于公元前13年7月4日祝圣，最终于公元前9年1月30日，用卡拉拉的坚固白色大理石精雕细刻而成。祭坛的精美浮雕展示了奥古斯都的宣传。一方面，依次排列着神圣的尤利乌斯整个家族和罗马那个时代最杰出的人物；另一方面，基座上雕刻了枝叶繁茂的植物、种类丰富的动物，内墙上刻着各种装饰和花环，所有繁荣的象征，表现出对神的虔诚以及新时代的富裕。

　　绕祭坛一周的浮雕闭合之处，突出了四个主浮雕。第一个浮雕上出现的是维纳斯和尤利乌斯家族的创始人生下的儿子埃涅阿斯。第二个浮雕表现了喝卡比托利欧山母狼乳汁长大的罗慕路斯和勒莫斯，与他们的保护神兼父亲——战神马尔斯——在一起。第三幅是受到奥古斯都款待而感到骄傲的罗马女神。第四幅表现了一个集大地和丰饶于一身的女性形象，她身边是一群儿童和各种动物，他们沐浴着来自大地和海洋的风；这个浮雕汇聚了一切元素，是从那个时代至今以来最壮观的浮雕之一。

奥古斯都和平祭坛的浮雕，忒勒斯女神象征奥古斯都皇帝新和平时代的丰饶和繁荣。

和平祭坛的碎片是在贝尼托·墨索里尼法西斯独裁统治时期发现的。这位独裁者下令对战神广场的地下进行挖掘，出土了很多原来深埋在地下的碎片，并将其安置在奥古斯都陵墓旁边的博物馆，以纪念——即使是提前一年——奥古斯都皇帝的两千年诞辰。

然而，奥古斯都和平祭坛的碎片的历史要复杂得多：一些碎片曾在梵蒂冈博物馆被发现，另一些则镶嵌在罗马的美第奇别墅的外立面上（它们至今仍在那里），还有一些碎片被送到卢浮宫，还有许多至今仍未被找到。我们今天所知道的大部分残片都收藏在翻新后的博物馆里，这使它成为奥古斯都时代的罗马保存下来的最令人印象深刻的纪念碑之一。

二　月

MENSIS FEBRVARIVS

Umbrarum est alter, quo mense putatur honore Pervia terra dato Manibus esse vagis.
第二个月属于死者，是祭祀亡灵之时，人们认为此时大地裂开，亡灵从阴间出来游荡。

MENSIS FEBRVARIVS DIES XXIIX

1	H	K · FEB · N	IVNONI · SOSPITAE
2	A IIII	N	
3	B III	N	
4	C PR	N	
5	D	NON · N	IMP · CAES · AVG · PATER PATRIAE · APPELLATVS · EST
6	E VIII	N	
7	F VII	N	
8	G VI	N	
9	H V	N	
10	A IIII	N	
11	B III	N	
12	C PR	N	
13	D	EID · NP	FAVNALIA PARENTALIA
14	E XVI	N	
15	F XV	LVPER · NP	
16	G XIIII	EN	
17	H XIII	QVIR · NP	
18	A XII	C	
19	B XI	C	
20	C X	C	
21	D VIIII	FERAL · F	
22	E VIII	C	CARISTIA
23	F VII	TER · NP	
24	G VI	REGIF · N	
25	H V	C	
26	A IIII	EN	
27	B III	EQ · NP	
28	C PR	C	

XXIIX

水瓶座标志下的二月在海王星神的保护下开始了。对罗马人而言，正如瓦罗和老普林尼说的那样：春天从这个月的 2 月 7 日或 8 日开始。

　　随着好天气的到来，人们开始在田里耕作。这是播种的时节，种子撒在了土里。同样，祖先的神灵在这个月也必定被想起。根据古典作家的说法，二月（Februarius）这个词来源于 februa，这是一个古老的名称，指在这个月的各种仪式中使用的神圣的净化器具。

　　正如我们在前边的章节所看到的，二月并非一直以来是一年的第二个月。奥维德在他的《岁时记》中（II，49）说，和那些阴间幽灵处于大地最深处的情况一样，二月位于一年的末尾。虽然很难追溯一个甚至连罗马人自己也不确定的真相，但可以肯定的是，到公元前 5 世纪中叶，或者更确切地说，公元前 4 世纪末期，二月一直是罗马年的最后一个月。

　　二月是一个拥有很多古老节庆的月份。实际上，由于公民和统治者对亡灵的神圣性和对净化的尊重，这些古老的节日几乎在整个罗马历史上一直延续了下来。这种信仰很虔诚，就连尤利乌斯·恺撒在修订历法，给月份增加天数的时候，也没有触及二月，它依然保持了原来的 28 天。

　　二月作为一年的最后一个月，是罗马人进行深刻的灵魂净化的适当时机。通过净化，他们就在诸神的眼中没有任何污点，从而进入新的一年。正如我们所看到的，古历和儒略历都在闰年的这个月里增加了闰月，使民历和自然历一致。

　　在二月的图像中，我们看到了整个历法中唯一的女性形象。她头上戴着兜帽，双手捧着一只大雁，身边围绕着海洋里的动物：大鱼、几只海螺、鱿鱼和章鱼。我们还看到了一只白鹳，在它上方有一只高脚杯正在往下倒水。所有这些形象都与水有关，所以人们认为这可能是寓意二月多雨的特点。

奥古斯都凭借他最喜欢的罗马"第一公民"身份获得了各种荣誉，随后，在公元前 2 年 2 月 5 日，元老院授予他最后一项重大荣誉——"国父"（Pater Patriae）称号。

Senatus et equester ordo populusque Romanus universus appellavit me patrem patriae.

元老院、骑士团和全体罗马人民授予我"国父"称号。

（《安塞拉努纪念碑铭文》，"奥古斯都的功绩"，35，1）

"国父"的称号并不意味着在罗马有任何更高一级的合法性或者说进一步的政治掌控，但它确实是罗马能够给予一位统治者品德方面的最高荣誉。在奥古斯都之前的罗马的七个世纪的历史里，只有四个人获得了这一荣誉。

第一位，毫无疑问是罗马城的建立者罗慕路斯国王，他有权利成为最合法的国父。第二位是马库斯·弗利乌斯·卡米卢斯（Marco Furio Camilo），在阿利亚河战役中，是他拯救了惨败给高卢人的罗马。到了公元前 1 世纪，西塞罗（Cicerón）和尤利乌斯·恺撒都获得了这个称号，说明这一传统延续到了整个帝国时期。在帝国时期，这一称号被授予了二十多位皇帝。他们中的一些人，比如提比略，毫不在意地拒绝了；而另一些人则欣然接受了，尽管通常的做法是在公开使用这个称号之前推辞一段时间，以显示一种谦逊的姿态。

非固定日期	罗马城净化节	概念性节日

　　按照古历，二月的功能是在新年来临之前进行个人净化，所以有一个旨在净化城市本身的节日并不奇怪。罗马城净化节（Amburbium）是努马国王指定进行的罗马城净化仪式，是祭祀祖先灵魂的时间。

　　这些仪式的日期是由大祭司宣布的，但我们今天对它们知之甚少，尽管它们与安巴瓦利亚节有关，后者是在五月举行的农村净化节。这些圣事被称为"suovetaurilia"，这个术语将猪（sus）、羊（ovis）和公牛（taurus）的献祭结合在一起。这种祭品只在特殊场合使用，比如罗马城净化节，在这种情况下，整个城市都必须进行特殊的赎罪。

　　动物们被带到罗马城的神圣边界。根据传说，这些边界是由"原始犁沟"划定的，而"原始犁沟"是罗慕路斯国王在建立罗马城时用犁划出来的。随着时间的推移和城市的扩张，罗马城最初的边界沿着帕拉蒂诺山、卡比托利欧山和罗马广场的外围不断地向外延伸。维斯塔女祭司、十五人祭司团、占卜师和罗马宗教的其他祭司们出席罗马城净化节游行，仪式结束时，上述三种动物被用来向诸神和祖先的灵魂献祭。

| 2 月 13 日 | 法翁神节 | 二月伊都斯日 |

　　在罗马，2 月 13 日是献给法翁神（Fauno）的节日，他保护土地和农民，另外，12 月 5 日也是献给他的。在法翁神节（Faunalia）这一天，人们在台伯岛的神殿向法翁神献祭。这座神殿修建于公元前 194 年。可能由于这个节日的祭祀表现出村野式的疯狂，不太适合公元前 2 世纪时的罗马，因为当时的罗马已经初具城市的成熟而复杂的等级体系，所以今天我们对该节日所知甚少。

法比亚家族是罗马最强大、最古老的贵族之一。罗马作家提图斯·李维（《从罗马建城开始》II，49—50）和奥维德（《岁时记》II，194—244）都记述了这个家族最古老的一个传说：在公元前 477 年，法比亚家族遭遇了一场巨大的灾难，全家族只有一个人幸存下来。

当时，刚刚建立不久的罗马共和国正在与意大利中部诸邻国交战，被维伊城的伊特鲁里亚人战胜。法比亚家族将这次战败视作本家族的耻辱，为了罗马的荣誉，自告奋勇还击敌人。306 名家族成员从罗马出发，向位于"永恒之城"西北部 15 公里处的维伊城进军。

法比亚人联合他们的朋友和盟军组成了一支强大的特遣队，虽然仍比不过伊特鲁里亚人的力量，仍然节节胜利。两年之后，他们开始轻敌了。维伊城的伊特鲁里亚人利用这一点，在克雷梅拉战役中，给罗马人设下了埋伏，对法比亚人展开了一场大屠杀，只给了这个家族一个青年男性活命的机会，让他回去报信。

这个故事很有可能被夸大了，目的是为了给这个英勇家族的后代以莫大的荣誉，授予这个家族英雄的出身。这种情况在罗马的贵族之家中非常普遍，这样可以使他们的血统合法化，增加其政治和社会影响力。

火炉节（Fornacalia）是罗马的一个古老传统，与收获后晒干并储藏的谷粒有关。这个传统告诉我们，在露天烘烤谷粒时，如果不小心，有时候会引燃茅屋。为了解决这个问题，人们发明了炉子，并将它献给其保护者天炉座女神（Fornax）。女神把火装在架子里，这样也防止了谷粒被烧焦。

在那个古老的时代，罗马市民使用公共火炉，它为同一个库里亚的成员所共有。库里亚是已知的罗马最古老的行政单位体系，是罗马的社会、政治和军事组织的基础。每个库里亚有一个首领——库里奥——负责维护秩序和遵守规则。另外，所有的库里亚构成一个整体，由一个最高库里奥领导，这是一个重要的政治职位，在节日里也有一些宗教职能，在火炉节这一天也是这样。

这种体系在火炉节失去了最初的意义。在帝国时期，每个库里亚的成员聚在一起，向天炉座女神和其余众神献祭。在举办的宴会上，没有丰盛的祭品和金银盆碗，只有用陶碗装的大麦面包和瓜果，供奉在古老的木桌上。

这是个没有固定日期的节日，每个库里亚都有自己的专属日子，供其成员祭祀。那些粗心大意，忘记或不知道自己所属库里亚而没有事先完成仪式的人，可以在三月卡伦德日前第十三天——2月17日，在奎里努斯神节献祭。

| 2月15日 | 牧神节 | 三月卡伦德日前第十五天 |

　　牧神节（Lupercalia）无疑是古代世界最著名的节庆之一。从现代的视角来看，这个节日的场面令人震惊不已。庆祝的方式充满暴力，含有明显的肉欲成分，人们抛弃了羞耻心，表现得非常粗野。我们不妨认为这对于罗马人来说，应该是一个无与伦比的重要节日吧。我们知道，帝国时期的人们聚集在罗马城，参加这个早已变为娱乐和表演的节庆，却很少有人能记得它的起源和真正的意义。

　　每年2月15日，年轻人组成两个牧神祭司队——传说它们早先是由罗慕路斯和勒莫斯分别创立的。在天亮时，两个祭司队赶到卢珀卡尔山洞会合。当两队祭司会合的时候，庆典就开始了。这个古老的地方位于台伯河附近，帕拉蒂诺山西南的山脚下。传说在这个山洞里，一头名叫卢珀卡的母狼，哺育了罗慕路斯和勒莫斯这对孪生兄弟。

　　两队祭司在卢珀卡尔山洞会合后，用几只山羊和一条狗献祭。这两种祭品在罗马祭礼中极为罕见，因为通常是用猪和羊献祭。我们不应忘记，牧神节的古老起源中有牧羊人的成分，所以才有了这些奇怪的仪式。在大多数罗马祭祀中，人们会在祭品的头上撒上一种由维斯塔女祭司制作的加盐的斯佩尔特小麦面粉，这是祭礼非常重要的一部分。

　　这些年轻的牧神祭司都出身贵族之家。两队牧神祭司的领头人把祭祀用的刀上的血抹在自己的额头上，在祭司们的哄笑声中，用浸过牛奶的羊毛擦掉血迹。最后，是一场丰盛的酒宴。甚至罗马人自己也无法理解这些行为的起源和意义，但是囿于已经固定下来的习俗，这些仪式是不可改变的。

以上活动完毕,接下来节日的公共部分就开始了。祭司们脱光衣服,从献祭的山羊身上剥下皮条,围在身上遮羞。这些皮条也可以作为鞭子使用,用以鞭打一切过路的人。就这样,在罗马市中心,一场疯狂的仪式开始了。这是献给法翁神的仪式,这位神类似于希腊人的潘神。祭司们在穿过罗马大广场的"神圣大道"(Vía Sacra)上奔跑,鞭打的对象主要是年轻女性。这些女性在祭司们经过时,自愿将自己的背部交给他们鞭打,作为促进生育力的一种方式。就这样,在场的人群享受了一场古老而野蛮的表演,这当然不符合他们的时代,却令人振奋而充满活力。这个节日的内容太粗野了,以至于奥古斯都皇帝,这位道德和公正的守护者,不得不下令减少这个节日过于肉欲和充满挑衅的内容。

最著名的是公元前 44 年的牧神节,当时增加了第三个牧神祭司队,领头的是尤利乌斯·恺撒的得力干将马克·安东尼将军。在节日期间,安东尼在一个精心编排的激动人心的场景中,向主持庆典的恺撒献上了一顶王冠。面对众人的窃窃私语,恺撒故意轻蔑地拒绝了安东尼的三次献礼,表示他无意成为罗马国王。眼前这一幕场景满足了人们的期待,人群爆发出一阵欢呼。然而,这一幕场景却让元老院的一帮人心生厌恶,一个阴谋开始酝酿:恺撒只剩下一个月的寿命了。

在整个帝国时期,人们继续庆祝这个节日,这是罗马宗教历法中最受欢迎、一直延续下来的众多节日之一。即使在后来基督教官方化,异教节庆被禁止后,牧神节在罗马依然以官方的形式保留了下来。公元 495 年,教皇杰拉斯一世(Galasio I)在一场针对元老院的激烈辩

祭司们经过"神圣大道"，鞭打路过的所有人。

论之后，彻底禁止举办该节庆。在辩论中，教皇指责元老们庆祝这样
一个与其阶层不相配的异教节日，把自己降格为平民中最低下的人。

　　尽管当时普遍认为牧神节被 2 月 14 日的基督教圣瓦伦丁节所取代，
但这并非公元 5 世纪的真实情况。一些学者认为，圣瓦伦丁节是后来
被移至 2 月 2 日的致力于净化圣母玛利亚的节日，设置的目的在于保
留净化的概念，使人们从思想上远离牧神节这个古老的节庆。当然，
这一点也不确定。牧神节实际上与圣瓦伦丁纯洁的爱情形象毫无关联，
甚至圣瓦伦丁本人，或者更确切地说是瓦伦丁们——因为在罗马时代，
有两位基督教殉教者都是这个名字——在 14 世纪之前，肯定都与爱

情或者夫妻毫无关系。

　　最后，回到这个节日的起源，没有人怀疑其名称、举办的地点以及祭司这三者之间有着密切的联系。然而，坦白地说，对这个节庆的起源给出一个有说服力的解释是很棘手的。考虑到二月是专门献给亡灵的月份，人们认为牧神节也具有保护集体不受死者伤害的仪式功能。这一切使我们唯一确定的是，牧神节是一个起源于牧羊时代的古老节庆，与清洁和仪式性净化有关，也有性内涵和促进生育的功能。

奎里努斯神节（Quirinalia）是向奎里努斯神献祭的节日。罗马城的创建者罗慕路斯国王突然死亡之后，人们传说他升天了，罗马人称其化身为奎里努斯神。根据记载，在 7 月 5 日庆祝人民避难日期间，一阵狂风暴雨袭来，罗慕路斯国王突然在所有人面前消失了。关于这个故事，我们到了七月再详谈。

在公元前 3 世纪初，2 月 17 日的奎里努斯神节这一天，在奎里纳尔山上——山的名字是为了纪念奎里努斯神，人们建了一所神殿供奉他。奎里努斯神是一位对罗马非常重要的神，最主要的祭司之一——奎里努斯祭司负责为他献祭。罗马人也以他的名字命名，所有的罗马人都是"公民"（quirites），而不是"战士"（milites）。

在公元前 45 年，就在尤利乌斯·恺撒被谋杀的前一年，人们在奎里努斯神殿里献给恺撒一尊雕像，基座上刻着铭文"不可战胜之神"。雕像、铭文和神殿都没有保留下来，因此这句话真正的含义完全不清楚。也许真的在说恺撒是神？这似乎不太可能，因为至少在共和国末期，被看作一位在世的神是一种难以想象的概念。难道指的是亚历山大大帝？极有可能，因为人们给这位"将军中的将军"树立了一尊雕像。奇怪之处在于，此事同样发生在亚历山大大帝去世前一年，而且他的铭文和恺撒的一样，只不过正如迪奥·卡修斯的记述（《罗马史》XLIII，45，3），亚历山大大帝的铭文是用希腊语写的（Θεῷ ἀνικήτῳ）。然而，考虑到这尊雕像供奉在奎里努斯神殿里，这个答案显得不太符合逻辑。如果铭文不是指恺撒，而是指不可战胜的奎里努斯神呢？根据这位神的尚武性格，这种可能性很大。

无论是哪一种情况，历史有时候会为自己保留了实情，而我们可能永远也无法确知。尽管如此，人们可以在各种可能性中进行选择。这也是一个令人兴奋的因素，会引发新的讨论和假设。

| 2月13—21日 | 祖灵节 | 二月伊都斯日至三月卡伦德日前第九天 |

根据二月所标志的与死亡有关的节日谱系，祖灵节（Parentalia et feralia）是两个献给亡灵的节日之一，但不同于利莫里亚节——这个节我们将在五月开始时谈论。祖灵节的亡灵不是恶灵，相反，他们是祖先的幽灵形象。

从 2 月 13 日到 21 日，从白天第六个小时开始，祖先的幽灵来到人间游荡，要求给他们适当的祭品，以便返回冥界。神殿的大门关起来了，这样亡灵就进不去，无法接触天上的诸神。祭坛上的火熄灭了，在这段时间结婚是被禁止的。

在这些节日活动中，除了由一位维斯塔女祭司进行的一场国家祭祀之外，没有国家级或公共性的祭祀活动。通常是各个家族自己祭祀他们去世的祖先，并在墓前献上私人祭品。根据法律规定，他们的坟墓只能修在城外。献给冥界幽灵的祭品简单而朴素，因为冥界的神被认为是不贪婪的。几颗谷粒、少许盐、小麦或者三色堇是这些节日中安抚亡灵最普遍的祭品。

连续九天都要供奉这些祭品，尽管 21 日是最普遍的祭祀日。这个节日祭祀的对象是冥界的幽灵，节日的名称就来源于这个词。在这一天，主掌"沉默"的塔西塔女神（Tácita）受到了特别关注，她也被称为沉默女神（Muta），有时被认为是拉列斯神的母亲——下一个节日是献给拉列斯神的。

Vita enim mortuorum in memoria est posita vivorum.

因为死者的生命存留在生者的记忆中。

（马库斯·图利乌斯·西塞罗，《训诫》IX，10）

在祖灵节期间祭祀过亡灵，重建了与祖先的联系，2 月 22 日就到了家庭团圆节（Caristia），恢复了与活着的家人的联系。在这欢乐的一天，阖家团圆，为活着的生命庆祝。传统的做法是举办家宴，一起向家庭的守护神拉列斯神献祭。

这些守护神的形象是身着短袍欢快跳舞的年轻人。这些形象被供奉在专门祭祀家神的家庭祭坛里。在那里，拉列斯神的小雕像是用不同的材料制作的：有木质的、陶土的、镀金青铜的，甚至贵金属的。

　　界神的拉丁语名为 Terminus，是古罗马一位极为古老的神，与他所标记并保护的土地范围和边界一样古老。这位在界神节（Terminalia）祭祀的神，代表形象是为农民划分土地界线的界石和木桩。界神代表土地划分的牢固性和确定性，因此在这一天，人们向所有用来界定土地范围的标志献祭，用花环装饰它们，将羊羔或乳猪的血洒在上面。为了使界神恪尽职守，乡下的人们习惯点燃篝火，然后向界神唱圣歌。

　　根据传说，在王政时代，塔克文家族的第二位国王下令为"至高无上的朱庇特神"修建神殿。诸神通过预兆选择了卡比托利欧山作为众神之王的神殿。不巧的是，这个山上到处都是供奉其他神灵的小祭坛。因此，为了在这个地方建造一座宏伟的神殿，必须求得诸神的允许，才不至于亵渎这些神灵。

　　根据奥维德（《岁时记》II，640—685）、提图斯·李维（《从罗马建城开始》I，55）和哈利卡纳苏城的狄奥尼修斯（《罗马古迹》III，69，3—6）的记载，预兆是吉祥的，所有的小祭坛都被移走了，只有界神的独块巨石祭坛未能搬迁，据说这是努马国王放置在那里的。因此，界神的神龛仍留在原地，被新建的朱庇特神殿包了起来。朱庇特神殿的顶部开了一个天窗，这样，根据神的律法，界神就可以永远面向天空。这个奇迹被解释为吉兆，预示着国家的坚固和稳定，以及罗马城边界的永固不变。

Romanae spatium est urbis et orbis idem.

罗马是世界，世界是罗马。

（奥维德，《岁时记》II，684）

到了共和国时期和帝国时期，在以罗马为起点的劳伦蒂纳大道（Vía Laurentina）上，人们通常用一只羊做祭品，对界神进行官方祭祀。

还必须强调界神节在古历法中的作用，我们在本书的第一部分已经评论过，在年末添加闰月，以将民事年调整到与自然年保持同步。当然，在儒略历中，每四年增加一次的闰日也保持着古老的传统，放在界神节之后，但是，前边我们已经解释过，并不是像今天这样，增加了一个 2 月 29 日，而是有两个 24 日，将其命名为三月卡伦德日前的"两个第六天"（ante diem bis sextum kalendas martias），由此衍生出"闰"这个词。

| 2 月 24 日 | 国王被逐日 | 三月卡伦德日前第六天 |

2 月 24 日这一天，从共和国时期开始，到整个帝国时期，罗马人一直在庆祝这个节日——国王被逐日（Regifugium），以纪念公元前 4 世纪最后一位罗马国王小塔克文被驱逐这一历史事件。找出这个节日最初的真正含义似乎几乎是不可能的，因为甚至连罗马人自己也不记得它的意义，他们更愿意庆祝的是共和国在这一天建立。

公元前 509 年，小塔克文国王的祖先们已经统治罗马两个多世纪。到了小塔克文国王时期，罗马和邻近的敌人鲁图利人交战。国王的儿子卢修斯·塔克文（Lucio Tarquinio）和侄子塔克文·科拉蒂努斯（Tarquinio Colatino）争论他们谁的妻子更美，科拉蒂努斯说，没有女人能比得上自己的妻子卢克莱西娅（Lucrecia）。

接下来的日子里，卢修斯·塔克文开始对他堂弟的妻子心怀不轨。有一天，他径直上门，企图施以暴行。出于对家人的礼貌，卢克莱西娅让他进了家门。为了让她屈从于自己的欲望，卢修斯·塔克文拔出一把匕首威胁她，乞求她，甚至许诺给她财富，但是因为她坚决不从，他就在她的床上侵犯了她。对卢克莱西娅来说，喊叫和反抗是徒劳的，因为他事先警告，若她喊叫，他就会杀死一个奴隶，让所有人相信是那个奴隶而不是他强奸了她。

不幸的是，在卢克莱西娅所处的时代，失贞被看作女人的耻辱，虽然她的父亲和丈夫都没有责怪她，但她还是用一把藏在身上的匕首自杀了。国王另一个侄子马库斯·尤利乌斯·布鲁图斯（Marco Junio

Bruto）从卢克莱西娅失去生命的身体中拔出了匕首，发誓一定要和塔克文·科拉蒂努斯一起，以罗马的名义向国王和国王的儿子们复仇。听到这个消息，罗马市民发起了一场暴动，摆脱了君主制的束缚，迫使塔克文国王及其家人永远逃离罗马。就这样，新共和国在罗马建立。

为了纪念这一事件，共和国时期代表国王宗教形象的祭司"祭典之王"在罗马广场的公共会场举行了一场祭祀活动，然后以迅速逃离现场的仪式再现了罗马最后一位国王被驱逐的场景。

有意思的是，阴谋者用来刺杀尤利乌斯·恺撒的理由之一是德西穆斯·尤利乌斯·布鲁图斯（Décimo Junio Bruto）和马库斯·尤利乌斯·布鲁图斯的参与，他俩是传说中把罗马从君主制的桎梏下解放出来的卢修斯·尤利乌斯·布鲁图斯的后代。他们怀着解放的意图，主张再次重复将共和国从即将建立的新君主制中解放出来的壮举：恺撒必须死。

| 2 月 27 日 | 赛马节 | 三月卡伦德日前第三天 |

2 月 27 日庆祝赛马节（Equirria），3 月 14 日再次庆祝。场地在战神广场，为纪念战神而举行。鉴于举办场地是一个明显含有军事色彩的空间，因而这种庆典和军队有很大关系。庆典很有可能是为了训练马匹，使它们在经过冬季充分的休息之后，适应即将到来的军事战役时期。

三　月

MENSIS MARTIVS

Condita Mavortis magno sub nomine Roma Non habet errorem; Romulus auctor erit.
伟大的马尔斯授权建立罗马；此事不必质疑，罗慕路斯做担保。

MENSIS MARTIVS DIES XXXI

1	D	K · MAR · N	FERIAE·MARTI MATRONALIA
2	E	VI F	
3	F	V C	
4	G	IIII C	
5	H	III C	NAVIGIVM·ISIDIS
6	A	PR N	IMP·CAES·AVG·PONTIF MAXIM·FACT·EST
7	B	NON · F	VEDIOVI ARTIS
8	C	VIII F	
9	D	VII C	
10	E	VI C	
11	F	V C	
12	G	IIII C	
13	H	III EN	
14	A	PR EQ · N	
15	B	EID · N	ANNAE·PERENNAE
16	C	XVII F	ARGEI
17	D	XVI LIB · N	AGONALIA
18	E	XV C	
19	F	XIIII QVIN · N	ARMILVSTRIVM
20	G	XIII C	
21	H	XII C	
22	A	XI N	
23	B	X TVBIL · N	
24	C	VIIII Q · R · C · F	
25	D	VIII C	MAGNAE·MATRIS ET·ATTIDIS
26	E	VII C	
27	F	VI N	C·CAES·VICIT·ALEXAND
28	G	V C	
29	H	IIII C	
30	A	III C	
31	B	PR C	LVNAE·IN·AVENTINO

XXXI

二月的净化结束之后，三月就开始了。随之而来的是温和的天气与大自然的复苏，生命开始了新的轮回。在双鱼座神（Piscis）的保护下，农民开始耕种田地，并祈求马尔斯·格拉迪维斯（Marte Gradivus）——"行军之前的马尔斯"——祝福他们的土地并在战争中保护它们。

　　Mars pater, te precor quaesoque uti sies volens propitius mihi domo familiaeque nostrae: quoius re ergo agrum terram fundumque meum suovitaurilia circumagi iussi, uti tu morbos visos invisosque, viduertatem vastitudinemque, calamitates intemperiasque prohibessis defendas averruncesque; utique tu fruges, frumenta, vineta virgultaque grandire beneque evenire siris, pastores pecuaque salva servassis duisque bonam salutem valetudinemque mihi domo familiaeque nostrae.

　　马尔斯父神，我祈祷并恳求你对我、我的房屋和我的家人宽厚仁慈，为此我为你献上一头猪、一只羊和一头公牛，

我已经下令带着它们绕着我的领域、我的耕地还有我的产业
转了一圈。请你消除看得见的或者隐蔽的疾病、不育，驱除
灾害、毁灭和不良影响；请让我获得丰收，谷粒饱满，葡萄
园和种植园枝繁叶茂、硕果累累；保佑我的牧人和畜群健康，
赐给我本人、我的家庭和全家身体健康。

（老加图，《农业志》141，2—4）

正如我们在本书第一部分谈到的，在罗慕路斯国王制定的古历法
中，三月是第一个月，因为它与大自然的复苏相关。后来，当努马国
王重修历法，增加一月和二月的时候，把三月改为第二个月。极有可
能是从公元前5世纪开始的，当二月最终成为一年中第二个月的时候，
三月占了第三个月的位置。

看看今天的通俗文学和数字传媒是如何把这个说法当成事实的：
公元前153年，由于罗马在对伊斯巴尼亚的战争中失利，就对历法进
行了调整，并把一年的开始从三月改到一月。那些持这种观点的人，
其根据是道听途说的故事，然而，正如我们所看到的，这一直以来是
误导。现在我们来看看为什么。

公元前154年，最高执政官昆图斯·富尔维乌斯·诺比利奥尔（Quinto
Fulvio Nobilior）发起一场针对凯尔特伊比利亚人的战争，集中精力对
付塞开人。塞开人在努曼西亚人的帮助下，给罗马军队造成了6000多
人的伤亡。因此，元老院决定，从第二年开始，新任最高执政官的履
新日期由原来3月15日伊都斯日改为1月1日卡伦德日。这个改变使
新一年度的行政官员可以更充分地利用冬季时间，在三月的战争季到

来之前规划新的战略。这是提图斯·李维的《从罗马建城开始》这部作品第47卷中的摘要之一告诉我们的，可惜的是，这卷书已经遗失了。

正如我们证实的那样，罗马的确在公元前153年发生了一个重要的变化，但不是把一年的开始变为一月——这是在几个世纪之前确定的，也许是在努马国王统治时期（公元前716—前674年），而这次的变化是把年度政务日历的开始移至1月1日。

三月的图像展示了罗慕路斯国王的形象。这位罗马城的建立者是马尔斯之子，他装扮为牧羊人，身穿兽皮，在春天的草地上，用一头山羊向其父神献祭。这是罗马人对其建国者的一种非常普遍的崇拜方式。在帕拉蒂诺山的阿波罗神殿旁边，有一个罗马人崇拜的地方，认为它是罗慕路斯国王曾经居住的小屋原址，这位国王和罗马最早的居民就生活在那里。这个形象也是一个比喻意义上的牧羊人，因为根据传说，罗慕路斯成功地把来自不同地方的人们聚集在一起，由此诞生了罗马。

他右手所指的鸟，被解释为啄木鸟。根据叙述罗慕路斯和勒莫斯传说的资料之一，佚名作者的《罗马民族的起源》（XX，4），在母狼发现这对双胞胎之前，这只鸟给他们衔来了食物。因此，啄木鸟也是献给马尔斯神的圣鸟。

| 3月1日 | 马尔斯神节 | 三月卡伦德日 |

三月的第一天，人们大张旗鼓地庆祝马尔斯神节（Feriae Marti）。这个节日庆祝与旨在有利于新年的活动交织在一起，甚至在历法改革之后，这个节日已经不再是庆祝新年了，但仍然保留了下来。仪式包括用月桂树枝装饰雷吉亚、各个库里亚和大祭司宅邸，维护维斯塔神殿永不熄灭的圣火，在战神广场进行军事演习。

纪念马尔斯神最重要的仪式是由 12 个战神祭司组成的护卫队进行的。这个名字似乎来自于他们的跳跃和舞蹈。在马尔斯神的诞辰节日，这些战神祭司身穿金色布料制成的古老军装，伴随着"战神祭司之歌"，跳着舞蹈来纪念马尔斯神。这首歌太古老了，甚至罗马人自己也无法理解歌词的含义。他们一边跳舞，一边手持长矛向战神马尔斯致敬，特别引人注目的是巨大而古老的"8"字形盾牌。

传说朱庇特神亲自从天上赐下一面专属马尔斯神的盾牌，并承诺罗马的命运与盾牌的保护紧密相关。为了避免盾牌被盗或者被破坏，努马国王委托一个叫马穆里乌斯的工匠打造了 11 个一模一样的盾牌。整年内，这些盾牌都被保存在雷吉亚，直到奥古斯都将它们移到位于战神广场的马尔斯·乌托尔（Mars Ultor）——报复心重的马尔斯——神殿。只有在三月的第一天以及庆祝 19 日的武器净化节、23 日的号角净化节的时候，战神祭司们才能在游行中展示这些盾牌。这是军事战役之前的最后两个节日。

| 3月1日 | 妇女节 | 三月卡伦德日 |

所谓妇女节（Matronalia）的起源，归功于著名的"掠夺萨宾妇女"的神话事件。面对罗马第一批居民中缺少妇女的情况，罗慕路斯国王下令每个罗马公民从邻近的萨宾族人那里掠夺一个女人为妻。几年之后，萨宾人计划进行报复行动，向罗马进军，准备拯救被掠夺的女人。这些女人早已建立了的新家庭，当她们发现将要面对自己的父亲和自己的丈夫之间的战争，就当机立断，和她们的孩子们一起介入其中进行干预。为了纪念这些妇女的勇敢行为，妇女节提醒人们记住她们的付出和冷静安排，避免了一场可怕的厮杀。仪式包括男人们为他们的婚姻祈祷，给女人送礼物，并由她们给奴隶提供食物，正如在12月的农神节主人对奴隶所做的那样。

另一方面，在公元前375年，可能是罗马妇女自己在埃斯奎里山为朱诺·卢西娜（Juno Lucina）——带来光明的女神建造了一座神殿，以确保分娩时朱诺女神亲临护佑。这座新建的神殿意味着妇女节的进一步强化。在这一天，所有祭祀朱诺·卢西娜的女人都必须解开她们衣服和头发上的所有绑带和绳结——为了顺利分娩，不能捆绑住任何东西。

毋庸置疑，三月的卡伦德日是娱乐、庆典和仪式尤为丰富的日子。这并不奇怪，因为三月曾是一年开始的第一个月，也是孕育了罗马创始人的马尔斯神的诞生之月。

对不抗拒接受罗马诸神的其他各种信仰，罗马宗教在很大程度上一直是宽容的，并接受这些神作为其统治下的不同信仰存在。这种形式下的宗教交流丰富了双方的文化，促进了新居民的社会融合。

伊西斯船节（Navigium Isidis）就是这些新来的信仰融合的明显例子。在公元前 30 年埃及被征服之后，埃及人的趣味以及伴之而来的埃及诸神，在罗马社会开始拥有越来越重要的地位。毫不奇怪，在公元前 1 世纪末，行政官盖乌斯·塞斯蒂乌斯·埃普隆（Cayo Cestio Epulón）仿照埃及金字塔的形状为自己建造了陵墓，后来成为罗马奥勒留城墙的一部分，一直保留至今。

虽然由于卡利古拉等皇帝的推动，在罗马，对伊西斯女神的崇拜在公元 1 世纪已经开始达到顶峰，但得以普及则是在公元 2 世纪。这种宗教信仰的成功是由于帝国的倡议和为其信徒提供救赎的神秘的私人仪式的结合而得以实现的。由于这个原因，对伊西斯女神的崇拜以节庆的形式甚至延续到 4 世纪以降。人们抬着银质的女神塑像游行，从罗马城出发，到达奥斯蒂亚门；在那里准备一艘庆典船，上面装满了信徒们的祭品；最后放开船，任其在海上漂流，仿佛是一个浮游的祭品。这个仪式宣告航行的禁令在这个季节结束，这个禁令是因为冬季海上的不利条件而开始实施的，启航的时间估计在 3 月 10 日左右。这个仪式对水手或者其他所有在海上航行的人们具有保护作用。信徒们也以这种象征性的方式，航行在充满危险的生命之海中，得到了女神保佑他们的安慰。

Ibi deum simulacris rite dispositis navem faberrime factam picturis miris aegyptiorum circumsecus variegatam summus sacerdos taeda lucida et ovo et sulpure, sollemnissimas preces de casto praefatus ore, quam purissime purificatam deae nuncupavit dedicavitque. Huius felicis alvei nitens carbasus litteras [votum] auro intextas progerebat: eae litterae votum instaurabant de novi commeatus prospera navigatione.

按照仪式准备圣像。用最先进的技术打造一艘船，船身装饰着丰富多彩的埃及绘画。大祭司用他纯洁的嘴唇做了庄严的祷告，然后用点燃的火把、鸡蛋和硫黄这三者的纯洁来净化这条船：祈求女神保佑它，并将船献给她。在这艘幸福的船上，一面豪华的船帆随风飘扬，用金色字母绣出的铭文清晰可见；这些文字表达了对新航季快乐开启的祈愿。

(阿普列乌斯,《金驴记》 XI, 16)

公元前 12 年 3 月 6 日，在前任大祭司长马库斯·埃米利乌斯·莱皮杜斯（Marco Emilio Lépido）去世后，奥古斯都皇帝接受了大祭司长（Pontifex Maximus）的职务。在尤利乌斯·恺撒被刺杀之后，埃米利乌斯荣任这个职务。大祭司长这个职务实际上意味着罗马宗教的最高宗教地位，虽然理论上低于祭典之王和三位最高大祭司。

这个角色是"大祭司团"的团长，这个团体是由最高级别的祭司组成的。正如我们在这部书的第一部分看到的，这些祭司具有历法上指定的与典礼和宗教管理相关的职能。他们的名称起源还没有完全弄清楚，但是有可能来自 pons，指 "puente"（桥），而 facere 来自于 "hacer"（做）。所以，pontifex 就是"建造桥梁的人"。这个古老的职务可能是按照字面意思命名的，因为当时人们认为台伯河是圣河，只有大祭司长才能下令在神圣的河面上建桥；或者以比喻的方式，指在神和人之间架起连接的桥梁。

从帝国时期开始，这个职务不再像共和国时期那样通过投票选举产生，而是成为皇帝登基时额外授予他的荣誉。所有的皇帝都终身担任这个职务，直到公元 379 年，《帖撒罗尼迦敕令》颁布，罗马即将以官方形式基督教化，格拉提安（Graciano）皇帝放弃了这一称号以支持教皇。从那时起，这一称号的新主人开始终身担任教皇职务，直到今天。

1910 年，在罗马拉比卡纳古道发现的雕像，表现了奥古斯都的大祭司长形象：头上罩着托加的奥古斯都在主持仪式。

| 3 月 14 日 | 赛马节 | 三月伊都斯日前一日 |

继 2 月 27 日举行纪念马尔斯神的赛马节之后,在 3 月 14 日又一次庆祝这个节日,再次提醒人们战争季越来越临近了。

安娜·佩壬娜（Annae Perennae）是"年"（annus）的女性形象。她不仅关心年的开始，而且关心年的连续，因此其绰号为"永恒"。罗马人，主要是下层阶级的平民欢庆这个节日，时间是在古历法的新年第一个满月时。在台伯河岸，弗拉米尼亚大道附近有一片绿草地，人们来到这里欢庆这个节日。今天，那个地方是波波洛广场。

就像诗人奥维德在《岁时记》（II，525—545）中的所记叙的那样，在那里，趁着节日的美好时光，人们或者躺在草地上，或者跳舞、雀跃，或者享用野餐，情侣躺在一起谈情说爱。然而，如果说有什么东西可以代表这个节日的特色的话，那就是葡萄酒，人们一杯接一杯尽情地享用。最受欢迎的传统之一是向女神祈求，能喝完多少杯酒，就可以活到多大岁数。根据当时的记载，有人喝到了皮洛斯的英明国王内斯特（Néstor）的岁数，这位国王历经了好几代人；有人甚至喝到长生不老的西比拉（Sibila）的岁数。

| 3 月 15 日 | 盖乌斯·尤利乌斯·恺撒遇害日 | 三月伊都斯日 |

公元前 44 年 3 月的伊都斯日永远地铭刻在了历史上。这一天，罗马共和国的终身独裁官盖乌斯·尤利乌斯·恺撒被一伙元老院议员谋杀。让我们在历法的演化上稍作停顿，以便更好地了解世界历史上这一短暂却意义深远的时刻。

盖乌斯·尤利乌斯·恺撒是伟大英雄埃涅阿斯的后裔，是古代世界最具军事和政治远见的伟人之一。当他担任最高执政官——罗马最高级别的行政官职——时，罗马在贪污腐败的泥潭中做垂死挣扎。我们在一月看到，恺撒从高卢返回罗马后，他的敌人密谋反对他，发动了一场内战，使他与庞培将军在地中海的各个地方发生了冲突。

公元前 46 年，恺撒在获胜回到罗马之后，被任命为共和国的独裁者，这个职位只有在极度需要的时刻才会被授予，而且任期通常不会超过一年。然而，恺撒设法使他的独裁任期持续了十年。这个行为，以及后来的其他举动，比如在牧神节发生的场景，以及那些称他为国王的人的言行，惹恼了他的政敌，他们开始密谋暗杀他。

这个由六十多位议员组成的团伙，其头目是盖乌斯·卡西乌斯·朗基努斯（Cayo Casio Longino）、马库斯·尤利乌斯·布鲁图斯和德西穆斯·尤利乌斯·布鲁图斯。他们策划了各种可能的暗杀计划——在神圣大道、在剧院、在罗马广场……以阻止恺撒成为罗马国王，但他们最终决定在参议院三月伊都斯日元老院开会时动手。

根据后来的传说，在暗杀之前发生了不少凶兆，最有名的是苏维

170

托尼乌斯和普鲁塔克的叙述：野马群里一片哀鸣，它们拒绝进食；恺撒本人进行晨祭时，发现祭品没有心脏；成群的鸟儿俯冲到罗马广场，触地而亡，等等（苏维托尼乌斯，《罗马十二帝王传》，"恺撒"，81；普鲁塔克，《恺撒传》，63）。

在谋杀案发生的前一天，恺撒在他的朋友家里吃晚饭。席间，谈到哪一种死法最好，恺撒直言不讳地说"意外死亡"。那天晚上，他梦见自己在云端飞翔，和朱庇特握手。他的妻子卡尔普尼娅也梦见丈夫死在自己的怀抱里。据说当时发生了许多征兆，甚至恺撒卧室的门窗突然自行打开，却无任何合理的解释。守护在雷吉亚的马尔斯神盾突然自行移动，隆隆作响。

第二天上午，恺撒在晨祭中没有看到吉兆，他犹豫了很长一段时间，不知该不该出门，直到密谋者之一德西穆斯劝他不要让正在耐心等待他的议员们失望。根据后来的资料记载，虽然在那一刻装饰前厅的一尊恺撒雕像突然倒在地上摔碎了，恺撒还是决定出门。

在路上，他凑巧碰到了肠卜师埃斯普瑞纳。几天前，他曾提醒恺撒，在三月伊都斯日前要提防一种可怕的危险。恺撒看着他，嘲讽地说："伊都斯日已经到了。"埃斯普瑞纳没有动摇，反驳说："是到了，可是还没过去呢。"

恺撒最后一次离开家门，是走向他的个人刑场。他从他住的大祭司长官邸雷吉亚出发，一路经过神圣大道、朱利亚元老院的建筑群以及即将竣工的献给恺撒的罗马新广场。他的一群亲信护送他一路穿过喧嚣的城市，抵达庞培剧院的建筑群，因为在罗马广场规划的新元老院落成之前，元老院就在那里开会。甚至还有人递给恺撒一张小纸条，上面写着即将发生的可怕事情，但他决定先履行自己的职责，然后再看那张小纸条。

密谋者们派人把马克·安东尼挡在元老院外面，他们已经设计好陷阱，就等恺撒来钻了。对于这些自称为解放者的阴谋分子来说，只缺乏诸神的帮助来实现其计划了。卢修斯·蒂利奥·辛布罗（Lucio Tilio Cimbro）趁着请求恺撒宽恕他在逃兄弟的时机，抓住恺撒的罩袍。独裁官反应激烈："Ista quidem vis est!"（"这是什么暴行！"）而普布利乌斯·塞维利乌斯·卡斯卡·朗古斯（Publio Servilio Casca Longo）抓住这个机会刺伤了恺撒的脖子。恺撒设法把书写用的刻刀刺进他的胳膊，然而后者大喊："ἀδελφέ, βοήθει!"（"救命啊，兄弟们！"）密谋者们都扑向恺撒，一起刺杀了他（苏维托尼乌斯，《罗马十二帝王传》，"恺撒"，82；普鲁塔克，《恺撒传》，66）。

公元前 44 年 3 月伊都斯日尤利乌斯·恺撒被刺场景。

在场的所有人一下子惊慌失措，大声喊叫，有的害怕，有的愤怒。许多元老在试图逃离这个从此将被诅咒的地方时，有的被同伴撞伤，有的滑倒在血泊中。恺撒没有反击攻击他的人，他用托加遮住头部，拉下托加的衣褶，以便在倒下时能遮住腿，尽可能有尊严地死去。他这样做了后，不知是出于偶然还是宿命，正好倒在了溅满鲜血的庞培将军的雕像脚下。据说，当恺撒自己引以为友的马库斯·布鲁图斯向他的腹部刺下致命性的一刀的时候，恺撒说了最后一句话："Καὶ σὺ τέκνον？"（"你也是，儿子？"）（苏维托尼乌斯，《罗马十二帝王传》，"恺撒"，82，2）。

与民间传说一直以来的解释以及直到 20 世纪中期的研究者们的观点相反，布鲁图斯不是恺撒的儿子，跟恺撒也不是直系亲属关系。这个人只是比恺撒小十五岁，并与其关系很好。τέκνον 这个词表示跟某一个人特别亲近，但并不意味着更深层次的关系。然而，很多作家认为恺撒在临死前甚至未能说出一句话，因此，这句话很有可能是后来被插入到故事里的。

这句话和一般情况一样，是由于威廉·莎士比亚于 1599 年创作的戏剧《恺撒大帝》而流行起来的。在第三幕中，莎士比亚让恺撒用拉丁语说："Et tu, Brute!"（"你也是，布鲁图斯！"）这句话是把苏维托尼乌斯的希腊语句子做了一个随意的翻译。总之，Tu quoque [Brute] fili mi？（你也是，布鲁图斯，我的儿子？）这个大多数人熟悉的拉丁语句子，是 18 世纪末由阿博特·洛蒙德（Abbot Lhomond）在其作品《从罗慕路斯到奥古斯都的罗马著名人物》（*De viris illustribus urbis Romae a Romulo ad Augustum*）中创造的。这本书作为法国学生学习拉丁语的通用教材，一直使用到 20 世纪。

　　恺撒被谋杀者们捅了二十三刀，尸体躺了好久，而凶手们早已逃离现场。很多人因为恐惧而不知所措，把自己关在家里不敢出门。到了下午，三个奴隶带来一副担架，恺撒的遗体被当众抬走，浸满鲜血的胳臂垂挂在担架边，一直被抬到了恺撒的宅邸，安置在家里，好让他的家人看护。在他的家里，人们宣读了之前一直保管在维斯塔神殿的恺撒遗嘱。在遗嘱中，恺撒任命盖乌斯·屋大维·图里努斯（Cayo Octavio Turino）为他的继承人，就是未来的奥古斯都。

　　我们永远也无法确切地知道尤利乌斯·恺撒是否真的想重建君主制。如果是的话，那么是什么样的君主制？有的资料提到，根据某些预言书的占卜，罗马军队如果没有一位国王指挥，将无法战胜帕提亚人。由于这个原因，在谋杀发生的前几天，流传着一个谣言，说恺撒的亲舅父卢修斯·奥雷利乌斯·科塔（Lucio Aurelio Cota）将要提议授予他的外甥以国王称号。苏维托尼乌斯还暗示恺撒在被谋杀时已经病入膏肓，他清楚地知道对针对自己的阴谋，有可能他已经决定，那将是一种光荣赴死的方式。

3 月 16—17 日举行礼拜堂节（Argei）游行仪式，许多市民参加游行，造访遍布全城的 27 个——里面供奉着用来吸收恶灵的稻草人偶——礼拜堂。到了 5 月 14 日，进行这场净化仪式的第二部分。

酒神节（Liberalia）与生育能力密切相关，是献给酒神的。酒神也被称作巴克斯（Baco），与葡萄酒有关，与希腊神话中的酒神狄俄尼索斯（Dionisos）对应。该节日的庆祝方式起源于乡村，庆贺由利贝尔·佩特（Líber Pater）及其妻子利贝拉（Libera）所守护的自由。这一天，在大街上，除了正在进行中的礼拜堂节游行之外，还可以看到头戴常春藤花环的老妇人。这些自发的酒神女祭司售卖被称作"利巴"的油饼和蜂蜜——后者是酒神发明的，人们可以把买来的利巴投放到小火盆里，作为这一天宗教活动的收尾。

这些节日对青少年来说也特别重要。根据传统，在酒神节，十五至十六岁的男性青年开始被当作成年人对待。步入成年的仪式很可能分为两个阶段：第一阶段是私人性的，在家里和家人一起举办。在这个阶段，男性青年把他从出生起就戴在身上的布拉——一种包金护身符——交给拉列斯神。第二阶段是酒神节，在该年已经长大成人的所有男性青年都参加全城游行。他们穿过罗马广场，来到卡比托利欧山的朱庇特神殿，在那里举行祭祀。也是在这个时候，将其名字登记在国家档案，添加到罗马公民名单中。

相反，没有女孩的成人礼。当女孩子到了青春期，她们只是把自己的玩具娃娃献给维纳斯。她们只有等到结婚后才被当作成年女性，但在很多情况下，她们的监护权只不过从父亲转给了丈夫。

男性成人仪式中最重要的元素之一是托加发生了变化。这是罗马公民最好的服装，可以将他们和任何其他人区分开来，无论是奴隶、自由人还是外国人。从孩童到老人，所有的罗马人都可以穿托加。根据年龄和社会等级，托加分为多种样式。所有的罗马儿童一出生，就有权利穿镶紫红边的白色托加，作为其"与生俱来的自由权利的标志"。行政官员也穿托加，其特点是带有骨螺紫色的镶边，这种特殊颜色具有高贵庄严的意味。此外，还有一种全部染成黑色的名为"普拉"的托加，它不像用未褪色的羊毛制成的普通托加，而是给去世的亲人服丧的标志。候选人托加则是候选的政客穿的，漂白的颜色表明穿着者的清白和尊严。还有皮克塔托加，用金线装饰，完全染成骨螺紫。这是一种极其昂贵的动物染料，从一种海螺的腺体中提取的。只有皇帝才穿得起皮克塔托加，因为价钱太昂贵了。

最后一种就是我们所说的成年托加，这个名称意味着穿这种托加的是成熟的男人。他们作为罗马具有充分权利的公民，行动是自由的。这种托加用未褪色的羊毛制作，长度一般为三米半，但也可能长达五米。托加穿在长衫外面，不用任何带子扎起来，左臂从肩膀往下全部包住，右臂露在外面。

在成人仪式上，男性青年在全家人面前脱光衣服，以表明自己已经是男子汉，因为他的生殖器已经发育成熟。然后他的父亲给他一件成年托加，这件衣服使他成为一个成年男性。这个仪式对整个家庭，尤其是对刚刚开始成年生活的男性青年来说，具有特殊的意义和情感上的骄傲。在大多数情况下，由父亲来决定举办这个仪式的合适时机。虽然大部分男性青年在十五岁时举行（如奥古斯都皇帝），或者像西塞罗皇帝在十六岁，还有人甚至如尼禄皇帝一样更早（十三岁），或者像卡利古拉皇帝那样更晚——直到十八岁才举办成人礼。

新晋罗马公民从那一刻就获得了投票权，接受政治培训，或者自愿入伍，这取决于他们想走哪一条人生道路。他们也被允许参加聚会和宴会，因此许多男性青年，尤其是上流社会的年轻人，趁机开始无节制地饮酒和发生性关系。也有节制得很好的情况，比如奥古斯都皇帝。通过当代奥古斯都研究专家尼古拉斯·德·达马斯科（Nicolás de Damasco），我们得知，在接受成年托加后一整年内，奥古斯都一直戒酒戒色以保持体力和道德（《奥古斯都生平》15，36）。

3 月 17 日	宰牲节	四月卡伦德日前第十六天

　　在这一天，正如我们在 1 月 9 日——四个宰牲节中的第一个——那天看到的，"祭典之王"再一次在罗马广场的雷吉亚用一头公羊献祭。如果说第一个宰牲节是献给雅努斯的，那么这个则是献给马尔斯的，因为本月由他主掌。以这种方式结束 3 月 17 日的所有庆祝活动，由于明显的喜庆和热闹气氛，这一天在古罗马一定很受期待。

    三月伊都斯日之后五天（按照内涵计数法计算），就到了这个献给战神马尔斯和密涅瓦（Minerva）女神的节日，这两者之间不存在直接关系。根据奥维德的说法，这个节日献给密涅瓦女神是为了纪念这位女神的诞生。她是画家、雕刻家、医生和教师的守护神，此外，她还守护整个三月。

    虽然这个节日的古老名称与其在伊都斯日之后五天的庆祝有关，但是关于这个名称所指的该节日的持续时间，罗马人自己也说不清楚，所以到了共和国末期，大五天节一直持续到 23 日，共计五天（按内涵计数法计算）。第一天不允许流血，禁止展示任何武器，剩下的四天进行角斗士表演。

    孩子们享受五天的假期，老师们也因密涅瓦女神的恩典而得到奖励，因为在这一天，他们向学生收取上一年的上课酬劳。因此，传统上，学生和老师都要在埃斯奎里山或阿文蒂诺山，或西里欧山的密涅瓦女神神殿里，奉献几枚硬币当作供品。

就在同一天，还举行了武器净化仪式，为征战做准备，这一天被称为武器净化节（Armilustrium）。负责保管神盾的战神祭司们，把武器擦得锃亮并对其进行净化，接下来，他们在公共会场跳舞。三月与战争有关的仪式只剩下一个了，意味着军事战役很快就要打响了。

　　号角净化节（Tubilustrium）是为即将来临的战争季做准备的神圣仪式的高潮。在献给马尔斯的庆祝活动期间，战神祭司们最后一次抬着神盾游行，净化在圣事中使用的号角，也可能是净化在战争中军队用来发号施令并吓退敌人的军号。

　　这个节庆有一些非常有趣的古老含义，对此我们已经评论过，该节庆将在 5 月 23 日再次庆祝。在历法中，在这两次庆典的第二天用 QRCF 标记，我们在前面的内容里也已经解释过，24 日当国王在公共会场举行仪式的时候这一天就成为工作日。

　　奇怪的是，我们可以看出，很多节庆的缩略语是含混不清的，甚至罗马公民也弄不清楚。我们在"普拉埃尼斯提尼纪年表"中找到了一个这方面的例子，必须对这种缩略语添加说明，因为许多罗马公民认为 QRCF 这个缩略语的意思是"quod eo die rex ex comitio fugerit"（"当国王从公共会场逃走的时候"），并将这一天与 2 月 24 日的国王被逐日混淆了。

3 月 22 日至 28 日举行不同的仪式，以纪念阿蒂斯（Atis）受难、死亡和复活。阿蒂斯是出身于小亚细亚古国弗里吉亚的祭司，由于对西贝莱斯（Cibeles）女神的疯狂爱情而自杀。这位女神在罗马也被称为玛格纳·玛特（Magna Mater），她的主要节日在不久之后的四月举行。在罗马马克西姆竞技场的中轴矮墙的亭子里，罗马公民人人都可以看到这位女神最常见的形象。在那里，战车围绕着神像转圈，供 15 万多人消遣。女神坐在两头狮子拉着的座驾上，头戴城墙式冠冕，后面跟着她忠实的祭司阿蒂斯。有意思的是，当卡洛斯三世设计马德里市中心普拉多步行大街时，想到了主导竞技场的中轴矮墙的一端，今天的女神形象正是罗马马克西姆竞技场建筑影响的体现。

通过其信徒的传播，对这位女神的崇拜在公元前 204 年被引入罗马，进入从公元 1 世纪中期开始兴起的神秘救赎宗教中。这种崇拜通过一系列仪式为其信徒提供永恒的救赎，就像今天基督教的不同圣礼一样。

22 日这一天，在费罗卡利纪年表中以"arbor intrat"的名称标记，在献给阿蒂斯的树——松树——的根上，用一头公羊进行祭祀，然后把松树砍下来抬着游行。在同一天，还庆祝和玛格纳·玛特以及阿蒂斯有关的其他节庆，人们向已故者献上三色堇，以纪念他们。

从这一刻开始，仪式就呈现出悲凄的气氛，并于 24 日爆发，以纪念"血枯而亡"。根据有关教义，这一天纪念发疯的阿蒂斯在一棵松树下面自阉，血竭而亡的那一刻，阿蒂斯对自己出于一时的精神狂乱犯下的可怕罪行感到后悔。传说在被他的鲜血染红的松树根部，开出了几朵三色堇，因此他的信徒们就把这棵树和三色堇当作神圣的元素。

对于包括基督教在内的所有以四季更替为基础的密教来说，3月25日是关键的一天。基督徒认为，基督的复活最初也可能发生在3月25日。这一天是春分，换句话说，自然的完全复苏总是和神的复活联系在一起。人们将这一天称作"欢乐的节日"，在这个节日里，西贝莱斯同情阿蒂斯，让他复活，永远和他在一起。

接下来的几天，人们举行规模较小的仪式，纪念阿蒂斯的复活。对其信徒来说，这是永恒救恩的承诺。在他的信徒中，最虔诚的是礼拜祭司，他们为了效仿阿蒂斯的激情，在西贝莱斯雕像面前鞭打自己，甚至用燧石做成的匕首阉割自己。这是一个极其痛苦的仪式，然而他们却认为是在净化自己。

虽然罗马人接受了对这些东方神灵的崇拜，但是对其中的某些仪式，比如自残，却有不同的看法和伦理观。公元前1世纪，罗马开始颁布法律，虽然不禁止罗马公民崇拜玛格纳·玛特，但为避免这种在罗马道德观看来过于野蛮的仪式的发展，还是设定了许多的限制。后来，克劳狄乌斯皇帝允许罗马公民担任阿蒂斯的最高祭司职务，条件是不被阉割。1世纪末，图密善皇帝颁布法令，明确禁止在罗马举行任何形式的阉割仪式。

节日的最后一天举行游行。人们把崇拜的神像抬到罗马城旁边的阿尔莫河，在那里将其清洗和净化，直到下一年再次进行清洗和净化。当然，这些庆祝活动的某些方面在 3 世纪、4 世纪达到了顶峰，至少在概念上我们是熟悉的，因为所有的密教，包括基督教的萌芽，拥有一些共同的或者至少类似的戒律和起源。

月亮女神自古以来就受到罗马人的崇拜。据说对月亮女神的崇拜是由萨宾人的国王提图斯·塔蒂乌斯（Tito Tacio）引入的。公元前 8 世纪，他和罗慕路斯结盟后，两人共享王位。在最古老的历法中，月亮也起着至关重要的作用。因此，对于罗马人对月亮的崇拜，我们不应该感到稀奇。在公元前 3 世纪的这一天，人们在阿文蒂诺山为月亮女神修建了神殿。关于该神殿，我们只知道它在公元前 182 年 4 月 20 日罗马城发生的大地震中严重受损。

四 月

MENSIS APRILIS

Caesareae est Veneris mensis, quo floribus arva
prompta virent, avibus quo sonat omne nemus.
维纳斯之月，繁花似锦。
每一片森林，鸟儿欢歌。

MENSIS APRILIS DIES XXX

1	C	K·APR·F	VENERALIA
2	D	IIII F	
3	E	III C	
4	F	PR C	MEGALESIA
5	G	NON·N	LVDI
6	H	VIII NP	LVDI
7	A	VII N	LVDI
8	B	VI N	LVDI
9	C	V N	LVDI
10	D	IIII N	LVDI·IN·CIRC
11	E	III N	
12	F	PR N	LVDI·CERIAL
13	G	EID·NP	LVDI
14	H	XIIX N	LVDI
15	A	XVII FORD·NP	LVDI
16	B	XVI N	LVDI
17	C	XV N	LVDI
18	D	XIIII N	LVDI
19	E	XIII CER·N	LVDI·IN·CIRC
20	F	XII N	
21	G	XI PAR·NP	
22	H	X N	
23	A	VIIII VIN·F	VENER·ERVCIN
24	B	VIII C	
25	C	VII ROB·NP	
26	D	VI F	HVNC·DIEM·DIVVS CAESAR·ADDIDIT
27	E	V C	
28	F	IIII NP	LVDI·FLORAE
29	G	III C	LVDI
30	H	PR C	LVDI

XXX

四月是历法上的第四个月。在这个月里，大自然呈现出生机勃勃、欣欣向荣的景象，农田里开始了紧张的劳作。这个月里的很多罗马节日都反映出农业的主要特点，如克瑞斯女神节、胎牛祭日、柏勒里亚节、早葡萄酒节、罗比古里亚节……

　　瓦罗和奥维德在谈到这个月的起源时指出，它的名字来自于aperire（开放），因为伴随着好天气，大自然重新开放（奥维德，《岁时记》III，90；瓦罗，《论拉丁语》VI，33）。在古代，也有其他的解释，将本月的名称与维纳斯的名字联系起来，认为其来自于ἀφρός（泡沫），与维纳斯相关的希腊女神阿佛洛狄忒（Afrodita）这个名字，也来源于这个词。然而，今天看来这个解释似乎并不正确。

> *Nam quia ver aperit tunc omnia, densaque cedit frigoris asperitas,*
> *fetaque terra patet, aprilem memorant ab aperto tempore dictum, quem*
> *Venus iniecta vindicat alma manu.*

　　因为春天打开了万物，并消退了严酷的寒冷，于是肥沃的土地张开了。人们说，由于这是个开放的季节，所以这个月名为开放，是被维纳斯母神滋养的月份。

（奥维德，《岁时记》III，85—90）

正如七月和八月的旧名称分别被尤利乌斯·恺撒和奥古斯都的名字取代一样，公元 65 年，元老院颁布法令，四月的名称被改为 Neroneus。这是在挫败了谋杀尼禄皇帝的企图——皮森阴谋——之后，元老院给予尼禄的荣誉之一。在尼禄于公元 68 年去世之后，这个名字被废弃了，四月又恢复了原来的名称。

四月的图像反映了本月的两个重要概念。主要形象和阿蒂斯，尤其是西贝莱斯—玛格纳·玛特的崇拜有很密切的关系，陨石母神节就是献给玛格纳·玛特的主要节日。这个形象很可能是该信仰的一名祭司，他在玛格纳·玛特节的典礼乐声伴奏下跳舞。在背景中，我们可以看到第二个形象——这个月的守护神维纳斯的雕像，维纳斯的雕像被放在基座上，周围环绕着爱神木。

所有的罗马人都特别重视四月的庆祝，因为传说罗马城是在公元前 8 世纪的这个月建立的；另一方面，是由于维纳斯女神与尤利乌斯·恺撒家族的关系，而恺撒又是奥古斯都皇帝的养父。

尤利乌斯家族是一个贵族世家，源自罗马王政时代的高门大户。当时该家族的几位首领被选为国王的谋士，他们组成了元老院。虽然我们今天不了解这个家族公元前 5 世纪之前的任何成员，但是，据说他们的神话起源可以追溯到特洛伊战争。

我们现在即将揭示的这个家族神话，是在这个家族的内部逐渐形成的，时间不早于公元前 2 世纪，目的是赋予这个家族一个光荣的起源，直到那时，这个家族尚不太显赫。传说"尤利乌斯"（Iulii）这个名称的创始人是埃涅阿斯之子阿斯卡尼乌斯（Ascanio），根据荷马史诗的叙述，埃涅阿斯是从特洛伊城废墟中逃出来前往拉齐奥海岸的英雄。

埃涅阿斯是凡人安基塞斯（Anquises）和女神维纳斯的儿子。维吉尔在《埃涅阿斯纪》中，详细叙述了埃涅阿斯经过漫长的航行之后，建立了阿尔巴·隆加，在那里历经几代人之后，将会诞生一对孪生子，他们是罗马城未来的建立者。阿斯卡尼乌斯之前可能还有个名字叫 Iulus（Julo 的别称），这个家族的名字就是从这里来的。在这个神话版本出现之前，还有过其他各种解释，比如，Julo 是埃涅阿斯的另一个儿子，甚至是阿斯卡尼乌斯的儿子。

当这个家族开始担任一些重要的政治职务时重塑了他们的出身，对于罗马那些最重要的家族来说，创造值得赞美的家谱已经是当时的一种习俗。当盖乌斯·尤利乌斯·恺撒出生在这个家族最大的一个分支时，他的出身已经非常著名并且他终将成为家族的荣耀。

恺撒毫不犹豫地利用他的家族史为自己谋取军事和政治利益。他决定为维纳斯修建神殿，并将神殿所在之处作为自己的新广场。公元前 48 年，恺撒在法萨利亚（Farsalia）和庞培将军决战的前一天，许诺开始修建神殿。恺撒在自己的军队面前将家族神权合法化，以帮助他打赢这场战争。神殿最终在公元前 46 年落成，恺撒将其献给"生母神"维纳斯，这个称呼的意思是"生育女神"，即"尤利乌斯家族之母"。恺撒采用这一做法，不仅仅是因为军事胜利而为维纳斯建造一座神殿，更是在尤利乌斯广场上颂扬自己家族的起源。因此，公众对凡人的崇拜就产生了，几乎把他等同于神。这一在当时的罗马前所未有的做法，却为罗马未来的发展奠定了基础。

屋大维就是这样做的，他的官方名字为盖乌斯·尤利乌斯·恺撒·屋大维（Cayo Julio César Octaviano）。恺撒在遗嘱中将他收为养子，从那一刻起，恺撒的出身也成为屋大维的出身，他向他的舅祖父学会了宣传并使其权力合法化的重要性。他利用所拥有的一切资源使其家庭出身合法化，他影响了艺术、文学，甚至将恺撒神格化，使自己可以被称为"神的儿子"（Divi Filius）。

例如，维吉尔在受奥古斯都亲自委托而写作的《埃涅阿斯纪》中，颂扬罗马的血脉传承和城市起源，将两者与奥古斯都的祖先直接联系起来。在这部宣传性作品中，这种联结非常紧密。在第六卷中，女预言家向埃涅阿斯透露了一位必将成为国家元首的后代。

> *Hic Caesar et omnis Iuli*
>
> *progenies magnum caeli ventura sub axem.*
>
> *Hic vir, hic est, tibi quem promitti saepius audis,*
>
> *Augustus Caesar, divi genus, aurea condet*
>
> *saecula qui rursus Latio regnata per arva*
>
> *Saturno quondam...*
>
> 那是恺撒，尤利乌斯家族的嫡系后代，
>
> 他必定自天穹而来。
>
> 那将是对你多次许诺过的英雄，
>
> 恺撒·奥古斯都，神圣的血统，

拉齐奥将迎来第二个黄金时代，

在萨图尔诺曾经统治的土地上……

(维吉尔，《埃涅阿斯纪》VI，789—794)。

奥古斯都也没有放过与罗慕路斯本人产生直接关联的机会，其家族将与罗慕路斯确立血缘关系，甚至将他的尊称"奥古斯都"混淆成"罗慕路斯"。虽然由于这个想法过于直白的君主制含义而最终被放弃，但在恺撒被刺的伤口尚有余温之时，建国者的概念还是得以保留下来。奥古斯都就这样建立了一个新的罗马并开创了黄金时代，巧妙地堵住了介意政治概念的悠悠之口，建立了君主制国家。

本月是献给维纳斯的，所以本月是从献给爱神的节日开始的。维纳斯节（Veneralia）是对维纳斯女神的庆祝，因为她将人内心的欲望变为贞洁，将不纯洁的爱变为对婚姻的忠诚。这是一个专门为妇女而设的节日，起源于两个故事。故事以一种明显夸张的方式叙述，以便对其所传达的信息提供非常明确的道德观点。

在第一个故事中，公元前3世纪末，为了约束罗马女人的欲望，预言书以神谕的方式要求罗马人民向维纳斯女神奉献一尊神像。于是，罗马选出了一百位最贞洁的主妇，其中最贞洁的是苏尔庇西娅，由她负责向神像献祭。通过这样的荣誉，试图使罗马已婚的和未婚的女人，做好走贞洁之路而非淫荡之路的准备。

在第二个故事中，公元前114年，因维斯塔神殿发生了一件可怕的暴行，人们修了一座神殿供奉维纳斯女神。维斯塔贞女除了要像主妇们那样遵守贞洁的规定，还必须保持童贞。哪怕只有一个维斯塔贞女失去童贞，也可能动摇罗马全国的稳定。罗马人认为，如果发生这样的事，诸神很快就会以怪异之事来警告人类，比如维斯塔神殿的永恒之火会自动熄灭，或者其他诸如此类之事。比如，一个还是处女的姑娘和父亲一起在路上好端端地走着，突然被一道闪电击中，当场死亡。她的长衫卷到了腰部以上，舌头从嘴里奇怪地吐出——这无疑是发生了可怕事情的迹象。

诸神的这一警告和维斯塔贞女的童贞有关。人们发现，在六个维斯塔贞女中，有三个都因和男人发生关系而玷污了她们的贞洁。其中一个贞女只和一个男人发生关系，但是另外两个和好几个男人发生关系，而且是集体淫乱。这种对女祭司们极为神圣的贞洁的玷污，被称为"乱伦"，后来被称为"同血缘性关系"，这需要大规模的赎罪。因此，为维纳斯女神修建神殿，以铭记所发生的可怕事件并保证永世不得再犯。普鲁塔克在讲了这个故事（《罗马问题》83，284b）之后，还叙述了根据预言书的建议，在神殿不远处的屠牛广场，活埋了那三个维斯塔贞女、两个加拉太人和两个希腊人。虽然贞女们违背了誓言，但是给她们判以这种形式的刑罚，是因为她们是神圣的，任何人也不能处死她们。

正如我们看到的，这两个故事极为夸张，因为直接关系到向所有罗马妇女灌输深刻的贞洁责任的必要性，这不仅是为了她们自己，而且是为了国家。

因这些事件而发起的后来的庆祝活动中，女人们从维纳斯神像上取下珠宝和项链，并用爱神木清洁和净化。这个一年一度的仪式是为了净化和清除前一年积累的所有罪过。她们也裸身清洁自己的身体，上层女性在自己家里进行，下层女性在公共浴池里当着男人们的面进行。她们之所以这么做，是因为那里是女人向男人展示象征女性生育能力的身体部位的地方。我们不要忘记，这个节日的目的是由维纳斯提供性生活的保护。

妓女们的特殊身份也使她们通过这种仪式祈求维纳斯的保护。显然，维纳斯不同于其他许多女神，如克瑞斯、维斯塔或者善良女神，她能够将所有的女性，无论她们的地位如何，都置于她的保护之下。

每个女人都想方设法在男人们的眼睛下隐藏自己的身体缺陷。

下层女性的祈求也被带给福尔图纳·维里利斯神（Fortuna Virilis——"男"福尔图纳），再次隐喻这个祈求需要男性的帮助。一些作家只分别提到这个或前述那个节日，但是只有奥维德（《岁时记》IV，135—165）提到了这两个节日。虽然还不完全肯定，但有人认为这是第二个节日，最终与维纳斯节重合，或者福尔图纳·维里利斯真的只是爱神的另外一个名字。

公元前 204 年，罗马面临汉尼拔的威胁，罗马人民为国家稳定而担心，求助于预言书——其中包含库玛的西比尔神谕，在其中的诗句中找到了以下答案：

Mater abest: Matrem iubeo, Romane, requiras.

Cum veniet, casta est accipienda manu.

母亲不在：罗马人，我命令你去找母亲。

当她来的时候，必须用洁净的手迎接。

(奥维德，《岁时记》IV，259—260)

因此，人们可以解释说，诸神之母西贝莱斯，被罗马人称为"伟大的母亲玛格纳·玛特"，应该移居到罗马。一支考察队被派往弗里吉亚的伊达山，据说女神住在那里。考察队带着一块巨大的代表女神神性的黑色陨石，从那里乘船返回，顺着台伯河逆流而上，在 4 月 4 日抵达罗马。在那里，他们受到了一群贵妇的迎接。她们抬着陨石游行，一直走到帕拉蒂诺山上将要接待玛格纳·玛特女神的地方，从此以后，这里被称为胜利女神殿。毕竟，人们向玛格纳·玛特女神祈求的是在对迦太基人的战斗——就是如今我们众所周知的第二次布匿战争——中取得胜利。

玛格纳·玛特女神在她的罗马新居里赐予了罗马人击败汉尼拔的

军事大捷。作为感恩，国家下令在位于帕拉蒂诺山的女神住所旁边为她建造一座神殿。玛格纳·玛特的新神殿于公元前191年4月10日建成，神殿的墙墩一直保留至今。从那时起，人们开始举办名为陨石母神节（Megalesia）的节日进行纪念。

这个一年一度的节日包括戏剧表演和战车比赛。根据法令，这些表演应该由女神亲临观看。因此，前者在神殿的石阶上进行，而后者在马克西姆竞技场进行，而女神从帕拉蒂诺山观看这些表演很方便。

陨石母神节一直持续到10日，这一天举行官方游行。游行队伍的主角是受崇拜的几位神的雕像，其中有海神、战神、太阳神、智慧女神、农业女神、酒神、狄俄斯库里兄弟和爱神，这些神像的前导是胜利女神。游行队伍在人群的簇拥下，从卡比托利欧山出发，穿过罗马广场和屠牛广场，来到马克西姆竞技场。大部分市民正聚集在那里，焦急地等待着游行队伍的到来和最后一天比赛的开始。

陨石母神节是罗马国家宗教中受人尊敬的节日，尤为贵族阶层所推崇。他们举办私人宴会，只邀请同阶层的人参加，以此向玛格纳·玛特女神致敬。然而，玛格纳·玛特女神的东方性质，使她日益增多的信徒举行某些超出罗马人令行禁止的仪式。这些天里，祭司们抬着玛格纳·玛特的神像在街上游行，他们敲钹打鼓，跳着舞，唱着弗里吉亚的曲调。这想必是一个富有异域风情、热闹非凡的节日。

正如我们在三月的阿蒂斯节所评论的那样，罗马市民不被允许参加这些仪式，尽管他们可以欣赏，并且可能对此场景不无惊讶和诧异。随着时间的推移，特别是从公元2世纪开始，形势变得有利于东方信仰，这些信仰得以正常化，甚至在很多情况下被强制推行。这一点的证据是，这个节日原本是献给这位被罗马化的东方女神的主要节日，但与三月末一起献给她的具有强烈东方色彩的玛格纳·玛特节和阿蒂斯节相比，显得黯然失色。

　　在这一天，罗马人庆祝另一个有利于农作物生长的节日——努马国王设立的胎牛祭日（Fordicidia），是农牧之神法翁对国王的祈求的答复。田地年复一年地受到寒冷和洪水的影响，罗马的收成很差。这位农牧之神在国王的梦中告诉了他解决的办法，即用一头同时献出两条生命的母牛祭祀。

　　对这个玄妙的神谕的答案是献上一头怀孕的母牛，这就是这个节日的名字的由来。胎牛也会与它的母亲一同死去。

　　胎牛祭日主要的祭祀每年一次，是由大祭司们在帕拉蒂诺山执行的。接下来，每个库里亚一头，共有三十多头母牛被用于祭祀。最后，由资历最老的维斯塔贞女把胎牛取出来，投入火堆里，待火熄灭之后，将骨灰收集并保存起来，几天后在柏勒里亚节期间混合在一起，用来制作神圣的祭品。这些仪式都是为了促进农作物生长和家畜繁殖的。这些仪式是取悦大地女神忒勒斯的，因为农作物在她的怀抱里生长。

19 日到来了，随之而来的是一个与田地及种植有关的新节日，就像这个月的许多节日一样。克瑞斯女神节（Cerialia）在罗马最古老的时期就已经存在了。这位意大利古代女神对罗马人来说，是负责农业生产的。她的名字 Ceres 来自于一个印欧语系的词根，意思是 crecer（成长），与农作物，尤其是谷物（cereal）有关。这并非偶然，我们用来对谷物命名的单词也来自于克瑞斯女神。

起初，克瑞斯崇拜拥有自己的祭司——克瑞斯祭司，由其主持相关典礼和仪式。成长的自然概念及其不断的变化也使克瑞斯成为过渡女神，因此也经常被当作结婚、离婚甚至死亡这些情况下的守护神。

公元前 3 世纪末左右，在罗马，克瑞斯女神和希腊的德墨忒尔女神（Démeter）之间，开始交织出一种关系，为克瑞斯的传统崇拜增加了新的细节和东方的神秘特征。就是在那个时候，解释四季变化的神话也与之联系在一起。

根据这个神话，克瑞斯的女儿普洛塞庇娜（Proserpina）——希腊神话中的珀耳塞福涅（Perséfone），被她的叔叔普鲁托（Plutón）——希腊神话中的冥王哈迪斯（Hades）——劫掠到冥府，而对此毫不知情的母亲克瑞斯拼命地到处寻找女儿。她喊叫着，哭泣着，走过一处又一处。在她脚步经过的地方，大自然随之凋零，仿佛是对她的悲怆之情的回应，因此，田地里的庄稼枯萎了。普鲁托将普洛塞庇娜强占为妻几个月之后，克瑞斯向众神之王求助。朱庇特下令，母亲不应该遭受这样的痛苦，普鲁托也不应该舍弃妻子。解决办法是普洛塞庇娜和她的母亲在一起生活六个月，而另外六个月和其丈夫在一起。与女儿重逢之时，克瑞斯满怀喜悦，大地比以往更加丰饶。根据这个神话，形成了四季的轮回以及与四季紧密相关的耕作。

公元前 176 年，平民出身的行政官盖乌斯·梅米奥（Cayo Memio）决定增加该节日的庆祝时间，将原来的 19 日一天改为从 12 日开始到 19 日结束，以克瑞斯卢迪的形式庆祝。在节日期间，禁止穿黑色的服装，建议穿白色的服装。这些天举行的戏剧表演，是献给克瑞斯女神及其随从利贝尔和利贝拉的。克瑞斯、利贝尔、利贝拉构成平民三神组，是平民这个社会阶层更认同的神。因此，我们看到了在陨石母神节期间，贵族们举办宴会向玛格纳·玛特致敬；而在克瑞斯女神节期间，平民以自己的方式向属于他们自己的神表示敬意。

庆祝活动的最后一天，在马克西姆竞技场举行马车比赛，序幕是一个奇怪而野蛮的仪式。根据奥维德的叙述（《岁时记》IV，680—714），在卡西奥利城，有个小伙子捉到一只狐狸，把它放入一堆树根和干草中，放火烧它。这只狐狸吓坏了，受了伤，从熊熊燃烧的大火中跑了出来，引起了一场大火，火势迅速蔓延到附近的田地，烧毁了那一年的庄稼。从此以后，为了年年纪念那个不幸的事件，人们在马戏团里的狐狸的背部或者尾巴上绑上火把，然后放开它们，直到它们被曾经烧毁庄稼的大火烧死。这个仪式本身也作为一种祭品，将活力和温暖——但不是火——带给生长中的农作物。

除了官方仪式，只允许女性参加并且由她们主持对克瑞斯的神秘崇拜仪式，其影响力在帝国时期达到极盛。当时，所有的皇室女性，尤其是皇后，都在克瑞斯的保护之下。

| 4月21日 | 柏勒里亚节 | 五月卡伦德日前第十一天 |

　　4月21日被特别标记为罗马历史上一个伟大的日子。直到今天，罗马人仍然在这个日子里庆祝以表示感恩。柏勒里亚节（Parilia）甚至在罗马建城之前就出现了，是带有牧羊人性质的节日。在这个节日里，人们向柏勒斯（Pales）女神（或男神）献祭，她（他）是羊群和牧羊人的保护神。

　　在这一天，人们举行仪式以确保羊的安全和健康，社区里处处洋溢着欢乐的气氛。人们烧硫黄，将羊群用烟熏洁净，用花环装饰羊圈，向柏勒斯神献上祭品。这一天以一场欢乐的篝火晚会结束，据说，人们把甘草堆起来点燃，人和动物从篝火上跳过。

　　随着时间的推移，这个在农村仍然以传统方式庆祝的节日，因为城市的发展而发生了变化，仪式也适应了城市的崇拜。维斯塔贞女们把胎牛祭日收集的骨灰和一头在十月马节献祭的马的血与干枯的蚕豆茎秆掺和在一起，这个混合物是用来净化和保护罗马的。

　　我们不要忘记，罗马历史是通过创造新的传统而一点一点逐步形成的，而就在这样的罗马历史上的某个时候，柏勒里亚节最终与罗马城的建立日期联系起来，而这个日期最终一致确立为公元前753年。一个罗马城市的建立是一套复杂的仪式，这总是以严格的方式进行的，或者至少在条件有利的情况下尽量这样做。这种起源于伊特鲁里亚人的仪式，从一个被称为"彰显吉兆之处"的地方向神祈求吉兆，开始绘出轴心轮廓。

直到那时，罗马城的"神圣范围"才开始规划。它是由两头牛拉着犁划出来的——公牛在外，母牛在内，而且这两头牛必须是白色的。它们开辟了原始犁沟，在此基础上创建了城市的内部布局，绘出"南北轴"和"东西轴"，形成了一个固定网格，而这两条主要街道通向城市的公共空间——"广场"。

最后，罗马人挖了一条护城壕沟，用挖出来的土方建成了第一道临时性的城墙，在上面修了一道篱笆墙，到了后来，篱笆墙逐渐被宏伟的石墙取代，最后修成的这道城墙牢不可破。

浮雕显示了原始犁沟的形成，这是建立一个新的城市的基础。
阿奎莱亚，国家考古博物馆

当罗马人从零开始着手建城时，特别重视这些仪式，完美地创建了整齐有序的城市。然而，在许多情况下，建城是在比较古老的城镇上进行的，新的城市规划必须适应它们。颇有讽刺意味的是，罗马城本身缺乏罗马工程师非常喜欢的整齐而合理规划的设计。

虽然我们不太了解为纪念罗马城的创建而举行的庆祝活动，但这些公共仪式肯定是由"祭典之王"主持的，参加的罗马人非常多。奥维德告诉我们，他亲身经历了这些仪式：播撒圣灰，跳过篝火，得到浸过水的月桂枝的祝福（《岁时记》IV，725—729）。这些仪式，无论是公共的还是私人的，高潮都是篝火晚会——为了庆祝罗马城的建立，人人争先恐后地跳过这堆篝火。

公元121年，哈德良皇帝修建了一座具有双重意义的神殿，献给维纳斯女神，也献给罗马城。他这样做是因为这个月是由维纳斯女神守护的，同时也是罗马城建立的月份。神殿有两个礼拜堂，面对面而立，位于尼禄皇帝失火的宫殿废墟上。今天，在罗马城最受欢迎的地标之一弗拉维圆形剧场的正对面，巨大的废墟依然保留在那里。

这座神殿的建成为柏勒里亚节带来了一个重要的变化，从那时候起，这个节日开始被称为罗马建城节，失去了最初的牧羊人含义，只关注罗马城建立的重要性。

四月的葡萄酒节被称为早葡萄酒节（Vinalia Priora），以免与八月的乡村葡萄酒节（Vinalia Rustica）混淆。这个节日的主角是葡萄酒，从这一天起，葡萄酒就开始大量供应。这个节日的起源可以追溯到特洛伊人埃涅阿斯与鲁图利亚人之间的战争时期。鲁图利亚人的国王图尔努斯（Turno）向伊特鲁里亚人的国王梅森提乌斯（Mecencio）许诺，如果梅森提乌斯出手相助打败埃涅阿斯的话，该地区下一季的葡萄酒收获将归于他。而特洛伊人则将新葡萄酒献给了朱庇特，公正的朱庇特将胜利授予了特洛伊人。因此，传说这个节日起源于献给朱庇特的葡萄酒节。

以更务实的话来说，这个节日是用来首次品尝上一个年份收获的葡萄酒，而在此之前，葡萄酒是禁止饮用的。葡萄种植者们首先把酿好的新葡萄酒奉献给朱庇特，然后就会在全城的市场上摆满新酒，供人们品尝。

维纳斯女神也参加到庆祝活动中。正如普鲁塔克（《罗马问题》，45）记述的，人们在维纳斯神殿的石阶上倾倒大量的葡萄酒以献给女神。有些人认为这可能只是一种象征方式，意思是众神只接受那些在献祭时保持清醒的人的祭品。不管怎样，早葡萄酒节这一天结束时，通常情况是酒既献给众神，也使许多市民的喉咙得到了尽情享受。

4 月 23 日，人们也庆祝维纳斯·埃利希纳节（Venus Erycina）。有两座神殿是奉献给她的，一座在卡比托利欧山，建于公元前 215 年；而对这个节日更重要的是另一座，坐落在罗马城墙外科里纳门旁边，建于公元前 181 年 4 月 23 日。由于她是从西西里岛埃里斯山来的"外国"女神，对她的崇拜与罗马道德观格格不入，因此，她必须被安置在罗马城的神圣区域之外。所以，尽管是对同一位女神，但主妇们在卡比托利欧山以传统方式祭祀，而妓女们祭拜的地方是科里纳门。妓女是维纳斯·埃利希纳的主要信徒，她们向她祭献供品，祈求她的庇护和福祉。

正如我们在这个月所看到的，罗马宗教及其节庆不仅仅使我们了解它们自身或者罗马人的宗教虔诚，通过这些节庆，我们还发现粮食对罗马和所有古代文明具有巨大的重要性——粮食是不可缺少的基本生活来源。罗比古里亚节 (Robigalia) 也是促进农作物长势良好的节日。这个节日献给罗比古神 (Robigo)，这是一位恶神，他的出现会使农作物生病。我们说的实际是叶锈病，主要影响谷类作物，可能摧毁整个收成。

如果说叶锈病今天对农作物仍然构成威胁，那么对古罗马人来说更甚，他们为此举行一场游行仪式。游行队伍从罗马出发，沿着克劳迪亚大道一路向北，到达第五个里程碑处，在那里用一只羊和一只奶狗做祭献——将它们的内脏和葡萄酒、熏香一起投入火里，以保护农作物，确保来年获得丰收。

4月28日	芙罗拉节	五月卡伦德日前第四天

芙罗拉在古代是鲜花、果树和植物的保护神。据说，对她的崇拜是在罗慕路斯统治时期由提图斯·塔蒂乌斯引进的。证据是芙罗拉拥有自己的祭司——芙罗拉祭司，是授予罗马宗教最古老的神的十二类低等祭司之一。芙罗拉节（Floralia）第一次是在公元前238年庆祝的，从4月23日一直持续到5月3日，有戏剧表演、马戏比赛，甚至还有几场角斗士比赛。

妓女们热烈庆祝这个节日，赞颂女神。在四月举办的那些节日中，这是唯一允许她们公开参加的节庆。社会上层强加给她们的耻辱使她们与任何其他形式的信仰隔绝，甚至在崇拜最放荡不羁的诸神——福尔图纳·维里利斯、维纳斯·埃利希纳以及芙罗拉——时，她们也被和社会上的其他女性分开。妓女们抓住芙罗拉节的机会，用鲜花做成花环和头冠打扮自己，在公众面前裸露性感的胴体跳舞，进行真实的色情戏剧表演。根据尤文纳尔（Jovenal）所述，她们甚至可能像角斗士那样打起来，当然，通常是装作打架（《讽刺诗》VI，250）。

可变性日期	拉丁节	概念性节日

　　这是日历上本月的最后一个节日，是本月唯一没有固定日期的节日。这是罗马世界最古老的仪式之一，甚至可能在罗马城建立之前就存在了。

　　在拉丁节（Feriae Latinae）期间，所有的拉丁姆（Latium），或者说拉齐奥（Lacio）的居民聚集在罗马城东南约30公里处的阿尔巴诺山上，共同祭拜拉丁地区所有城市的保护神。最初的庆祝活动是由阿尔巴·隆加城主办的，传说这是埃涅阿斯之子阿斯卡尼乌斯建立的城市。随着时间的推移，每年的节日庆祝由几个城市轮换着主持。

　　在山顶最早有一个祭坛，后来又建了一座神殿，人们向朱庇特献上羊、奶酪、牛奶和一头白色公牛，牛肉由在场的人分食。

　　公元前338年，拉丁城邦联盟解散之后，由罗马方面获得这个节日的最终主办权，仪式开始逐渐成了一个完全罗马化的节日，以纪念拉齐奥的古老民族。从其发源时开始，庆祝日期一般在四月末，这样一直持续到共和国和帝国时期。虽然由最高执政官们决定庆祝的日期，而且传统上这是他们在三月上任后的首要仪式之一，但是，即使后来最高执政官任职日期变为1月1日，也并不影响在四月份庆祝这个节日。

　　罗马最高执政官带领全体行政官员前往阿尔巴诺山，城里只留下元老院议员和一位专门负责在该节日期间维持城市秩序的官员。在整个罗马历史上，这个古老的仪式虽然实际上已经剥离了原来的含义，但其重要性仍然是显而易见的，就连奥古斯都皇帝在被任命为最高执政官后，虽然伴随了他一生的疾病和战争曾多次阻止他，但他仍然尽最大可能出席了这个仪式。

这个节日一直持续到 4 世纪末，最后被基督教皇帝狄奥多西禁止。一些基督教学者伪造了在阿尔巴诺山进行过活人祭祀的内容，并指出禁止这种做法的必要性。事实恰恰相反，因为拉丁节的精神一直是和平，是联结各个拉丁民族之间的纽带，他们甚至为了纪念这个节日而停止民族之间的战争。像拉克坦提乌斯（Lactancio）这样的作家在 4 世纪初的写作，唯一的目的无非是对当时仍然在居民中活跃的罗马宗教活动进行妖魔化，从而有利于基督教教义在古老而广阔的帝国里充分渗透（《神圣机构》1，21）。

五 月

MENSIS MAIVS

Hos sequitur laetus toto iam corpore Maius, Mercurio et Maia
quem tribuisse Iovem.
五月来了，这是朱庇特指派给墨丘利和玛雅的月份，他们满怀
喜悦，沉醉其中。

MENSIS MAIVS DIES XXXI

1	A	K · MAI · F	LARALIA / LVDI
2	B	VI F	LVDI
3	C	V C	LVDI·IN·CIRC
4	D	IIII EN	
5	E	III C	
6	F	PR C	
7	G	NON · N	
8	H	VIII F	
9	A	VII LEM · N	
10	B	VI C	
11	C	V LEM · N	
12	D	IIII C	
13	E	III LEM · N	
14	F	PR C	ARGEI
15	G	EID · NP	MERCVRALIA
16	H	XVII F	
17	A	XVI C	
18	B	XV C	
19	C	XIIII C	
20	D	XIII C	
21	E	XII AGON · NP	
22	F	XI N	
23	G	X TVBIL · NP	
24	H	VIIII Q · R · C · F	
25	A	VIII C	FORTVNAE·PVBL / P·R·Q·IN·COLLE
26	B	VII C	
27	C	VI C	
28	D	V C	
29	E	IIII C	
30	F	III C	
31	G	PR C	

XXXI

基督教传统——我们在文化上几乎都从属于它——把五月与圣母玛利亚、鲜花以及春天的快乐联系在一起。当我们想到这个月的时候，首先出现在我们头脑中的，常常是欢乐的概念和美好的天气。然而，罗马公民可能没有同样的感受，事实上，那些对神最虔诚、最敬畏的人可能会有一种不寒而栗的感觉。

　　对许多罗马人来说，五月是一个特别不幸甚至可怕的月份，他们认为，在利莫里亚节，亡灵潜伏在他们周围，主要是因为这个节日，这个月被污染了，所以需要大量地赎罪，祈求诸神将世界恢复到自然状态。因此，奥维德在其《岁时记》中警告我们五月的不洁性质，建议在这个月绝对不要结婚。

　　　Nec viduae taedis eadem nec virginis apta

　　　tempora: quae nupsit, non diuturna fuit.

　　　Hac quoque de causa, si te proverbia tagunt,

　　　mense malas maio nubere volgus ait.

这段时间也不适合婚礼火炬，

无论寡妇还是处女，谁结婚都不长久。

出于同样的原因，如果你对谚语感兴趣，

（会听过）人们说，坏女人在五月结婚。

（奥维德，《岁时记》V，487—490）

　　尽管如此，随着月底的临近，伴随四月结束时的庆祝和欢乐的精神同样也在此时回归，体现在一些节庆上，比如农田净化节、玫瑰节，这些庆祝活动到帝国末期已经变得越来越重要。五月的形象恰恰集中于这些概念——展现欢乐总比体现恐惧更好，费罗卡利纪年表就是这样做的。春天的形象是以男人来表现的，他身穿长袍，肩扛一篮玫瑰，因此也有人认为这个节日是玫瑰节。他右手摘了一朵花，闻了一下，享受一年中这段令人愉悦的时光，陪伴他的是一只孔雀和一种名为"金鱼草"或者"龙口"的植物。

　　在这个月里，由阿波罗神保护的农田，需要那些负责至关重要的粮食工作的人悉心照料：必须拔除杂草、剪羊毛、清洗羊毛、净化田地……以及其他历法规定的诸如此类的活儿。

　　最后，关于五月的名字以及五月是献给谁的，说法是多种多样的。罗马学者一方面将其与"老年人"（maiores）联系起来，以对应于六月所献的对象"年轻人"（iuniores）；另一方面，将五月与玛雅女神（Maya）联系起来，她的儿子是墨丘利，本月最重要的节日之一墨丘利节就是为了纪念他。

| 5月1日 | 拉列斯神节 | 五月卡伦德日 |

　　这个月的开始，举行一场庆祝活动，专门献给负责守护罗马城的拉列斯神。我们在一月的路神节已经认识了这些守护神，他们也负责夜间在城墙上保卫全体市民的安全。

　　在由罗慕路斯建造的最古老的罗马城墙边，在罗马建立之初就有一座小祭坛，人们在那里祭祀拉列斯守护神。有两个幽灵在城墙上日夜守望，他们对守护对象的忠诚度和不知疲倦的警惕性可以和守卫犬的技能相媲美。他们的形象经常被描绘成和狗在一起，甚至给他们穿上狗皮衣服。

| 5月1日 | 善良女神节 | 五月卡伦德日 |

Bona Dea，字面意思是"善良女神"，是一位古老的神，她的身份已经成了一个谜。她的名字甚至不是这样的，因为这是一个代称。有些人肯定她真正的名字从来没有对凡人泄露过，或者至少不应该从凡人嘴里说出来。由于这个原因，这位女神接受了好几个没有差别的名字，这些名字都与繁殖和大地有关：忒勒斯（Tellus）、法翁娜（Fauna）、法图阿（Fatua）、奥普斯（Ops）……

我们不知道是哪一年的5月1日，人们在阿文蒂诺山上给她建了一座神殿，在那里为她举办了祭拜仪式。我们对此知之甚少，部分原因是围绕着这位女神的许多禁忌。其中值得一提的是，如果在她的神殿里向她奉献葡萄酒的话，不能用"葡萄酒"这个名字，而是应该称之为"奶"；祭献所用的容器也同样如此，要称之为"蜜罐"。与善良女神相关的是治疗属性，这是我们从古典作家那里知道的特点。根据他们的叙述，我们知道在她的神殿里总是有许多用来治疗的草药；出于同样的原因，陪伴这位女神的，通常是与药物相关的动物——蛇。

善良女神最大的禁忌，也许就是我们对该信仰细节所知不多的原因，是禁止所有男人接近她的神殿以及任何正在进行的对她的献祭仪式。据说这位女神从来没有见过男人，而任何男人也没有见过她。与她相对应的是赫丘利，禁止女人对他进行崇拜。在节日这一天，人们进行各种各样的仪式，有些是公开的，比如用一头怀孕的母猪做祭品，有些则是私人的。在家里举行任何私人仪式之前，为了让女神能够驾临，传统上女人们会把所有的男人赶出家门。女人们还必须清除爱神木的任何痕迹，因为人们认为善良女神被爱神木鞭打过。

5月9日、11日、13日	利莫里亚节	五月伊都斯日前第七天、第五天、第三天

罗马历法中并不是的所有节庆都一定符合我们对节日的概念，一般来说在节日里人们享受友好、轻松甚至欢乐的气氛。与死者的对抗是罗马历法中最黑暗的元素之一。在一年中有好几次，死者来到生者的世界随意游荡。但是如果说有一个死者窥探生者的专门时间，那就是利莫里亚节（Lemuria）。

这个亡灵节是在5月9日、11日和13日举行的，而中间的10日和12日这两个偶数日子被空下。因为我们已经提到过，罗马迷信认为偶数会带来厄运，因此在迷信的罗马公民看来，冒着为一个本身就已经很阴暗的节庆增加厄运的风险，似乎不是一个好主意。

勒穆瑞斯是祖先们饱受折磨的灵魂，他们企图骚扰活着的人。在利莫里亚节期间，冥府的封锁解除，他们从里面出来，自由地游荡，所以必须进行巫术仪式驱逐他们。就像我们在其他节日中看到的，很可能也有公共仪式，但不幸的是我们对此一无所知。

与之相反的是，我们对这三天的每一天内重复举行的私人仪式相当了解，每个家庭都必须按照这些仪式直面其祖先的幽灵。奥维德（《岁时记》V，419—492）对此做了详细叙述，可能是为了指导那些每年都必须延续这一尚存传统的人。

利莫里亚节的仪式，由房子和家庭的主人负责完成。半夜时分，家主起床，确保衣服上所有的结是打开的，然后赤脚在黑暗中行走，同时握紧拳头，拇指夹在中指和无名指之间，做出驱除邪恶、吸引好运的手势。这一手势被称作拳状护身符，阻止了在他周围潜伏的邪灵碰到他。

在仪式开始之前，家主洗净双手以净化自己，然后开始走路，绝对不能回头，一边走，一边朝身后撒蚕豆，同时重复说九遍"我撒这些蚕豆，用它们拯救我自己和我的家人"。与此同时，幽灵们跟在他身后，捡起他扔下的蚕豆。这些蚕豆被认为是生育能力的象征，可能代

家主在家里的灶神龛旁撒蚕豆，勒穆瑞斯在他周围游荡。

表勒穆瑞斯企图带走的家庭成员灵魂的替代品。在敲响一个小铜器之后，他再重复说九次"离开这里吧，我祖先的灵魂"（奥维德，《岁时记》V，435—445）。

这时候就到了仪式最恐怖的环节——家主必须在一片漆黑中转身返回，而所有的幽灵都在他身后跟着。只有在前边的仪式正确完成的情况下，幽灵们才会消失，他的家庭才能安然。

然而，我们可能会问，罗马人是否真的相信他们所做的事情的含义，或者相反，他们这样做只是出于习惯。我们必须记住，很少有文明像罗马文明那样迷信。虽然可能有例外，但我们觉得不可思议的是，从该节日源起到公元1世纪晚期，大部分公民对这些仪式真的感到恐惧。

从2世纪开始，这个节日开始衰落，渐渐成为对过去的一种迷信的记忆，很快就被遗忘了。直到18世纪，著名的博物学家林奈（Linneo）才在一定程度上复原了对利莫里亚幽灵的记忆，因其夜间行为和邪恶的形象，被冠以"勒穆瑞斯"之名。

利莫里亚节那黑暗的日子过后，就到了完成一年中最重要的净化仪式之一的时刻。正如我们在三月看到的，16 日和 17 日游行队伍拜访分散在罗马城的 27 个礼拜堂，在每个礼拜堂都留下一个稻草人偶，它们会一点一点收集所有对诸神的罪过和冒犯。

5 月 14 日，一场新的游行开始了，参加的人有大祭司、执政官、维斯塔贞女和朱庇特神的祭司之妻。在这一天，禁止梳头或者表现出任何快乐的迹象。在巡游中，人们收集称为阿尔盖的稻草人，将它们带到苏布里齐桥上。这是罗马最古老的桥，也是第一座横跨台伯河的桥。

在出席巡游的全体市民、行政官员和宗教界人士的面前，维斯塔贞女一个接一个地把所有的稻草人偶抛入台伯河中。甚至罗马人自己也不十分了解这个仪式的含义，据说这些稻草人偶可以替代在远古时代进行的人类祭祀仪式。有些人甚至声称，在古代，从桥上抛下的是社区中的老人，这样在投票选举时对年轻人有利。

虽然我们也不知道进行这个祭祀是为了取悦萨图尔诺、普鲁托，还是台伯河本身，但很明显，这是一个令人难以忍受的宗教净化仪式，体现出与死者的重要关联，难怪它出现在利莫里亚节结束之后的第二天。

墨丘拉利亚节（Mercuralia）是献给墨丘利及其母亲玛雅女神的，这个月的名字可能的解释之一就来自于玛雅女神。

墨丘利是商人（mercatores）的保护神，因为他的名字 Mercurio 是由 merx——mercancía（商品）——直接转化而来。商人们在阿文蒂诺山的墨丘利神殿里祭祀他。墨丘利神殿建于公元前 495 年，靠近马克西姆竞技场。商人们聚集在这里举办露天宴会，大吃大喝，尽情娱乐。

就在这个地方，在卡佩纳门旁边，有一股清泉汩汩流出。如果有人愿意相信，据自称喝过泉水的人说，那里冒出来的泉水很神奇。人们常常在一个容器里装满泉水，把一根月桂枝泡在里面，然后用湿月桂枝将水洒在要出售的商品上，也洒在自己的头发上，同时诵读下面这段献给墨丘利的祈祷词：

Ablue praeteriti periuria temporis inquit,

ablue praeteritae perfida verba die.

Sive ego te feci testem, falsove citavi

non audituri numina vana Iovis,

sive deum prudens alium divamve fefelli,

abstulerint celeres improba dicta Noti ：

et pateant veniente die periuria nobis,

nec curent superi siqua locutus ero.

Da modo lucra mihi, da facto gaudia lucro,

et fac ut emptori verba dedisse iuvet.

洗去过去的假誓，

洗去往日的谎言。

如果我让你做见证，或我曾经装作祈求过，

朱庇特的神权，认为他听不到我的话，

或者，如果我故意欺骗了其他男神或者女神，

让南来的疾风带走我的恶言吧，

请让我第二天再发出新的假誓。

愿天上的神，不在意我说了多少，

只给我利润，让我可以享受它们，

并使欺骗买主对我有好处。

（奥维德，《岁时记》Ⅴ，681—690）

显而易见，这段祈祷反映出商人常常抱着盗窃的目的，或者至少怀有诈骗的企图，擅长精打细算。墨丘利也是盗贼的保护者，这一职责并非徒有虚名，据说他自己就是盗贼中的一员。

　　我们已经在一月和三月庆祝过两个宰牲节了，还剩下两个。这一天的节日是献给维迪奥维斯（Vediovis）的。对这位神的崇拜非常古老，在罗马有两座神殿是献给他的，两座神殿都是在公元前 2 世纪初修建的，一个在罗马国家档案馆旁边，今天可以在卡比托利欧博物馆的地下室里看到神殿的遗址，另外一个在台伯岛。从维迪奥维斯这一名字可以看出，他一定与朱庇特有着某种关系。Vediovis 的前缀 ve 可能指青年朱庇特或者老年朱庇特。考虑到它也许是来自于萨宾人或者伊特鲁里亚人的古老起源，所以我们很难确定其真实性。

| 5 月 23 日 | 号角净化节 | 六月卡伦德日前第十天 |

5 月 23 日再次庆祝和 3 月 23 日同样的净化节。三月的号角净化节关系到军事行动的开始。正如我们在谈论罗马历法的起源时看到的，这是最古老的节日之一。虽然其重复性可能与打击近邻敌人的军事净化有关，但在罗马最古老的时期这样的战役非常短暂，因此，这种节日更有可能是民事净化仪式，很可能是对在宗教仪式中吹响的大号进行净化。大号的净化很有必要，这样就可以在当月利莫里亚节之后继续正常使用，进行第二天的又一次 QRCF 仪式。

从帝国时期开始，军队也有自己的节庆，不属于民事节日的范围。在民事历法中，我们可能找不到任何标记来识别玫瑰军旗节（Rosaliae Signorum），我们是从 3 世纪初的一些莎草纸碎片上知道这个节日的。这些莎草纸碎片由于杜拉欧罗普斯古城干燥的气候条件而得以保存下来。这些莎草纸是一份节庆历法的残卷，这些节庆是在亚历山大·塞维鲁皇帝统治时期派驻该城的军队必须庆祝的节日。

玫瑰军旗节由士兵们合作庆祝，他们发起募捐，购买一些主要由玫瑰制成的花环装饰军旗，以感谢众神并祈求他们的保护。

从 2 世纪和 3 世纪开始，这个节日越来越重要，因此开始在居民中普及，在此之前，这一直是少数公民庆祝的节日。这个节日尽管可能没有固定的日期，但是一般在五月、六月甚至七月举行。这个节日通常与祖先有关，因为传统上，人们带玫瑰花来到祖先的墓前，使其安息并得到抚慰。传统上，人们还要向神祈祷，在神像的脚下献上玫瑰作为供品。

公元前 194 年，在奎里纳尔山，罗马人给命运女神福尔图纳·普利米吉尼亚（Fortuna Primigenia）修建了一座神殿。这是为了给十年前向女神许下的愿还愿，以感谢女神保佑他们打败迦太基人。福尔图纳是命运女神，虽然她通常被认为是带来益处的女神，但同时兼主好运和厄运。罗马人常常祈求她在他们生活中的每一刻，尤其在他们准备进行一些重要的行动时，为他们提供保护。

福尔图纳有很多别号，在这种情况下，女神被称作"奎里蒂本地的罗马公民共同的命运女神"。根据罗马历史学家提图斯·李维（《从罗马建城开始》XLIII，1）的说法，公元前 169 年，在这座神殿中发生了两件奇事：第一件是女神神像前自然长出了一棵棕榈树，第二件更加令人不安——下了一整天的血雨。

我们再一次发现罗马人将自己置身于迷信之中。罗马人相信，神在灾难和意外来临之前会向人类发出警告。在同样的含义上，与福尔图纳女神本身密切相关的是巫术和占卜的世界，在古代拥有众多追随者。最著名的占卜方式之一：提出一个问题，并随机采用一本书中的某个章节来回答，从中提取一段关于未来事件的预言。最著名有用维吉尔《埃涅阿斯纪》来占卜的方法。或者用预言书的神谕来解读，这些预言书极有可能就是以这种方式被查阅的。

这种形式以及其他很多形式的占卜，都受到福尔图纳女神的保护，不仅流行于罗马人之中，而且在早期基督教中也很普遍，只不过用《圣经》取代了异教文本。4世纪的几位皇帝颁布了多达十二条法令，试图阻止这种占卜习惯，以反对任何形式的巫术和占卜术，然而，甚至到中世纪，这种习惯依然盛行。

大约每过一百年，到 5 月 31 日的晚上，就会开始庆祝世纪卢迪节 (Ludi Saeculares)，共和国时期被称作"特伦蒂尼卢迪"，后来在公元前 17 年由奥古斯都改革。世纪卢迪节是所有罗马人一生中独一无二的时刻，或者至少是这样宣传的。

非固定日期	农田净化节	概念性节日

二月的城市净化节用来进行罗马城市的净化，而农田净化节（Ambarvalia）则是净化城市周围的田野和地里正在成长的庄稼。农田净化节虽然没有固定日期，但是每年的日期必须明确下来，而 5 月 29 日是庆祝该节日的最常见的日期之一。

在这些庆祝活动中，国家和土地的主人都举行净化仪式。一些学者甚至记述了这个节日的仪式应该如何进行。准备工作在前一天就开始了，在这一天，参加仪式的人不能过性生活；到了节日来临的时刻，他们必须先洗净双手，然后开始一个游行仪式，赶着一头猪、一只羊和一头牛绕着田地走三圈，以净化田地；接下来，进行各种各样的祈祷，最后用这三头牲畜做献祭。

这些祈祷和其他请求一起被带给几位神，这些神中最引人注目的是马尔斯和克瑞斯，保护农作物是这两位神的鲜明特点。节日结束时，人们检查动物内脏，证实没有恶兆之后，开始举行宴会，参加的人一起享用牲畜的肉。

每年的五月底，耕地兄弟团（fratres arvales）也庆祝他们的节日。这是一个团体，因为其名字来自于"耕地"（arva），至少在词源上，和 ambarvalia 有一定的关系。

耕地兄弟团由 12 位成员组成，据说最初是由罗慕路斯国王的养母阿卡·拉伦提雅的 12 个儿子组成的。当其中一个儿子去世之后，罗慕路斯就成为第12位成员。几个世纪以来，兄弟团一直在一个神圣的小树林里聚会，这个地方在罗马西南部，离罗马城有五罗马里（7.5公里）的距离。那里有大地女神的神殿，她是一位与繁殖和成长相关的神。兄弟团成员们遵循古老的仪式，举行为期三天的庆祝活动。由于祷词和仪式太古老了，他们常常无法理解。

耕地兄弟团对农作物的保护工作在初期受到罗马人的高度赞赏，尽管后来人们对其越来越不感兴趣。传统道德和习俗的恢复者奥古斯都振兴了耕地兄弟团，使它再度辉煌。从那时起，耕地兄弟团开始进入自己的黄金时代，至少持续到3世纪。耕地兄弟团成员是从社会上最杰出的人物中挑选出来的，他们可以终生占据其职位。几乎每一位皇帝，包括奥古斯都本人，都是其中的成员。

在这些节日里，耕地兄弟团成员歌唱著名的《耕地之歌》（Carmen Arvale）。这种祷告歌词的解释非常复杂，在3世纪时被刻在神殿的一面墙上，作为耕地兄弟团的石刻日志——阿尔瓦莱日志（acta arvalia）。这篇伟大铭文的序言是一个碑刻历法，今天保存下来的有好几个月份，按照顺序列出了从公元14年到至少公元241年期间罗马发生的重大事件。所有保存下来的残片都被收藏在罗马国家博物馆。

Enos Lases iuvate,

Enos Lases iuvate,

Enos Lases iuvate!

Neve lue rue Marmar sins in currere in pleores,

neve lue rue Marmar sins in currere in pleores,

neve lue rue Marmar sins in currere in pleores!

Satur fu, fere Mars! Limen sali, sta berber!

Satur fu, fere Mars! Limen sali, sta berber!

Satur fu, fere Mars! Limen sali, sta berber!

Semunis alternei advocapit conctos,

semunis alternei advocapit conctos,

semunis alternei advocapit conctos!

Enos Marmor iuvato,

Enos Marmor iuvato,

Enos Marmor iuvato!

Triumpe, triumpe, triumpe, triumpe, triumpe!

拉列斯，帮帮我们吧，[重复三遍]

马尔斯，不要让毁灭和瘟疫落到人群中。[重复三遍]

威猛的马尔斯，你要满足，跳过门槛，守护在那里吧。

[重复三遍]

你们都来祈求播种神吧，一个一个来。[重复三遍]

马尔斯，帮帮我们吧。[重复三遍]

胜利![重复五遍]

（《耕地之歌》，阿尔瓦莱日志。

《拉丁语料库铭文》VI，2104)

这首歌中的大部分歌词，不但我们，甚至连罗马人自己也无法理解，因为它是用公元前 4 世纪以前的拉丁语写成的，当时已经没有人使用这种语言了。然而，我们可以将其解释为同时献给拉列斯神和马尔斯神的祈祷歌。每句歌词重复三遍以求得好运，最后的祈祷可能是一声欢呼，大概意味着用力在地面上跺五下。12 位耕地兄弟团成员一起高声唱出这首古老的神佑歌，一定很令人震撼。

六　月

MENSIS　IVNIVS

Iunius ipse sui causam tibi nominis edit
praegravida attollens fertilitate sata.
播下的种子在肥沃的庄稼地里，长成了丰盈的谷穗。
开镰收割庄稼的时候，六月向你解释它的名字。

MENSIS IVNIVS DIES XXX

1	H	K·IVN·N	IVNONI·MONETAE
2	A	IIII F	
3	B	III C	BELLON·IN·CIR·FLAM
4	C	PR C	
5	D	NON·N	DIO·FIDIO IN·COLLE
6	E	VIII N	
7	F	VII N	LVDI·PISCATORII
8	G	VI N	
9	H	V VEST·N	
10	A	IIII N	
11	B	III MATR·NP	
12	C	PR N	
13	D	EID·N	QVINQ·MINVSCVLAE
14	E	XIIX N	
15	F	XVII Q·ST·D·F	
16	G	XVI C	
17	H	XV C	
18	A	XIIII C	
19	B	XIII C	MINERVAE·IN·AVENTINO
20	C	XII C	SVMMANO·AD·CIR·MAX
21	D	XI C	
22	E	X C	
23	F	VIIII C	
24	G	VIII C	FORTI·FORTVNAE
25	H	VII C	
26	A	VI C	
27	B	V C	IOVI·STATORI IN·PALATIO
28	C	IIII C	
29	D	III F	QVIRINO·IN·COLLE
30	E	PR C	

XXX

第六个月开始了，到了一年的中间阶段，经过前一个月不断地祈祷和用无数牺牲进行的祭祀，田野里的庄稼趋于成熟。六月的前半月仍然保留着一丝晦气，尤其对于新娘来说，她们必须等到月中才能结婚。

　　根据罗马传统，六月的名称来源有好几种可能。这是一年内最后一个名称中含有神灵或宗教信仰的月份，或者至少在公元前45年是这样。然而，更多的相关内容，我们将不得不等到七月开始的时候才能发现。

　　六月的名称的第一个可能起源与朱诺女神相关。她和朱庇特、密涅瓦一起被供奉在卡比托利欧山的神殿里，他们被称为卡比托利欧山三合神。朱诺是朱庇特的姐姐，也是他的妻子，因此她代表婚姻和忠诚，而她在这两方面都遭受了很大的痛苦。她的拉丁名字 Iuno 似乎很容易演变为 Iunius，但是这并非罗马学者自己提出的唯一假说。对本月起源的争论也涉及象征青春的女神朱文塔斯（Juventas），她保护青年，这个月献给他们，对应于献给老人的上一个月。最后，六月的名称也可能来自于 iungere——unir（联合），因为这个月名称的真正起源可能是这些解释的结合，就像在罗慕路斯国王时代，萨宾人与罗马人结合一样。

六月的图像涉及六月的一个具体时刻——夏至。在公元前 1 世纪，一些学者仍然将夏至标记在 6 月 26 日，然而，在漫长的帝国时期，传统上认为 25 日是夏至。在帝国后期，由于儒略历相对于自然历的日子略微滞后，夏至移到了 6 月 24 日，在我们已经提到过的公元 354 年的费罗卡利历法上就是这样标记的，而我们所用的图像就来自这个年表。

画面上的裸体男子用手指着右边柱子顶部的日晷，这个手势向我们指出天体之王从夏至开始的交角变化——从这一天起，白天越来越短，直到冬至。这个时间也标志着等待已久的收获的开始，在图中用镰刀、苹果篮子和火炬表示。火炬与农业女神克瑞斯有关，而为何用手势而不是用语言来表达呢？通常是由于夏季的炎热，民间也把夏至这一天称为火炬日。

| **6月1日** | **朱诺·莫内塔节** | **六月卡伦德日** |

公元前344年6月1日，朱诺神殿在卡比托利欧山落成，人们感谢她半个世纪前拯救了罗马人：人们认为是朱诺在高卢人试图潜入卡比托利欧山时提前警示了罗马人。朱诺的圣物——一群鹅——以其难听的叫声暴露了高卢人的计划，罗马人提前在山上构筑了防御工事，避免了一场大屠杀。因此，人们称她为朱诺·莫内塔（Juno Moneta）——警告者。

多年之后，人们在朱诺·莫内塔神殿旁边建了官方铸币厂，开始在那里铸造罗马货币。随着时间的推移，铸币厂地址就和神殿的名字联系起来了，朱诺的别称 Moneta 变成了指代"钱币"（monedas）的词。铸币厂和神殿遗址位于今天的阿拉科利圣母玛利亚教堂下面，教堂内部使用了大量的罗马式柱子和柱头。

| 6月1日 | 卡尔纳女神节 | 六月卡伦德日 |

卡尔纳女神节（Carnae）也被称为蚕豆节，因为在这一天，向众神供奉炖蚕豆是一种习俗。尤其需要关注的是古老的女神卡尔纳（Carna），在古代，她被授予摧毁史特雷姬斯的权力。史特雷姬斯是一种长有翅膀的动物，在夜间用锋利的喙攻击小孩子，撕破他们的器官来喝他们的血。这些神话中的动物为中世纪创造的吸血鬼提供了原型。

根据这些神话故事，在罗马，卡尔纳开始被视为重要器官尤其是心脏和肝脏的保护神。正如马克罗比乌斯回忆的那样（《农神节》I，12，32），向卡尔纳女神供奉的蚕豆和腌猪肉是这一天的传统食物的一部分。

贝罗娜（Bellona），拉丁语名为 Bellum，是罗马的战争女神，有时候被认为是战神马尔斯的伴侣。公元前 296 年，人们在战神广场为她修建了一所神殿，就在三个世纪后将要修建的马塞勒斯剧院旁边。在修建神殿的时候，还附带修建了一个举行典礼的场地，用于举办和城市一样古老的战争仪式，这片场地在法律上被视为敌方阵地。

在罗马为了征服毗邻领土而进行的早期战斗中，每次开战前，人们都会举行仪式祈求诸神的保佑。在这些由罗马周边村镇居民共同举办的公共仪式中，他们向敌方阵地投掷长矛，作为正式宣战，名为"好战柱"的一根小柱子充当边境线，从这里向敌方阵地投掷战争长矛。因为罗马人希望将敌人驱赶得越来越远，贝罗娜神殿前的这个场地被认为是举办典礼的完美场所。

一个由国父领导的二十人祭司团负责这桩事务，罗马在签订任何条约、结盟或者开战之前，都要征求祭司团的意见。公元前 280 年，在贝罗娜神殿前举行了首次仪式，而到了共和国末期这一仪式几乎完全被遗忘了。身为祖先传统和道德复兴者的奥古斯都，在公元前 32 年对克利奥帕特拉宣战时恢复了这个仪式。从那时起，至少直到 2 世纪末，贝罗娜神殿前的战争仪式一直在延续。

| 6 月 5 日 | 信义之神节 | 六月诺奈日 |

公元前 466 年，人们在奎里纳尔山为信义之神（Dius Fidius）修建了一座神殿，这位神负责遵守誓言并履行诺言。他的名字可能指"信义"（fides）之"神"（deus），也可能指他也是朱庇特之子，其名字由Diovis Filius（朱庇特神之子）演化而来，后来演化成为 Hércules（赫丘利）。随着时间的推移，他的全名变成了 Semo Sancus Dius Fidius，最终与大力神赫丘利联系在一起。

在他的神殿里，保管着和其他民族签订的和平友好条约。神殿的顶上有一个洞口，从那里可以看到天空，因为任何一个善良的罗马人进入神殿里发誓的时候，都必须被天上的众神看到。出于同样的原因，当人们在日常生活中发誓时，总要说一句套话"me Dius Fidius"（"我以神为证"）。通常强调的一点是，人们必须在开放的空间发誓，而不能在封闭的房子或建筑物里。

| 6月7日 | 渔夫卢迪 | 六月伊都斯日前第七天 |

渔夫鲁迪（Ludi Piscatorii）是专门为台伯河的渔民们设计的。渔民们聚集在战神广场上庆祝自己的节日，用鱼线和鱼钩捕捉到大量的鱼，向台伯河的化身"第伯里努斯"表示感恩。在节日期间捕获的鱼不是用来在市场上出售的，而是为了在伏尔甘神殿的火中做祭品，我们将在八月份谈论这个。

维斯塔女神节（Vestalia）祭祀的女神是罗马最古老的神之一。根据传说，对维斯塔女神的崇拜与家庭本身一样古老，因为她是灶神。在罗马广场有一座维斯塔神殿，是罗马很少见的圆柱形神殿。这种特点使它类似于居住在罗马早期的牧羊人的茅屋。

和茅屋一样，神殿里面有火。在古代，火是生存至关重要的元素，成为罗马最重要的象征之一。神殿里的永恒之火绝不能熄灭，因为它维系着罗马城的福祉。每年的3月1日把火熄灭，然后用原始的摩擦

维斯塔神殿理想复原图。神殿位于罗马广场，里面燃烧着永恒之火。

两根木棍的方法重新点燃。

这座神殿里没有维斯塔神像，因为这位女神没有肉身形象，但这座神殿里还保留了对罗马历史至关重要的其他元素。这是三个小神像：第一个是一尊雅典娜小雕像，是埃涅阿斯早年亲自从特洛伊城带到意大利的，雅典娜会给守护她的人带来繁荣昌盛；另外两个神像，也是埃涅阿斯带来的，代表着祖国的保护神佩纳特斯（Penates）。在神殿的最深处，是否还有什么宝藏，我们不得而知，因为只有维斯塔贞女才能进去。

维斯塔贞女负责照看神殿，保管那里的所有宝物。六位维斯塔贞女，在持续三十年的时间里，全身心为维斯塔女神服务。服务到期之后，除了从国家得到一笔可观的养老金外，她们还可以选择自己的命运，甚至可以结婚。

维斯塔贞女的候选人是从六至十岁的女孩子中挑选出来的。她们必须生来就是自由人，而且在入选时父母双方都健在。她们住在神殿旁边的维斯塔前厅，由资历最老的维斯塔贞女进行严格培养。每满十年她们就进入一个新阶段：从学生到使女，再到师傅，然后是新入选者的老师。作为女性中的特权者，她们不受男性监护，可以自由去往自己想去的任何地方。作为回报，她们必须履行为维斯塔女神服务的誓言，保护永恒之火和神殿，保持处女之身。她们违背这些誓言中的任何一个，都会带来可怕的后果，不但祸及自身，而且殃及整个罗马。

正如我们在维纳斯节揭示的，杀死一个维斯塔贞女在神的眼中是可怕的罪过，因此，如果她们之中有人亵渎了神明，最简单的解决办法是将其活埋，这样就净化了其罪过，对罗马市民有利。在罗马历史上，有 20 多个维斯塔贞女被活埋，尤其在危机时刻，人们甚至可能会给她们捏造罪名，以解释发生的某场灾难。

回到维斯塔女神节的话题。为了向女神呈上供品，贞女们准备了"莫拉酱"①。此外，从 7 日到 15 日，所有的女人都可以赤脚进入神殿中呈上祭品。相反，任何男人都不能涉足半步。除了因其神圣的地位可以进去的大祭司长之外，为数不多的例外之一发生在公元前 210 年，当时广场上发生了一场特大火灾，13 个奴隶组成救援队冲进维斯塔神殿，拯救永恒之火和圣殿里的圣物。为了感谢他们，国家不仅没有因为他们进入神殿而施以惩罚，还从他们的主人那里买下他们，给了他们自由。

6 月 9 日，面包师们也庆祝他们的节日，他们信奉"面包师朱庇特"（Júpiter panadero）。他们和磨坊主们一起，用紫罗兰花环和圆形大面包装饰谷物磨坊和拉磨的驴子，对它们一年的服务表示感谢。

---

① 献给众神的一种祭品。——译者注

| **6 月 11 日** | **母亲节** | **六月伊都斯日前第三天** |

母亲节（Matralia）是起源于罗马王政时期的节庆。人们对屠牛广场的神殿进行挖掘时，发现了装饰神像和陶土祭品，这些是最古老神殿里的典型祭品。就像罗马古老传说中其他已经找不到起源的节日一样，这个母亲节也有一些非常奇怪的仪式。

首先，这是专门献给妇女的节日，主要指那些只结过一次婚的女人们，其他女人都不庆祝这个节日。玛图塔圣母是这个节日的守护女神，女人们向她献上圣饼。接下来，进行仪式：强迫一个女奴进入神殿，妇女们用棍子和鞭子对着她的头一阵乱打，再将她赶出去，最后，母亲们为家里的孩子们祈祷，但不是为她们自己的孩子，而是为她们姐妹的孩子。

| 6 月 13 日 | 小五天节 | 六月伊都斯日 |

这个节日被称为"小五天节"，是为了区别于三月的"大五天节"。这一天无可争议的主角是长笛手们，他们奏起典礼音乐为宗教仪式、葬礼以及节日伴奏。公元前311年发生了一件事，差点彻底取消了这个节日。

审查官禁止长笛手们在卡比托利欧山的朱庇特神殿按照习惯举行兄弟会盛宴，作为回应，长笛手们全体离开了罗马城，自愿流亡到附近的提布尔。不久，元老院考虑到如果典礼上没有音乐伴奏，诸神会发怒，不接受祭品，罗马将会陷入混乱和恐慌，就以官方形式要求长笛手们回来，但被他们拒绝了。

为了让长笛手们回来，罗马人和提布尔人共同制订了一个计划：他们组织了一个假节日，长笛手们个个喝得烂醉如泥，当所有人都睡着时，长笛手们被抬上马车，在夜间被运回了罗马，当长笛手们终于醒来的时候，仍然带着一丝微醺。在罗马，人们围着他们，恳求他们留下来，他们终于同意了。作为感谢，人们又给了他们三天节日——小五天节——从6月13日开始，到15日结束。在这个节日期间，长笛手们身着女装，戴着面具，在城市的街道上自由地奏乐跳舞；然后，全体长笛手聚集在密涅瓦神殿前，因为这个节日是献给她的；最后，他们在朱庇特神殿举行宴会。

6 月 15 日举行维斯塔女神节的最后一项仪式——对神殿进行大清洁，将其净化，直到第二年一直保持清洁。维斯塔神殿的所有污秽被仪式清除，然后运往台伯河，投入河里。神殿的大门再次关闭，直到下一个维斯塔女神节。这一天的名字由这个仪式而来，以 QStDF 的形式标记在纪年表上，全称为"quando stercum delatum fas"——"当污秽被清除时，（将）得到神的许可"。因此，在仪式性清洁完成的那一刻，这一天就变成了工作日。

一旦维斯塔神殿完成了净化，禁止举行婚礼的禁令也就解除了。由于五月的含义不洁，这项禁令从五月初就开始生效。从 QStDF 这一天起，不得不推迟近两个月的婚礼逐渐多了起来。

女孩的法定最低结婚年龄为 12 岁——这是她们的初潮年龄，这个年龄她们已经可以"接受"男人；而男孩的法定结婚年龄是 14 岁。然而，在大多数情况下，女性在 15 岁至 18 岁之间结婚，男性在 20 岁以后结婚。

罗马法律通常规定两种婚姻。一种是限制性很强的有夫权婚姻，这种婚姻的字面意思是父亲把"女儿的手"交给新郎，因为她被从父权下转到了夫权下。她失去了与亲属的一切法律关系，只与她的新家庭的有着法律上的关系。另外，还有多种履行这种婚姻的方式：交换——在这种婚姻中，通过交易，丈夫"购买"妻子，给她的父亲金钱或者财产；共食婚——必须在神面前举办宗教仪式；时效婚——没有任何仪式，只要配偶双方长期同居，通常在一年以上，这个结合就成为合法婚姻。

另外一种是无夫权婚姻。其起源几乎和前面的婚姻类型一样古老，但是限制性要小得多。在这种婚姻中，丈夫对妻子没有任何权利，她保留自己在娘家的家庭权利，并且可以一直在父亲或者顾问的指导下管理自己的财产。虽然在这种形式的婚姻关系中，女性不被当作一件可供买卖的物品，但是确实有女方家庭把给她的嫁妆和女方本人一起交给其丈夫"作为担保"。另外，无论是哪种情况，新晋主妇依然处于一个男人的监护下，这个人是她的丈夫或者父亲。

到了共和国末期，这两种婚姻都失去了效力。在罗马，很多伴侣选择不结婚或者由于社会地位的原因不可能结婚——来自不同社会阶层的男女结成的婚姻不被看好，或者由于缺乏自由——比如奴隶，他们被禁止结婚，甚至奴隶之间相互结婚也不被许可。面对这样的情况，奥古斯都决定通过两条法律来鼓励结婚，尤其是贵族之间的通婚：公元前18年颁布的《关于必须结婚的尤利亚法》和公元9年颁布的《巴比和波培法》。这两条法律影响了20岁到50岁之间的女性和20岁到60岁之间的男性。法律奖励已婚夫妇，惩罚单身者和无子女的伴侣并拒绝给予他们税收优惠。针对男性，法律甚至剥夺他们担任公职的资格。而女性也面临严厉的措施：如果丧偶，必须在其夫去世一到两年之内再婚，而离异女性则必须在六至十八个月之内再婚。

离婚和结婚一样是私人行为，双方简单地商量一下，无论是口头的，还是配偶双方其中之一单方面提出离婚请求，就可以离婚。在离婚的情况下，如果没有提前达成共识，子女会继续和父亲一起生活。实际上，这样就使绝大多数女人因为怕失去子女而不敢离婚。

在上层社会，婚姻由双方家庭为子女商议，一般很少出于爱情或者性吸引，大部分婚姻讲究门当户对，以结成政治或商业关系。通过共同生活和习惯，双方可能会产生爱情，但可有可无。

由于婚姻是一种私人行为，所以不要求进行任何超出当事人意图的法律行为。尽管如此，从社会范围内来看，婚姻是家庭的一个重要里程碑。因此，从公元前3世纪开始到帝国后期，按照习惯，大部分婚姻都会举办一系列的仪式，这些仪式是普遍性的。

和今天的婚礼一样，罗马婚礼的焦点是新娘，实际上，将要举行的所有仪式都集中在她身上。在婚礼前，新娘必须在她家庭中的女性和她的女伴帮助下穿衣打扮，她们在现场为新娘提供支持和建议。按照传统，她们用矛尖为新娘梳六个发髻。甚至有人说，为了保证婚姻的牢固，矛应该是从死去的角斗士身体上拔出来的。这并不是在某种仪式或治疗中利用活的或者死的角斗士的唯一情况。角斗士的一切都被利用：活着时，他们的战斗技能被利用；死了之后，甚至他们的鲜血都被作为春药或者治癫痫的药物出售。

新娘的礼服是一件白色的长袍，在腰间用腰带打个结，穿一双黄色的鞋子，头上披着的橙色面纱是更重要的元素。关于新郎的服装，我们所知甚少，因为古典作家没有花心思去记录。他可能会贴身穿一件长衫，外面罩上托加，就像一个成熟公民那样的打扮。

仪式在新娘家里开始，在那里用一头猪做祭祀，占卜者用它来预测吉凶，以确定这桩婚事是否出于神的意愿。占卜者还拥有对婚姻契约的权力，新郎、新娘和几位见证人必须在上面签字，才能使婚姻合法化。

在"结合女神"朱诺·尤加利斯（Juno Iugalis）的护佑下，第一个仪式完成了。所有的来宾组成一支送亲队伍，进行一场游行，前往新婚夫妇从结婚这天起将要居住的新家。新郎带着几位客人在路上迎接，他们手持火把来驱邪。火也象征新娘和她的家被以象征的方式移交给了新郎。

新娘来到了新家，在进门之前，她给大门涂满油脂，并用羊毛装饰，这个仪式表明她是新家的女主人。重要的是新娘不能踩门槛，更不能被门槛绊倒，否则就是明显的不吉利。通常情况下，她是被抱进门的，这样就避免了任何形式的不幸。这一传统一直延续到今天。

一旦到了新家，仪式可以按照家庭所希望的方式进行。有时候会问新娘的名字，新娘的回答是"ubi tu Gaius, ego Gaia"。这句话的字面意思为"盖乌斯（Gaius）你在哪里，盖亚（Gaia）我就在哪里"（你在哪里，我将和你在一起），含有深刻的结合含义。"盖亚"作为一个通用的名字，在罗马很常见，是"盖乌斯"对应的女性名字。

在新的家庭住宅里，在家人和朋友的见证下，新郎、新娘收下了两个分别盛有火和水的容器。火和水是生活中的两个对立元素，火代表男人，水代表女人。最后，在来宾的见证下，由伴娘进行结婚的最后仪式——拉住新郎、新娘的右手，把他们连在一起。这样，仪式就完成了。

来宾们一片欢呼，祝这对新人一切顺利，过上幸福的生活，然后婚宴开始，费用由新郎及其家庭支付。当新人入洞房的时候，宴会还在继续。传统上，他们的婚姻将在这天晚上完成。第二天早晨，新娘从卧室出来时就成了罗马主妇，她向新家的拉列斯神进行首次献祭。

苏马诺（Sumano）是意大利一位古老的神，他的神殿坐落在马克西姆竞技场旁边。公元前 278 年的一个夜晚，一束闪电击中了朱庇特神殿的一尊雕像，人们就修建了这座神殿。苏马诺神是制造夜间闪电的神，与之对应的是制造白天闪电的雷神。奇怪的是，后者的神殿在公元前 197 年也被一道闪电击中。

这类事件被认为是有害的、不祥的，因此必须进行赎罪。如果一尊雕像被闪电击中，通常情况是必须将其从公共视线中移除并深埋，再用一头羊羔陪葬。在闪电落下的地方，人们修建了一座朴素的神殿。有的神像被发现时保存完好，比如 1864 年在罗马庞培剧院一带发现的一尊雕像。这是一尊将近四米高的大力神镀金铜像，今天保存在梵蒂冈博物馆里。它被精心地安置在一块石板下面，石板上刻着字母"FCS：fulgur conditum Summanium"，证明它曾被苏马诺神的夜间闪电击中。

在罗马，献给幸运神的节日总是让人们喜气洋洋。幸运女神(Fors Fortuna）的神殿在罗马城多达四座，塞尔维乌斯·图里乌斯国王修建的两座神殿是最为古老的，今天人们仍然在为它们奉献。对代表机会(Fors）和运气（Fortuna）的幸运女神的迷信崇拜，尤其受到普通人和奴隶的追随。据说，塞尔维乌斯·图里乌斯国王就是奴隶的儿子。

6 月 25、26 日	公牛卢迪	七月卡伦德日前第七天、第六天

这些起源于伊特鲁利亚人的比赛在弗拉米尼乌斯竞技场举行，包括赛马和用公牛祭祀，节日的名称就来源于后者，甚至有人认为这些公牛会被捕杀用来纪念冥界的神。虽然祭献冥界神的猜想是对的，但是捕杀公牛似乎不太可能。这是每五年举行一次、每次持续两天的卢迪。公元前 186 年，这个节日的持续时间破例得以延长，当时，人们举行宗教仪式为一场正在肆虐罗马的大瘟疫赎罪。

| 6 月 30 日 | 大力神和缪斯节 | 七月卡伦德日前一天 |

六月以庆祝大力神和缪斯的节日结束，他们的神殿于公元前 187
年由马库斯·富尔维乌斯·诺比利奥尔将军建成。这是缪斯（Museion）
的神殿，我们的"博物馆"（museo）一词就来源于此。神殿的独特之
处在于，在它的墙上首次以官方形式装饰了一些高大的纪年表碑刻，
用红和黑两种颜色的字母标记着各种节庆——我们今天以同样的方式
标记庆祝活动。

七　月

Quam bene, Quintilis, mutastis nomen! Honori
Caesareo, Iuli, te pia causa dedit.
太好啦，昆蒂利斯，你的名字变了！
一个虔诚的原因使你，因恺撒之荣耀，冠七月之名。

MENSIS IVLIVS DIES XXXI

1	F	K·IVL·N	FELICIT·IN·CAPITO	
2	G VI	N		
3	H V	N		
4	A IIII	NP	ARA·PACIS·AVG CONSTITVTA·EST	
5	B III	POPLIF·NP		
6	C PR	N	LVDI·APOLLIN	
7	D	NON·N	LVDI	
8	E VIII	N	LVDI	
9	F VII	N	LVDI	
10	G VI	C	LVDI	
11	H V	C	LVDI	
12	A IIII	NP	LVDI	C·CAESAR NATVS·EST
13	B III	C	LVDI·IN·CIRC	
14	C PR	C	MERK	
15	D	EID·NP	MERK	TRANSV EQVITVM
16	E XVII	F	MERK	
17	F XVI	C	MERK	
18	G XV	C	MERK	DIES ALLIENSIS
19	H XIIII	LVCAR·NP	MERK	
20	A XIII	C	LVD·VICTOR·CAESAR	
21	B XII	LVCAR·NP	LVDI	
22	C XI	C	LVDI	
23	D X	NEPT·NP	LVDI	
24	E VIIII	N	LVDI	
25	F VIII	FVRR·NP	LVDI	
26	G VII	C	LVDI	
27	H VI	C	LVDI·IN·CIRC	
28	A V	C	LVDI·IN·CIRC	
29	B IIII	C	LVDI·IN·CIRC	
30	C III	C	LVDI·IN·CIRC	
31	D PR	C	FORTVNAE HVIVSQVE·DIEI	

XXXI

七月开始了。随着七月的到来，时序进入了下半年。我们已经证明了前半年所有月份的名称都暗含着某个神灵，并且与农活相关。从本月开始，我们将会看到一连串源自罗慕路斯国王历法的月份编号。我们从现在开始将要介绍的月份，对我们而言是不幸的，因为我们失去了有助于加强我们对罗马历法的了解的基础资料之一——奥维德的《岁时记》。奥维德刚刚发表了一年中前六个月份的内容，就在公元 8 年被奥古斯都流放了。然而，从此刻开始，许多其他资料将会补充这位诗人未能完成的叙述。

　　回到七月的名字，我们必须简略叙述公元前 44 年发生的一个关键性的变化。在尤利乌斯·恺撒遇刺案发生几个月之后，马克·安东尼颁布了一项著名法令《关于昆蒂利斯月的安东尼法律》，宣布七月原来的名字"昆蒂利斯"改为前独裁官恺撒的名字"尤利乌斯"，因为恺撒出生于公元前 100 年 7 月 12 日。这是第一次以官方形式提出给某个月份改名，但是，就像我们已经看到的，这肯定不是最后一次。在那之前，按照传统，七月的名字一直是 Quintilis（五月），因为这个月是罗慕路斯历法中的第五个月，该历法一年共有十个月。

　　七月的图像展示了本月最基本的一个方面——收获。这个场景的裸体形象象征夏季的炎热。图像中的人物左手托着一个篮子，里面有三种植物，象征地里的庄稼即将收割。他另一只手提着一只袋子，象征田间劳动带来的丰收和财富。在他的脚下，篮子和装满硬币的袋子都与农村世界的概念有关。

人民逃离日（Poplifugia）是长期以来人们一直庆祝，却没有人记得其原始意义的众多节日之一。这个节日从字面上理解的话，意思是"人民的逃离"。这一天，人们成群结队离开罗马城，仿佛在逃离某种灾祸，也许是他们害怕的某个冥界神灵的呼求。参加仪式的人们聚集在战神广场一带著名的山羊沼泽旁边，那里被认为是罗慕路斯国王升天为神的地方。在遥远的过去，这个节日可能和二月的国王逃跑节有关，但是，就连罗马作家们自己也不清楚这一点，到了共和国末期，他们已经开始重塑这个节日的含义。

最著名的版本声称该节日一定与罗慕路斯国王升天有关。当罗慕路斯国王在山羊沼泽边对军队训话时，在毫无预兆的情况下出现了一连串的奇异现象。突然之间天昏地暗，一场暴风骤雨袭来，人们惊恐之下迅速逃散。根据传说，就在那一刻，国王消失不见了，没有留下一丝踪迹，原来，由于他已经完成了在尘世的任务，被他的父神马尔斯召回。在出现了这些奇异现象后，已经化为神的罗慕路斯很可能现过一次身，宣布了国王之死和他化身为奎里努斯神。

最务实的作家们引用罗马人自己的话，认为杜撰这个传说是为了掩盖罗慕路斯被暗杀的事实。很可能有人趁乱杀死了国王，也有可能早在元老院罗慕路斯就已经被暗杀了。后一种说法认为，罗慕路斯的尸体可能先被肢解，然后元老院成员每人带了一块埋葬，使国王永远消失。两种说法都断言，任何情况之下，罗马人听到这个消息就会逃跑。这就是该节日的起源。

对该节日的起源还有其他较少渲染的说法。据说是因为在公元前390年，罗马城遭到高卢人的劫掠后，一些拉丁人和伊特鲁里亚人入侵罗马，迫使罗马人逃离。

公元前 5 世纪初，罗马共和国刚刚诞生，征服了博尔斯人的罗马将军盖乌斯·马尔基乌斯·科里奥拉努斯（Cayo Marcio Coriolano）就被流放，被迫离开罗马。因此，他决定背叛同胞，和从前的敌人联合。对权力的渴望，向抛弃了他的人复仇的欲望，驱使他统率博尔斯人向罗马进军。正当他们准备包围罗马城的时候，科里奥拉努斯的妻子和母亲出来迎接他，劝他不要这么做。科里奥拉努斯无法拒绝她们的请求，因此推迟了进攻。最终，博尔斯人及其盟邦认为他是个懦夫，判处他死刑。为了感谢这两位女性对罗马的贡献，元老院许诺在拉丁大道为福尔图娜·穆里布里丝女神（Fortuna Muliebris）修建一座神殿。节日定在这一天，因为神殿是在该日献祭的。

这很可能只是一个传奇故事，用来解释对这位妇女守护神的崇拜起源，节日仪式仅限于那些只结过一次婚的女人参加，因为只有她们才足够贞洁，有资格触摸女神的雕像并祭祀她。福尔图娜·穆里布里丝代表每个家庭乃至罗马全国那些虔诚而多子女的主妇，人们甚至将这位守护女神和皇后联系在一起。

公元前 212 年，坎尼之战惨败的阴云在罗马人心头久久不散，他们需要神的帮助来扭转与迦太基人的战争局势。罗马人参考预言书中的神谕，在当年举办了一系列比赛向阿波罗神致敬，祈求他保佑他们在战争中打败敌人。阿波罗卢迪(Ludis Apollinares)在民众中大获成功。这个此前一直按特定时间举办的活动，从此以后开始每年——虽然没有固定日期——举办。公元前 208 年，罗马颁布了《阿波罗卢迪的利西尼亚法》，用来规范所有的娱乐活动仪式，阿波罗卢迪的日期第一次被固定下来，定在 7 月 13 日。

这个夏季日期被选中的原因是罗马人认为阿波罗和夏季月份的炎热有关。在这些活动中，他们祈求阿波罗能保佑他们击退迦太基人，并能保护罗马共和国避免可能面临的任何危险。阿波罗的节日一年比一年普及。奥古斯都的主要守护神正是阿波罗，所以他把这些娱乐活动列入一年最重要的活动之中。在帝国时期，阿波罗卢迪庆祝持续八九天，从 7 月 6 日开始，甚至后来提前到 7 月 5 日。

庆祝活动在马克西姆竞技场举行，市民们头戴花环，兴高采烈地来到这里。罗马市政官负责组织庆祝活动，花费 12000 阿斯①在庆祝仪式和祭祀上，活动经费的一部分由罗马公民提供。

祭品由十人委员会按照希腊方式准备，包括一头献给阿波罗的小

---

① 罗马铜币。——译者注

公牛，两只献给他的妹妹狄安娜（Diana）的山羊，一头献给他们的母亲拉托娜（Latona）的小母牛，所有这些祭品的犄角上都披挂着黄金。仪式结束之后，头几天是戏剧表演，最后几天是赛马和狩猎表演。在共和国时期，很少有角斗士表演，然而，这种表演越来越受欢迎，在帝国时期非常流行。

和其他著名的娱乐活动一样，阿波罗卢迪结束之后，按照规定，举行为期六天的交易会，甚至从罗马之外的城市前来欣赏演出的观众，也有机会买到各种各样的商品带回自己的城市。

7月7日	卡普罗蒂娜诺奈日	七月诺奈日

解释这个节日起源的传说可以追溯到罗马人为了城市的稳固与毗邻的敌人作战的时期。在公元前390年高卢人入侵后不久,一些拉丁人来到罗马城门口,要求罗马人允许他们带走一些可以与之结婚的女人。罗马人知道他们的真实意图是劫持人质,不知如何是好。在这踌躇的时刻,一个名叫"图图拉"或"菲罗提德"的女奴隶提议,用罗马妇女最华丽的服饰打扮一群女奴隶,派她们去迷惑敌人。

于是,罗马人就照计行事。拉丁人把这群假扮贵妇的女奴隶带到了他们自己的营地。到了夜晚,趁所有的拉丁人熟睡之际,女奴隶夺走了他们的武器。然后,图图拉爬上一棵野生无花果树,在树顶用火把向罗马人发出信号。很快,罗马军队就来到她们中间,屠杀了拉丁人。

这个事件发生在七月的诺奈日,从那一刻起,这一天被称为卡普罗蒂娜诺奈日(Nonae Caprotinae),以纪念女奴隶向罗马人通风报信而攀爬的无花果树。这是一年中为数不多的专门献给罗马妇女的节日之一。所有的罗马女人,包括作为特例的女奴隶,都来到无花果树下,用无花果汁向朱诺·卡普罗蒂娜献祭。这一天剩下的时间专门留给女奴隶,她们可以享受一天自由,打扮成贵妇,甚至假装打架,供市民们消遣。

公元 212 年，卡拉卡拉皇帝颁布了《安敦尼努敕令》，这项法令赋予所有居住在帝国境内却没有罗马公民身份的自由人以罗马公民身份。从理论上来说，这是皇帝授予的一项至高无上的荣誉，但实际上，这意味着增加税收，因为交税是所有罗马公民的义务，这样就可以缓解罗马已经开始遭受的经济危机。法令的意图很可能也含有一丝宗教色彩，以促使那些新公民信仰罗马的传统诸神，而不是当时盛行的新的救赎宗教。

我们是从亚历山大港附近一个名为赫尔莫波利斯·马格纳的城市保存下来的一张罗马莎草纸上知道这一切的。和其他许多类似情况一样，由于那里干旱的气候条件，这张莎草纸很偶然地幸存下来。它包含了该法令原文的一部分。值得注意的是，该法令从未被官方废除，因此，今天所有在罗马帝国境内出生的人，仍然是完全合法的罗马公民。

7月15日	骑兵游行日	七月伊都斯日

　　7月15日，罗马军队的骑兵们聚集在卡佩纳门附近的马尔斯神殿前，这是武装部队在进入罗马城之前可以聚集的最后一个地方。这时候，一场军队游行开始了，骑兵们骑在马上，列队行进。他们头戴橄榄枝，身穿紫袍，袍子的边缘是红色的，这样才配得上军事上的胜利和众神的荣耀。

　　这个节日是在公元前496年罗马人取得雷吉洛湖大捷后设立的。这次战斗的敌方是几年前被驱逐的罗马前国王小塔克文统率的拉丁联盟。通过这次胜利，罗马人挫败了前国王的复仇企图，但是他们并非孤军奋战。传说在战斗正酣之时，有两位年轻骑兵来帮助罗马人，因为他俩的参战，给敌人的队伍造成了严重的伤亡。

　　战斗结束之后，两位骑兵再次出现在罗马人面前，但这一次是在罗马广场的维斯塔神殿旁边。他们的战马在那里饮水之后，恢复了体力，然后他俩向市民们传达了捷报。之后，没有人再看见过他们，但是大家都知道这两位骑兵不是别人，正是卡斯托尔（Castor）和波鲁克斯（Pólux）兄弟。这对兄弟也被称为狄俄斯库里兄弟（Dioscuri）或卡斯托尔兄弟（Castores），是祖国的守护者佩纳特斯神。公元前484年，在他们多年前出现的朱特纳湖湖畔，罗马人为他俩建了一座神殿，其遗址今天仍然保存完好。

年复一年，罗马人以骑兵游行的方式纪念这一事件，队列一直行进到神殿前，在那里，全体骑兵向他们的英雄和保护神致敬。到了共和国末期，这一传统几乎已经完全消失，但奥古斯都将其恢复，作为一种检阅骑兵的方式，并公开谴责那些没有履行义务的人。

7 月 18 日   **阿利亚日**   **八月卡伦德日前第十五天**

7 月 18 日是罗马历法上标记的最黑暗的日子之一。这是一个倒霉的日子，当天发生过罗马历史上最严重的事件之一。这一天名为"阿利亚日"（Dies Alliensis），提醒罗马人铭记公元前 390 年在阿利亚河战役中罗马军队遭受的惨败。在这场战斗中，罗马人遭受了一次奇耻大辱——罗马军队被高卢人打败，敌人侵入罗马城大肆劫掠。

由于这场古代败仗的恶性含义，在这个"黑色日子"里举行任何宗教仪式或公共活动，都看不到丝毫的吉兆，更不用说与任何敌人作战了。尽管面对这场灾难，卡米卢斯收复并重建了家园，但罗马人仍然保留着对这次惨败的记忆，以提醒他们在统治世界之前所遭受的苦难。

7月19日和21日　森林节　八月卡伦德日前第十四天和第十二天

　　森林节（Lucaria）的名称来自森林（lucus），由于其野性的含义，它的起源无疑是非常古老的。这个在帝国时期几乎被遗忘的节日，其仪式的作用是取悦森林中的幽灵，这样才可以砍伐树木而开辟农田，或者因小城镇扩张而建设新住宅。该节日在两个不连续的日子庆祝，和我们前边看到的其他情况相同，两个奇数日子之间的偶数日子被空出来，因为奇数日对节日特别吉利。

　　共和国末期的罗马作家们为了更新这个节日的含义，将其与前一天的阿利亚河惨败联系起来。在罗马城北部有一片小树林，传说在与高卢人的战斗中幸存下来的一些罗马人曾经在那里避难。这片神圣的树林掩护了他们，这样他们才得以逃回罗马城报信，通知人们他们吃了败仗，即将大祸临头。

　　根据古典文本的说法，公元前 390 年，在森林节的两个日子之间的那一天，罗马人遭遇了这场灾难的最后一个不幸事件。在这一天，因为不确定是否会落入陷阱，高卢人仍然保持着谨慎小心，他们来到罗马城，发现城门敞开，城墙上也没有防御。所有的罗马人早就逃到了卡比托利欧山，为了从可能会发生的围城中生存下来，在那里构筑了工事，囤积了尽可能多的粮食。

　　为了节省食物，给那些能挥剑杀敌的罗马人分配更多的给养，老人们留在了家里，做出了崇高的牺牲。据说，那些富翁坐在家门口的象牙椅上，敞开大门，神态冷漠地等待着敌人。高卢人看到这幅景象，不禁被这些看起来像是僵滞不动的古代神像的老人吓住了，然后无情地杀害了他们。这个由老人们做出牺牲的故事，叙述者无法用言语来表达对他们高尚品格的赞颂。

　　罗马城遭劫的那几天，罗马人在卡比托利欧山顽强抵抗。高卢人发起了一场突击战，企图在夜里包围这个堡垒。此时出现了一个奇迹：朱诺·莫内塔女神派来一群鹅，向罗马人发出警报。我们前边已经谈论过，这个神迹促使罗马人在公元前 344 年为这位女神奉献了一座神殿。

　　高卢人遭受了一场瘟疫，这是由那些未被掩埋的尸体造成的，而罗马人也在饥饿和绝望中苦苦挣扎，于是双方决定谈和。罗马人交出了大量的黄金，条件是让幸存的罗马人活命，高卢人从罗马城撤兵。

罗马人开始想方设法收集黄金，高卢人给这笔珍贵的货物称重。

罗马人很快发现，高卢人在称重工具上做了手脚，使罗马人交付更多的黄金，这引起了罗马人的强烈抗议。而胜利给高卢人的领袖布伦诺增添了底气，他喊道："Vae Victis!"（"小心点儿，吃了败仗的家伙们！"）而罗马人处于劣势，他们对这笔不公平的交易没有别的选择。

但是，正如罗马历史学家提图斯·李维告诉我们的，神和人阻止了协议的执行。新任罗马独裁官卡米卢斯率领一群在其他城市避难的阿利亚战役的幸存者突然出现在罗马。

Suos in acervum conicere sarcinas et arma aptare ferroque, non auro reciperare patriam iubet, in conspectu habentes fana deum et coniuges et liberos et solum patriae deforme belli malis et omnia quae defendi repetique et ulcisci fas sit.

他命令部下把行李堆成一堆，让他们拿起武器，用铁而不是用黄金来光复国家，保卫神殿、妻儿、被战争毁坏的国土，以及应该保卫、恢复的一切，开始复仇。

（提图斯·李维，《从罗马建城开始》V，49，3）

公元前46年9月26日，尤利乌斯·恺撒以维纳斯母神卢迪的名义发起了这一庆祝，纪念在尤利乌斯广场修建的维纳斯神殿的落成。公元前45年也举办卢迪进行了庆祝。恺撒在公元前44年被暗杀，本来可能意味着这些庆祝的终结，但恺撒的继承人屋大维自掏腰包举办庆祝，并将节日名称改为恺撒胜利卢迪。

庆祝日期也从九月末改到了七月末，具体来说是从7月20日至30日，这样一直延续到帝国后期。节庆日期及其新功能不是由屋大维随意挑选的，他已经开始隐约看见一条标记好的道路，或者至少那些叙述这个节日故事的资料欲使我们相信是那样的。七月是恺撒出生的月份，公元前44年的卢迪被解释为恺撒的葬礼。

屋大维为了赢得公民的尊重，在统治初始，需要维护人们对恺撒的记忆，这样他就可以在如此年轻之时开始攀登权力的阶梯。这一点体现在公元前42年对恺撒进行神格化，屋大维因此被称为"神（恺撒）之子"（Divi Filius），并拯救了共和国，从而促进了他对罗马的绝对控制。毫无疑问，正如奥古斯都在自己的回忆录里所描述的，他执政道路上第一个神圣的标志是，在庆祝活动期间天空中出现了一颗彗星。

Ipsis ludorum meorum diebus sidus crinitum per septem dies in regione caeli sub septemtrionibus est conspectum. Id oriebatur circa undecimam horam diei clarumque et omnibus e terris conspicuum fuit.

Eo sidere significari vulgus credidit Caesaris animam inter deorum inmortalium numina receptam, quo nomine id insigne simulacro capitis eius, quod mox in foro consecravimus, adiectum est.

在我举办活动的七天时间里，在天空的北部可以看到一颗带尾巴的彗星。它常常在当天的第十一个小时左右出现，从四面八方看，都显得明亮而清晰。人们相信这颗星表示恺撒的灵魂已经被列入不朽的众神之中。因此，不久之后，我们在罗马广场为他祝圣的半身像上，增加了一颗星作为标志。

（老普林尼，《自然史》II，94，引用奥古斯都的原话）

巧合的是，年轻的屋大维在举办活动时，恰逢彗星出现。无论是在他自己告诉我们的那个特定的时刻，还是在后来的某个时候，从此

公元前 18 年前后，奥古斯都铸造的第纳尔硬币，上面出现了尤利乌斯之星。

以后，在所有与恺撒有关的标志和神位上，都带有这颗彗星——尤利乌斯之星。有许多研究者认为这是哈雷彗星，这是不可能的，因为哈雷彗星在那个时期擦地球而过的时间分别是公元前87年和公元前12年，而不是公元前44年。然而，似乎有可能被确认为另外一颗彗星——C/-43 K1，在那些日子里，从罗马城应该是可以看见它的，因为中国汉代天文学家也记录了当年五月出现的同一现象。

这颗彗星的出现，不仅促使人们将纪念恺撒的活动延续下去，而且标志着一场政治改革的开始，这场改革将在数年后通过宣传新的黄金时代而具体化。实际上，这颗彗星的出现，与其说是纪念恺撒的英年早逝，还不如说是支持年轻的屋大维走向权力的第一步。当然，随着时间的推移，这种解释有了很大的变化。4世纪和5世纪的基督教作家，如保卢斯·奥罗修斯（Paulo Orosio），毫不犹豫地肯定，这个奇迹并非预示恺撒升天或奥古斯都辉煌的未来，而是基督教的弥赛亚（Mesías）降临的预兆。

　　尼普顿（Neptuno）相当于希腊古老的海神波塞冬（Poseidón），在尼普顿被当作海神之前，通常被认为是负责湿度和水，以及农田灌溉的神。尼普顿节是人们在一年中最干旱、最炎热的时候向神祈水的节日。这一天，人们聚集在尼普顿的祭坛，给他献上祭品。祭坛位于弗拉米尼乌斯竞技场旁边，在那里，人们用树枝搭建起简陋的棚屋，避开夏季的炎热。这个节日最重要的祭品是一头公牛。只有向尼普顿和阿波罗、马尔斯这三位神献祭时，才可以用这种动物做祭品。在尼普顿保护大海的工作中，至少在共和国时期，他接受海军上将奉献的祭品。公牛的内脏不是用来焚烧的，而是在军舰起锚时被扔进大海。

罗马早期有一些非常重要的神，对其中几位我们在前面已经有所了解，而芙瑞娜作为这些神中的一位，当然也拥有自己的祭司——芙瑞娜祭司，然而，随着时间的推移，人们将她与其他神混为一谈。尽管在所有的纪年表中，芙瑞娜节（Furrinalia）是用大字标记的固定节日之一，但是我们对取悦这位神的仪式一无所知。虽然后来她被误认为是复仇三女神之一，但是起初的时候她似乎是井的保护神。

八 月

Tu quoque, Sextilis, venerabilis omnibus annis, Numinis Augusti nomen in anno venis.
人们也年年供奉你，塞克斯提利斯，你将被称为"神圣的奥古斯都"。

MENSIS AVGVSTVS DIES XXXI

1	E	K·AVG·	NP	IMP·CAESAR·DIVI·F REM·PVBLIC·TRISTISSIMO PERICVLO·LIBERAT
2	F	IIII	N	
3	G	III	C	SVPPLIC·CANVM
4	H	PR	C	
5	A	NON·	F	SALVTI·IN·COLLE·QVIRINALE
6	B	VIII	F	
7	C	VII	C	
8	D	VI	C	
9	E	V	NP	SOLI·INDIGITI·IN COLLE·QVIRINALE
10	F	IIII	NP	ARAE·CERERIS·ET·OPIS IN·VICO·IVGARIO
11	G	III	C	
12	H	PR	C	HERCVLI·INVICTO AD·CIRC·MAXIMO
13	A	EID·	NP	DIANAE·IN·AVENTINO
14	B	XIX	F	C·CAESAR·AVGVSTVS TRIVMPHAVIT
15	C	XIIX	C	
16	D	XVII	C	
17	E	XVI	PORT· NP	
18	F	XV	C	DIVO·IVLIO·AD·FORVM
19	G	XIIII	VIN· F	DIES·TRISTISSI AVG·EXCESSIT
20	H	XIII	C	
21	A	XII	CONS· NP	
22	B	XI	EN	
23	C	X	VOLC· NP	
24	D	VIIII	C	LVNAE·IN·GRAECOST MVNDVS·PATET
25	E	VIII	OPIC· NP	
26	F	VII	C	
27	G	VI	VOLT· NP	
28	H	V	NP	ARA·VICTORIAE·IN CVRIA·DEDIC·EST
29	A	IIII	F	
30	B	III	F	
31	C	PR	C	

XXXI

一年中最热的月份开始了。在这个月里，人们收割庄稼，焚烧田里的残茬，犁地，休耕，直到下一次播种。斯佩思（Spes）、萨鲁斯（Salus）或狄安娜以各种节日给本月带来欢乐，这毫不奇怪。克瑞斯也和她们一样，是本月的保护神之一。

　　本月的图像恰恰在告诉我们这一切：裸体形象再次表示夏季的炎热，画面中的男人在田里辛苦干完活后，喝一个大碗里的水来解渴；他右边地上堆着的果实代表田地，而在他的左边，一个两耳细颈小底瓶里盛有清凉的水，瓶口上插着一朵花，瓶身刻着 Zeses 这个词，这是希腊术语，未被翻译成拉丁语，意思是"祝你健康"；画面上还有一件短外衣，一把孔雀羽毛扇子，再次强调了夏天难以忍受的酷热。

　　我们已经在七月提到过，八月是第二个后来改了名字的月份，不再用其从前的名字塞克斯提利斯（Sextilis）。如果七月是献给恺撒的，那么八月则是献给奥古斯都的，这是公元前 8 年颁布的《关于塞克斯提利斯月的帕库维亚法》决定的，因为本月对这位"第一公民"特别有利。我们接下来将会看到，公元前 30 年的这个月，奥古斯都征服了埃及；公元前 29 年的当月为奥古斯都的三重胜利进行了庆祝；此外，奥古斯都去世于公元 14 年的这个月，这个日子与他首次担任执政官的日期是同一天——大约是 60 年前，即公元前 43 年 8 月 19 日。接下来我们复制了元老院宣布该提案正式生效的法令：

Cum imperator Caesar Augustus mense Sextili et primum consulatum inierit et triumphos tres in urbem intulerit et ex Ianiculo legiones deductae secutaeque sint eius auspicia ac fidem, sed et Aegyptus hoc mense in potestatem populi Romani redacta sit, finisque hoc mense bellis civilibus inpositus sit, atque ob has causas hic mensis huic imperio felicissimus sit ac fuerit, placere Senatui ut hic mensis Augustus appelletur.

考虑到恺撒·奥古斯都皇帝在塞克斯提利斯月开始履行他的第一任执政官职务；也是在这个月，他带着三重胜利荣归罗马；同样在这个月，他在贾尼科洛山领导了忠于他、支持他的兵团；但是也考虑到在这个月埃及被罗马人民的力量征服，而且内战在这个月结束。由于这些原因，无论是过去还是现在，这个月对帝国来说，一直是极为幸运的月份，所以元老院下令这个月的名称为奥古斯都。

（马克罗比乌斯，《农神节》I，12，35，

引用元老院法令原件）

有一种普遍的说法，认为有几个月份在被改名的同时，月份长短

也被改了——没有什么比这更脱离现实的了。这种说法肯定是基督教僧侣约翰·德·萨科博斯克（Juan de Sarcobosco）在 13 世纪杜撰的，因为按照这种说法，八月只有 30 天。为了使自己的月份不比其养父尤利乌斯的七月短，奥古斯都可能移除了二月的某一天，将其添加到了八月。不幸的是，来自一些权威的论点已经对历史造成了很严重的损害，在这个具体的例子中，我们仍然可以在今天的作品中看到这个中世纪的杜撰被当作真实的故事。

在亚克兴海角战役中战败后，马克·安东尼和克利奥帕特拉女王逃到亚历山大港避难，等待与罗马的战争的最后结局。屋大维巧妙地利用政治宣传，只向外敌宣战，没有针对马克·安东尼，反而对他予以大赦以换取他的忏悔。在罗马，有人发起了一场诋毁安东尼名誉的运动，让所有人看到他是一个可笑的、醉酒的角色，沉湎于东方恶习的诱惑，而没有走正义和仁慈的道路。当然，屋大维才是这方面的代表。

在这种情况下，元老院和罗马人民向屋大维提供了道义和经济上的支持。万事俱备，马库斯·阿格里帕（Marco Agripa）率领罗马舰队终于抵达亚历山大港，结束了战争。根据古典资料的叙述，7月30日，安东尼在一场突击战中取得微弱优势后，向罗马军营扔过去几张传单，"奖励"加入他队伍的士兵 500 个德拉克马①。屋大维警告士兵们背叛祖国是可耻的，再次成功地稳定了军心，使大家同心协力于第二天攻克埃及首都。这一天，后来被称为"征服埃及日"（Aegypto Capta）。

屋大维控制了埃及首都之后，克利奥帕特拉藏到了她之前为自己和安东尼建好的坟墓中，并下令散布她已自杀的谣言。听到谣言的马克·安东尼被爱蒙蔽了双眼，拔剑自刎。埃及女王对自己的行为感到后悔，离开了藏身之处，赶到安东尼身边，安东尼最终死在她的怀里。

---

① 古罗马银币名称。——译者注

克利奥帕特拉被屋大维俘获，除了不允许她自杀，屋大维没有剥夺她的任何奢侈享受。对屋大维而言，还有什么比把埃及女王作为战俘在罗马的街道上展示更好的呢？

破坏屋大维凯旋梦的，是他对克利奥帕特拉的低估。克利奥帕特拉装出一副高兴的样子，甚至与屋大维串通一气以获取他的信任。当她获得了足够的行动自由时，她就让人带来一条眼镜蛇咬死自己，这样她就可以有尊严地死去。这件事发生在当年的 8 月 12 日。

克利奥帕特拉取得了小小的胜利，因为她宁愿死去也不愿像奴隶那样活着。公元前 30 年 8 月 1 日，埃及被罗马征服，从而成为罗马的一个新的行省，一个对罗马帝国的未来最有利可图的行省，因为从那时起，埃及开始向罗马提供大量的产品。谷物是罗马帝国全境内获得最多的埃及原料之一，因此埃及被称为"罗马粮仓"。

卡努穆酷刑节（Supplicia Canum）只在晚期的资料中有记载，该节日起源于公元前 390 年 7 月 20 日高卢人对罗马的劫掠。那天晚上，朱诺·莫内塔的一群鹅向在卡比托利欧山避难的罗马人预报了险情，而所有的狗却都睡着了。事后，罗马人对狗进行了残酷的惩罚，这种残忍的仪式从此变成了每年一度的传统，一直持续到帝国后期。这项传统是把几只狗活活地钉在十字架上，然后游街示众以羞辱这些动物，让它们为其过错赎罪。

公元前302年8月5日，罗马人在奎里纳尔山为萨鲁斯（Salus）修建了一座神殿。这位神是其信徒的健康和福祉的化身。奎里纳尔山这个地方特别适合崇拜萨鲁斯，因为其中的一个山丘名为健康之丘。从1世纪开始，该信仰就不可避免地与皇帝联系在一起，也与幸运女神或和谐女神的崇拜联系起来，她们的任务之一是维护帝国所有居民的福祉。

| 8 月 12 日 | 大力神赫丘利节 | 八月伊都斯日前第一天 |

举行赫丘利崇拜仪式的主要地点在屠牛广场附近，在罗马早期的"神圣范围"旁边。对赫丘力的崇拜很早就出现了，因为他同化了腓尼基神梅尔卡特（Melkart）和希腊神赫拉克勒斯（Heracles）。屠牛广场是牲畜交易市场，有好几个祭坛供奉着赫丘利的神像，因为生意人和商人特别崇拜他。其中最重要的是马克西姆祭坛，这是当日祭祀赫丘利的中心地点。今天在科斯梅丁的圣母玛利亚大教堂下方，可以看到该祭坛的遗址。仪式包括用一头小母牛祭祀，按照希腊方式执行，表明赫丘利崇拜是从国外传进来的。

马克西姆祭坛的赫丘利崇拜的最特别之处，是女人被禁止进入圣地并祭拜这位神，而且将狗和苍蝇完全排除在圣地之外。狗是不洁的动物，与罗马历史上各种不幸事件有关。但并非所有的神殿和圣殿都禁止狗的存在，而是恰恰相反，其中很多神殿，包括卡比托利欧山的至尊朱庇特神殿，在夜晚是由狗看守的。在古代，苍蝇被看作神的使者，负责吸吮祭品的血。在这个节日，人们请求赫丘利把苍蝇从牲畜身上赶走，也让他的祭坛远离苍蝇。对这两种动物的特别禁令向我们表明，它们在罗马宗教的许多其他仪式上是允许存在的。

狄安娜是罗马的狩猎女神，是猎人和猎物的保护神。她是一位非常古老的意大利神，很快就被希腊的阿尔忒弥斯同化了。她的主要祭祀圣所位于奈米湖畔，这个湖因卡利古拉在上面修建的漂浮宫殿而闻名，但是今天她的节日庆祝是在她位于罗马城的神殿里举行的，具体来说，在阿文蒂诺山。除了她的野性和乡村特点，在城市里，她主要受到妇女和社会下层阶级，尤其是奴隶的崇拜。奴隶们在这一天庆祝他们最期待的节日之一，因为他们的主人不得不让他们自由地崇拜狄安娜。妇女们在这一天有以特殊方式洗头的习俗，而我们不知道确切的原因。

虽然 8 月 13 日主要崇拜的神是狄安娜，但是和另外几位神的节日重合，如主掌季节变化的维耳图诺斯（Vertumno），福尔图纳·伊奎斯特（Fortuna Equestre）——对其崇拜在帝国期间中止了，狄俄斯库里——祭祀地点在他们位于弗拉米尼乌斯竞技场旁边的神殿，还有另外几位神。我们不应该忘记，每个月的伊都斯日首先是献给朱庇特的，因此是进行各种与敬拜神有关的活动最合适的日子。

8 月 13、14 和 15 日	"三重胜利"日	八月伊都斯日 九月卡伦德日前第十九天 九月卡伦德日前第十八天

公元前 29 年，屋大维征服埃及后，元老院开始授予他各种荣誉，以感谢他在罗马陷入困境时的无条件付出。屋大维已经成为官方认可的罗马共和国拯救者，不稳定的阶段在他的手里结束了。

同年的 8 月 13、14 和 15 日，罗马为庆祝屋大维的军事胜利，以最高规格举办了"三重胜利"庆祝活动。第一个军事胜利是达尔玛西亚胜利，第二个军事胜利是亚克兴海战大捷，第三个军事胜利是征服埃及。最后一个军事胜利声势特别浩大，花费了一大笔钱，而从亚历山大港用船运回的战利品在抵偿了这笔钱后还绰绰有余。这支凯旋队伍中有无数的战俘，其中包括安东尼和克利奥帕特拉的孩子，甚至还有一尊躺在床上的埃及女王雕像出现在凯旋队伍中，而实际上，女王已经被埋葬在亚历山大港了。队伍的最后，是胜利者屋大维本人，他身后跟随着行政官员和授予他这些荣誉的元老们。

波尔图诺（Portuno）是一位古老的神，他的职责是守护门，他的名字由此而来。他的神殿在屠牛广场，由于在9世纪被改建为教堂而保存完好。似乎可以将波尔图诺节与雅努斯神联系起来，后者也掌管门和门槛。公元前260年的波尔图诺节，人们在大礼堂广场为雅努斯建了神殿，看起来并非巧合。

在某个我们无法确定的时刻，也许在共和国末期，波尔图诺及其节日改变了含义，因为这位神成了港口的守护神。而雅努斯被从这个节日中分开了，因为公元17年10月18日，提比略皇帝修复了雅努斯神殿，这个新的日期开始成为雅努斯的诞生日。

毫无疑问，对屋大维来说，八月份是一年中最重要的月份之一。在元老院发起"三重胜利"庆祝仅仅三天后，他就为刚刚完工的神圣的尤利乌斯神殿做了祭献。这座神殿位于罗马广场的一个突出位置，顶部装饰着尤利乌斯之星，恰好就在公元前 44 年恺撒遗体被火化的地方。

为了将恺撒等同于罗马宗教中最杰出的众神，以利于屋大维自己，一位新的大祭司——尤利乌斯祭司——出现了，其地位和宙斯、马尔斯、奎里诺的祭司为同一级别。为了纪念恺撒，还进行了好几天表演，包括来自莱茵河以外地方的异国角斗士的表演，猎杀罗马从未见过的动物，如犀牛和河马，元老院议员还为人民举办了宴会。

这是一年内庆祝的第二个葡萄酒节。第一个在 4 月 23 日，献给新酿成的葡萄酒——从那天起葡萄酒才能在城市里出售。八月的葡萄酒节，被称为乡村葡萄酒节，因为在乡村中比在城市中更受欢迎，关注点在于保护葡萄园里长势正旺的葡萄。

这一天，人们祈求朱庇特保佑九月的葡萄采摘季不受任何自然的或者神的影响，尤其要避免遭受夏末——对罗马人来说是初秋——的暴风雨的损害。为此，朱庇特祭司用一头羊羔献祭，并从葡萄树上摘下几颗青涩的葡萄，连同祭品的内脏一起投入火里。

这是献给孔索神（Conso）的两个节日中的第一个。孔索是一位非常古老的神，其名字来源于"储存"（condere），因为他是庄稼和粮仓的保护神。庄稼收割完毕，就到了收集谷粒并将其储藏起来的时候。奎里诺祭司和维斯塔女祭司向孔索神献上供品，祈求他保护谷粒在储藏期间不会腐烂。他的祭坛被埋在地下，在他的第二个节日期间（12月15日），人们挖开孔索神的祭坛，向他献上几颗收获的谷粒，然后将祭坛重新埋入地下。这种奇怪的祭拜方式似乎与他对地下仓库的保护有关，甚至可能与在地里储藏种子的方式有关——这样可以促使种子生长。

在伊特鲁里亚的国王们统治时期，人们给这个节庆增加了赛马和赛车活动。因此，后来人们也把孔索神与保护马的希腊神波塞冬联系起来。这些庆祝活动逐渐增添了新的色彩，与起初的含义毫无关系，比如让马和驴休息，并给它们戴上花环。

传说孔索是罗慕路斯国王的谋士，帮助国王做出重要的决定。罗马人自己也把他的名字来源与"建议"（consilium）联系起来，从而使他成为重大决定和秘密计划的保护神。孔索向国王提出的计划中，有一个是为了解决罗马缺乏女性的问题，当时罗马刚刚建国四年。狄奥尼修斯叙述了掠夺萨宾女人计划的传说之来源（《罗马古迹》II, 31, 3）。按照以往的惯例，罗马人邀请包括萨宾人在内的各个近邻民族一起庆祝孔索神节。在活动即将结束之际，国王发出暗号，每个罗马人都抢到一个萨宾女人，并与之结婚。几年之后，萨宾人再次来到罗马进行报复。关于这一事件，已在 3 月 1 日妇女节的内容中有过介绍了。

伏尔甘（Vulcano），拉丁语为 Volcanus，是非常古老的罗马火神，所有人既害怕他又有求于他。他既能燃起火，也能扑灭火，他总是拥有一种无法控制的力量。他的神殿必须建于城外，以防止可能发生的灾难。尽管如此，他的主祭坛，也是最古老的祭坛，即伏尔甘祭司献祭的地方，位于罗马的中心。这个古老祭坛的名字是"伏尔甘神殿"，位于罗马广场的公共会场和元老院旁边。

这个地方是罗马城最古老的祭拜场所之一，市民们把被闪电击中的物品、活着的动物带到这里做祭品，将其投入火中，代替他们自己的灵魂。向伏尔甘献祭最普遍的一种祭品是鱼，因为鱼属于这位神唯一无法到达的地方——水。

由于他同化了希腊的赫菲斯托斯（Hefesto），人们也将他与冶金术联系起来，他是铁匠、武器制造商、铸币工和许多其他与金属加工有关的职业人员的保护神。作为防火神，人们给他起了个绰号"安静"，祈求他的平静和怜悯。和水患一样，火灾也是罗马城最大的问题之一。并不是所有的罗马建筑都是用石头建造的，剧院、圆形剧场甚至神殿，有时候是用木头建造的。随着共和国的发展，罗马城逐渐出现了石头建筑，帝国时代的来临意味着这一趋势的蓬勃发展。尽管城里最宏伟的建筑和最富裕的地区开始以更坚固的方式建造，但普通人居住的大部分住宅都是用高度易燃的材料修建的。

最明显的例子是"因司拉"（insulae），这是一种三层甚至三层以上的建筑，底部用石材和砖块砌成，但是为了减轻重量，上层几乎全部用木料建成。罗马这座古代世界的大城市，在其鼎盛时期有多达一百多万居民，其中最贫穷的人也是受火灾影响最严重的人，一丝火星就可能烧毁整个社区。

奥古斯都是第一个试图缓解这种情况的人。他在公元6年建立了一支消防部队，这些消防员分成七组，每组500人，总共3500人，他们夜以继日地保护着罗马城。他们的主要任务是巡逻，预防可能发生的火灾，不过在面对城里可能发生的暴行时，他们也能起到警察部队的作用。这个机构运行了3个多世纪，在奥古斯都统治时期只发生了几次波及全城的火灾。我们也不能忘记诸如尼禄统治期间发生的那场毁灭性火灾，这场火灾将罗马夷为平地。关于这场大火，今天我们知道，这位皇帝虽然名声不好，却与这次火灾无关，也与其他火灾无关，比如公元283年损坏了市中心大部分宏伟建筑的那场火灾。

这一天是为一个我们今天所知甚少的节庆保留的，这个节庆一年之内还要另外庆祝两次：10月5日和11月8日。在罗马广场，有一口仪式井，在一年的其余时间，井口用石头封闭着，只有在这三个节日，人们移走石头，打开井口。现在看来，这个仪式井就是所谓的"罗马之脐"（umbilicus urbis），是罗马城的中心，当然也是整个罗马世界的中心。

虽然这个传统可能起源于农业，而"罗马之脐"可能是一个地下粮仓，用来储存谷物，但不久人们将其与亡灵之神迪斯帕特和普洛塞庇娜联系起来。在"罗马之脐"开放的三天里，据说亡灵可以从里面出来，因为"罗马之脐"直接通往冥府。虽然这个节庆的起源不是很清楚，而且似乎与死者无关，但它却演变成了一个悲凄的节日，在当天举办任何活动都不合适或者完全不吉利。

Nonum Kal. Septembres hora fere septima mater mea indicat ei apparerenubem inusitata et magnitudine et specie. [...] Nubes-incertum proculintuentibus ex quo monte; Vesuvium fuisse postea cognitum est-oriebatur, cuius similitudinem et formam non alia magis arbor quampinus expresserit.

8 月 24 日，大约在第七个小时，我母亲说天空中出现了一大片形状怪异的云。[……] 因为人们是从远处眺望的，无法确定这片云是从哪座山上升起的；后来人们知道是维苏威火山。其外观和形状使人联想到一棵松树，而非其他树。

（小普林尼，《信件》VI，16，4—5）

这是小普林尼描写的维苏威火山在公元 79 年爆发时的亲身经历，他是给我们提供关于这场灾难信息的唯一目击者，他当时和母亲以及舅舅老普林尼一起住在米赛诺湾。多年后，他给他的朋友、历史学家塔西佗写了两封信，讲述了这一事件，以便后者能将其写进自己的作品里。他的证明材料更多地集中在他的舅舅、米赛诺湾舰队的海军上将老普林尼的形象和去世上，而不是灾难本身。尽管如此，他的描写还是给了我们这场异乎寻常的毁灭性火山喷发的一些重要细节，而直到 20 世纪之前，没有人相信这个灾难真的发生过。今天，最剧烈的火山爆发，如那次淹没了那不勒斯湾几座城市的火山喷发，被称为

"普林尼式火山喷发"，以纪念小普林尼，因为他是第一位描述这种火山喷发的人，正如他的舅舅被称为"伟大的自然科学家"一样。

根据小普林尼的叙述，这场悲剧开始于 8 月 24 日——虽然今天我们知道这个日期不正确，大约在第七个小时，接近现在的下午一点钟。就在那一天和之前的几天，几次引起震感的地震向该地区的居民发出了灾难预警，尽管正如小普林尼本人叙述的那样，但人们都漠视了它，因为人们已经对这种现象习以为常了。就在那一刻，在没有任何警告的情况下，天空中升起了一团混合着烟雾、火山灰和火山渣的浓云，伴随着一股强大的力量和难以置信的巨大轰鸣声，迅速上升到 15 公里以上的高度。

临近城市赫库兰尼姆、庞贝和斯塔比亚的居民们不知道发生了什么，他们不知道火山是什么，因为他们从来没有见过火山。起初，人们更多的是奇怪和惊讶，而不是害怕，许多市民认为是神或者是从山的深处走出来的巨人在对人类施行惩罚。几分钟后，大量的灰烬和轻浮石开始降落在整个地区，同时，从火山里冒出来的云团越来越大，到处飘散。

在灾难开始时，庞贝城的人们承受了最严重的损失，因为风把维苏威火山喷出的所有东西都卷到了那里。几个小时后，火山灰云团已经变得庞大和广泛，把太阳完全遮住了，使整个庞贝城陷入了黑暗的混乱中。

Audires ululatus feminarum, infantum quiritatus, clamores virorum; alii parentes alii liberos alii coniuges vocibus requirebant, vocibus noscitabant; hi suum casum, illi suorum miserabantur; erant qui metu mortis mortem precarentur; multi ad deos manus tollere, plures nusquam iam deos ullos aeternamque illam et novissimam noctem mundo interpretabantur.

　你可以听见女人在哀号，孩子在哭叫，男人在呼喊；有人在大声喊着父母亲，有人在喊着自己的孩子，还有人在呼唤着他们的妻子，他们能听出对方的声音；有的人在哀叹他们的命运，还有人在为他们的亲人悲伤，甚至有人因为害怕死而请求死；很多人向神伸手求救，而大多数人认为已经没有什么神，那就是世界永恒的也是最后的黑夜。

（小普林尼，《信件》VI，20，14—15）

　许多居民逃到斯塔比亚纳门和马里纳门，不久这两个门就倒塌了，同时，街道已经被差不多一米厚的火山灰覆盖。一些市民由于贪婪而生出偷盗的念头，或者仅仅是因为信神或害怕，选择留在城里，等待那场可怕的灾难结束。有的家庭带着奴隶和最贵重的财产，躲在宅邸最里面，认为这样才是安全的，同时向神祈祷，希望在这奇怪而不幸的一天能够活下来。他们中没有一个人能坚持到黎明。

　夜幕降临，虽然庞贝城前一天的景象已经呈现出衰落，因为几年前发生了一场大地震，城市遭到严重破坏，很多地方和不少房屋都处于修复中或者被遗弃，在火灾和不时落下的无数石块之间苟延残喘。这些石头堆积在房顶上，已经压塌了很多房顶，但是对这些房子造成最后的、致命性打击的，仍然是在黎明之前喷发的维苏威火山。

维苏威火山的喷发把庞贝城居民定格在那个时间，整个庞贝城和附近其他城市被埋在成吨的火山灰下面。

    与此同时，海军上将老普林尼已经把他对自然科学的痴迷放在一边，而转向他的军人角色，他指挥舰队驶向受影响的海岸，试图尽可能多地救助已经聚集在海边求助的人。海上的条件表明，要到达附近的赫库兰尼姆城，就不得不冒着失事的危险，因此他迫不得已只好改变了原先的计划，转而驶向位于海湾对面的斯塔比亚城。他希望抵达那里后，在他的朋友家里盘算如何缓解这场灾难。

赫库兰尼姆人惊恐地看着救援舰队离开，很多人判断，最好的办法可能是躲到这个小城市的港口拱顶下面过夜，这样似乎能摆脱最坏的结果，因为风把火山云团吹向南方。黎明时分，一声巨响惊醒了他们，但是他们中没有一个人来得及反应。一股温度高达500度的火山熔岩以每小时200多公里的速度从维苏威火山倾泻而下，转瞬间就把整个城市连同其居民烧毁了，很多人甚至没有时间意识到冥界神正在召唤他们。赫库兰尼姆城被埋在26米厚的火山灰下面，致使海岸线后退了三公里多。在随后的1700年里，没有人对该城市或者其居民有更多的了解。

庞贝城的15000多人中，有2000多人留在了那里，其中很多人的死亡令人心碎。他们在挣扎着呼吸，吸入了风吹过来的夹杂着火山灰和有毒气体的空气，吸入的气体进入肺部变成了一种致命的液体，再呼吸的时候，液体就凝固了，致使城里每一个尚能呼吸的人因窒息而死。他们的尸体被永远保存在城里的火山灰和灰泥下面。

黎明时分，海湾里所有的生命迹象都消失了。另外三股火山熔岩摧毁了流经之处的一切，杀死了很多仍然在黑暗中摸索道路，企图到达安全地方的人们。这场破坏甚至波及了斯塔比亚城，老普林尼就在那里，离这座永远改变了其周边生命的火山15公里远。老普林尼一直患有呼吸系统疾病，未能离开那里就倒在了海岸边，很快就去世了，然而，能够目睹古代世界最触目惊心的自然现象之一，他感到很欣慰。他的遗体第二天被发现，他的故事经由他的外甥而永世长存，人们永远记得他，无论在他的作品中，还是在别人写他的作品中。

当罗马获悉这场悲剧时，提图斯皇帝下令派一支救援队去那不勒斯海湾，但当救援人员到达的时候，破坏太严重了，只来得及抢救了庞贝广场的几尊雕塑，因为这个地区位于城市南部，被掩埋得比较少。此后再也没有人在那里居住，那里成了被诅咒的地方。

女神奥普斯·康西维亚（Ops Consivia）的节日与对大地和田野肥沃的崇拜有关，因为她的名字象征着富裕。人们对祭拜她的仪式所知甚少，但是向她献祭的是大地的女儿维斯塔贞女。在罗马广场元老院里面有一个小祭坛——奥普斯祭坛，只有维斯塔贞女和祭司们才能进入那里祈祷。

　　沃尔图诺（Volturno）是东南风埃乌若（Euro）的名字之一，如果它猛烈地吹，就会损害葡萄园和葡萄，因为葡萄尚未成熟，不能采摘。作为一个古老的神，对早期的罗马人来说他非常重要，他拥有自己的祭司——沃尔图诺祭司。在这个日子，人们祈求他平静，这样葡萄才能丰收。

公元前 29 年 8 月 28 日，屋大维计划完善他生命中最好的月份，为新建的尤利乌斯元老院揭幕典礼。庆祝活动很可能被推后了几天，因为一场疾病让未来的"第一公民"身体不适。人们总是说他那刚铁般的身体实际上却很虚弱。他是一个疾病伴随终生的男人，好几次濒临死亡，但是最终活了很多年，因此，对很多罗马人来说，这无疑象征了他是众神所选。

尤利乌斯元老院是恺撒在遇刺前不久开始修建的，以取代赫斯提利亚元老院，后者据说是图卢斯·荷提里乌斯（Tulo Hostilio）国王下令修建的，但在公元前 52 年，被一场大火烧毁。恺撒利用这个机会重建了这个地区，建设了新元老院，这样，元老院的后部就与旧元老院的广场连接起来了。恺撒由于被刺杀而未能看到这个项目完成。

工程比预期的时间要长，但元老院终于回到了它原来的会议地点，这一切都归功于屋大维。这个工程，再加上屋大维对罗马的权力和虔诚的其他表现，我们就会清楚地理解，为什么不到两年之后，即公元前 27 年，他能够获得元老院授予他"奥古斯都"的称号。

为了给新建的元老院举行揭幕典礼，一群人被派去塔兰托，返回的游行队伍中，人们抬着一尊胜利女神的镀金铜像。这尊塑像体形高大，双翼展开，这是胜利女神的象征，被安置在元老院建筑内部。这尊塑像看起来像在一个球体上飞翔，周围环绕着征服埃及的战利品。它的寓意极为强大，因为以元老院建筑为主体的整个建筑群象征屋大维为罗马赢得的普遍性胜利。

塔兰托的胜利女神像在几场火灾中完好无损，大火损害了元老院建筑，甚至在公元283年的卡里尼奥（Carino）皇帝统治期内的那场大火中，这个建筑实际上变成了废墟。戴克里先在公元303年按照原来的结构进行了重建。在整个4世纪，元老院基督教元老和异教元老之间的多次争论导致胜利女神像和祭坛被反复移走又重新放回了好几次。基督教元老最后放弃了他们的要求，胜利女神像作为一个过去的遗迹得以保留下来，但是取消了对胜利女神像的全部崇拜或者供奉。从5世纪开始，胜利女神像不见了，极有可能是在蛮族人对城市的某次劫掠中消失的，或者落到了本城人的手里，为了回收胜利女神像的铜而被熔化了。

公元630年，元老院的建筑框架被用来建造罗马广场上的圣阿德里亚诺教堂。该建筑的其他部分，如沉重的铜门也被劫掠，在1660年被搬运到拉特兰的圣约翰大教堂。该建筑的砖建部分，原来外面包着大理石，一直保存完好，直到20世纪30年代，墨索里尼法西斯政府的考古专家们决定"恢复它的荣光"，为了展示4世纪的元老院遗迹，拆除了后来的全部建筑。元老院现在的状态是那些干预的结果，这样虽然展示了古罗马时期建筑的全部结构，却毁坏了后来形成的全部历史，因为在此之前，它是一个建筑重写本，现在却成了我们永远无法恢复的遗憾。

九　月

Tempora maturis September vincta racemis
velate e numero nosceris ipse tuo.
九月，你太阳穴上蒙着串串果实做成的面纱，
然而，无须他物，只看数字就能认识你。

MENSIS SEPTEMBER DIES XXX

1	D	K · SEP ·	F		IOVI · TONANTI IN · CAPITOLIO
2	E	IIII	NP		IMP · CAESAR VICIT · ACTIVM
3	F	III	NP		
4	G	PR	C		LVDI · ROMANI
5	H	NON ·	F		LVDI
6	A	VIII	F	LVDI	
7	B	VII	C	LVDI	
8	C	VI	C	LVDI	
9	D	V	C	LVDI	
10	E	IIII	C	LVDI	
11	F	III	C	LVDI	
12	G	PR	N	LVDI	
13	H	EID ·	NP		IOVI · EPVLVM
14	A	XIIX	F		EQVORVM · PROBATIO
15	B	XVII	N	LVDI · IN · CIRC	
16	C	XVI	C	LVDI · IN · CIRC	
17	D	XV	NP	LVDI · IN · CIRC	DIVO · AVGVSTO HONORES · CAELESTES
18	E	XIIII	C	LVDI · IN · CIRC	
19	F	XIII	C	LVDI · IN · CIRC	
20	G	XII	C	MERK	
21	H	XI	C	MERK	
22	A	X	C	MERK	
23	B	VIIII	F	MERK	NATALIS · AVGVSTI
24	C	VIII	C		
25	D	VII	C		
26	E	VI	C		VENERI · GENETRICI IN · FORO · CAESARIS
27	F	V	C		
28	G	IIII	C		
29	H	III	F		
30	A	PR	C		

XXX

九月的来临意味着田间劳动之后的休息。庄稼已经收割，在月底的葡萄采摘季开始之前，农民需要做的只是翻耕土地，同时准备很多大容器，经过压榨的葡萄将在里面发酵成葡萄酒。对农民来说，酒神巴克斯很重要，还有伏尔甘，他负责保护整个九月。在该月的图像中，我们可以看到一个男人身着代表秋天的披风，身边围绕着代表农业年的下一个关键阶段的各种象征。他脚下有几口半埋在地下的大缸，用来存放葡萄、葡萄藤或无花果，这告诉我们葡萄采摘季到了。挂在他右手绳子上的小蜥蜴也体现出这一点，因为葡萄园里出现蜥蜴，被认为会损害葡萄。通常情况下，人们要捕捉蜥蜴并将其杀死，防止它们损害作物。

　　以上是发生在乡下的事情，而在城市里，整个九月是献给朱庇特的，罗马全年历法中最重要的娱乐活动罗马卢迪节就是献给他的。九月是一个节日不多的月份，没有像我们在其他几个月看到的那样，用大字在纪年表上标记任何节日。占了本月一半以上时间的卢迪在这个最合适的时刻举行，此时炎炎夏日已经过去，而寒冷的冬季尚未到来，罗马人可以尽情享受一番。

在提比略皇帝统治时期，他出于谦虚，也担心自己达不到奥古斯都的高度，拒绝了元老院授予他的大部分荣誉。沿袭七月和八月的惯例，元老们提议将九月改名为提比略，但是，提比略皇帝拒绝了这一荣誉。

公元前 22 年，奥古斯都皇帝在卡比托利欧山为朱庇特·托南 (Júpiter Tonans) ——司雷霆的朱庇特——修建了一座神殿，为几年前幸运逃脱死亡的威胁而还愿。当时，奥古斯都来到伊斯巴尼亚，在坎塔布里亚战争中御驾亲征。在一次夜间行军时，一道闪电从他的身旁一擦而过，他前边的奴隶被闪电击中身亡。这一令人震惊的事件促使他许愿为朱庇特建一座神殿，感谢救了他的命，他很乐意以此取悦众神之王。

公元前 32 年，后三头同盟建立后，屋大维和安东尼相互之间的敌意开始公开爆发。安东尼指责屋大维将雷必达的权力和领土据为己有，雷必达是"执政三人组"中的第三位行政官，而屋大维指控安东尼沉湎于克利奥帕特拉女王的东方式享乐而抛弃罗马。

元老院和人民分成了两派，支持安东尼的人是被他贿赂的，站在屋大维一边的大部分是慑于他的权威不敢反驳的。在这种情况下，安东尼的一些支持者为了获得赏金而改变了阵营，告诉了屋大维他们的前雇主安排的一些事情。于是，未来的"奥古斯都"非法闯入维斯塔神殿，读了依照惯例在那里存放的马克·安东尼的遗嘱。虽然这是种不洁的行为，但是根据屋大维读的那份遗嘱上的内容，没有人敢指责他。屋大维先是在元老院，然后在公民大会上，揭露了他的敌人安东尼的安排，这个计划是给予他和克利奥帕特拉所生的孩子们不相称的权力，甚至安东尼计划和克利奥帕特拉一起葬在亚历山大城，而不是罗马。

无论真实与否，这些遗嘱的内容，加之其他关于克利奥帕特拉可能要占有罗马，并将亚历山大城变为共和国首都的流言，都使屋大维达到了目的。而屋大维很注意对安东尼的攻击适可而止，如果后者对自己的行为后悔的话，甚至可以完全赦免他。面对安东尼的拒绝，为了不把此事变成罗马人相互之间的冲突，罗马只向克利奥帕特拉宣战，打击外国敌人的战争已经准备好了。

尽管对这对埃及情侣进行了恶意抹黑，然而，对于屋大维来说，要筹集这场战争所需的物资完全意味着冒险。他不得不没收罗马人的金钱和财产，罗马人们处于叛乱的边缘，在罗马发生了无数预示灾难的怪事：几座雕像从基座上掉下来，一场暴风雨毁坏了整个城市，甚至台伯河上最古老的苏布里齐桥也被大火吞没。

屋大维终于设法武装了一支船队，并率领船队开往希腊，确切地说，是开往安布拉基亚湾，军队在亚克兴海岬安营扎寨。双方进行了长时间的突击战，发起了几场小规模的攻击，结果安东尼获胜。这时埃及舰队抵达，双方展开了最后的对抗，但不是像屋大维原来打算的在陆地上，而是在海面上。

亚克兴海战爆发于公元前 31 年 9 月 2 日。屋大维的船队由经验丰富的马库斯·阿格里帕将军指挥，他充分弥补了屋大维在军事上的不足之处。屋大维的船队船只不大，数量也不多，但是比安东尼笨重的大船速度更快。迪奥·卡修斯在对这场战斗的描述中，将其比作轻装骑兵快速攻击重装步兵，而后者只有招架之力。

这种势均力敌的形势持续了很长时间，克利奥帕特拉决定离开战场，也下令她的所有船只照办。安东尼和他的部下看到那种溃逃场面，以为埃及女王会输掉这场战斗，他们也边打边撤退。阿格里帕一声令下，忠于罗马的军队利用敌人的慌乱来歼灭他们，甚至放火烧船强迫他们投降。

当克利奥帕特拉和安东尼逃往他们在埃及的安全藏身之处时，安东尼统率的罗马军队的大部都改换阵营以求活命，他们船上装载的所有财宝也在遭大火烧毁之前被抢救了出来。这一大笔战利品被分发给了战士们以及被屋大维没收财产的所有公民。屋大维仅用一场战斗就打败了安东尼。

为了表示感谢，罗马人在那里建了"胜利之城"——尼科波利斯城，设立了"亚克兴大捷日"，每四年在该城市举办一次，声势非常浩大。战争的结局很快揭晓：不到一年后，也就是公元前 30 年 8 月 1 日，亚历山大城落入罗马之手。

9月4—19日	罗马卢迪节	九月诺奈日前第一天至十月卡伦德日前第十三天

罗马卢迪节是罗马世界最著名也最盛大的节日。首次庆祝该节是在公元前509年9月的伊都斯日，以纪念卡比托利欧山"至尊朱庇特"神殿落成。最初几年的每次庆祝，只是为了纪念胜利游行或者罗马人的重大时刻才举行的。

我们可以肯定的是，从公元前366年开始，罗马卢迪节已经成为每年一度的传统节日。虽然节日在9月13日左右开始，但随着节日天数的增加，这个节日变得越来越重要。大约在共和国末期，罗马卢迪节已经从10天延长到15天，而在恺撒去世后，为了纪念他，又增加了一天。在帝国时期，从9月4日至19日庆祝该节日，占了本月一大半时间。

节日开头的几天专门用来进行戏剧表演，这大约是在公元前4世纪开始的。演出场地是用木料建成的临时剧场，或者利用倾斜空间，比如神殿入口的台阶。直到公元前55年，罗马才拥有了自己的第一个用石头建成的剧场。即使到了那个时候，庞培将军对设计舞台仍然非常谨慎，他设计的舞台可以被解释为通往维纳斯神殿入口的阶梯，而该神殿是按最高规格修建的。如此一来，就没有人指责他修建了一个供凡人娱乐的奢华场所，因为他是为神修建的。

罗马卢迪节的头十天过去之后，就到了伊都斯日，这是向朱庇特献祭的时间。这些宗教仪式完成之后，节日的最后一部分——马戏卢迪——开始了，对所有罗马人来说，这无疑是最重要的，也是他们最

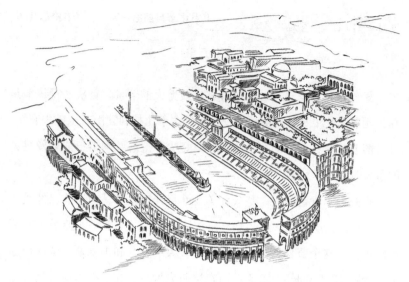

马克西姆竞技场理想复原图。马克西姆竞技场是罗马世界最重要的建筑之一。

期待的。庆祝活动的开始是一个仪式游行——马戏游行。游行队伍从卡比托利欧山的朱庇特神殿出发，一路沿着神圣大道，穿过广场，终点是马克西姆竞技场。走在队伍最前边的是罗马行政官员的子弟们，他们代表罗马的未来。他们身后跟着马车比赛的车手和他们的马、杂技演员和其他参加表演的人。随后是带来欢乐气氛的舞者、吹笛子和弹奏西塔拉琴的乐师，还有烧香、捧金银器皿的人。观众爆发出热烈的掌声，盼望看到他们身后用架子抬的众多神像。第一座神像是胜利女神维多利亚，接着是所有的天神，还有其他众神，如奥普斯、缪斯、赫丘利或狄俄斯库里兄弟。游行队伍的最后是用来献祭的牛犊，后面跟着罗马的祭司们和行政官员们。

游行结束后，在竞技表演开始前，祭司们洗净双手，用水和"莫拉酱"清洁牛犊。祭司们开始先说几句祷词，然后下令助手们宰杀牛犊。仪式包括用一个大锤子击打牛犊，使其倒在地上，而在地上早就摆好了祭祀用的刀，动物落在刀上流血而死。当祭品的肉被献给诸神的火时，马戏表演就开始了。

为了举办罗马的娱乐活动，在帕拉蒂诺山和阿文蒂诺山之间一个名为穆尔西亚的山谷，修建了马克西姆竞技场。它的构造很开阔，在各个世纪都得到了扩建和重建，可以容纳 15 万观众，是古代世界最大的娱乐建筑。考虑到罗马人对在那里举办的马车比赛的炽烈热情，所有改善它的努力相比之下都是微不足道的。

这些节目受欢迎的原因之一，无疑是竞技场为与女性进行社交和调情提供了可能性，因为那里是唯一允许男女坐在一起的地方，而在剧院和圆形剧场是不允许的。诗人奥维德在其作品《恋歌》(*Amores*)和《爱的艺术》(*Ars amatoria*)中，对于如何利用竞技场梯形看台提供的完美环境向女人求爱，给罗马人提出了建议：

Non ego nobilium sedeo studiosus equorum; cui tamen ipsa faves, vincat ut ille, precor, ut loquerer tecum veni, tecumque sederem, ne tibi non notus, quem facis, esset amor. Tu cursus spectas, ego te; spectemus uterque quod iuvat, atque oculos pascat uterque suos. O, cuicumque faves, felix agitator equorum! Ergo illi curae contigit esse tuae? Hoc mihi contingat!

我坐在这里不是因为多么想看名马，但我希望你喜爱的马获胜。我来这里是为了和你说话，坐在你身边，想让你知道，你激发了我的爱情。你看着比赛，而我看着你；我们俩各自看着让我们高兴的事儿，各自饱着眼福！啊，无论是谁，成为你喜爱的车手多么幸运，既然他有幸被你关注，但愿我也有同样的好运！

（奥维德，《恋歌》Ⅲ，2，1—9）

Iunge tuum lateri qua potes usque latus; et bene, quod cogit, si nolis, linea iungi, quod tibi tangeda est lege puella loci. [...] Utque fit, in gremium pulvis si forte puellae deciderit, digitis excutiendus erit: esti nullus erit pulvis, tamen excute nullum: quaelibet officio causa sit apta tuo. Pallia si terra nimium demissa iacebunt, collige, et inmunda sedulus effer humo; protinus officii pretium, patiente puella contingent oculis crura videnda tuis.

尽可能靠近她的身边，别害怕，因为即使你不想，座位的狭窄也会迫使你们紧挨在一起，空间的局促逼得你不得不与姑娘的身体发生摩擦。[……]如果灰尘偶尔落到了她的膝头，你就用手指替她拂去，哪怕没有一丝灰尘，也要当作有，装模作样去拂拭，想方设法表现你的殷勤；如果她的披巾滑落了，拖到了地上，你就赶快把它提起来，给她披上，免得弄脏；作为对你这些体贴行为的奖赏，你将有幸亲眼欣赏姑娘的玉腿而不引起反感。

（奥维德，《爱的艺术》Ⅰ，140—143；149—156）

马车比赛从竞技场的一端开始，那里是马厩，马厩门的打开方式和今天的马术比赛一样。比赛从这里开始，包括赛车绕着竞技场的中央矮墙逆时针转七圈，中央矮墙将赛道纵向分成两部分。这个中心空间装饰着小神龛以及其他鸡蛋形状和海豚样子的物品。随着比赛的进行，这些物体会被移动，以给比赛计分。位于矮墙两端的地方，是比赛最危险的地方，在那里，赛车必须进行精彩的180度转弯，而这可能会导致严重的事故。

最后，矮墙的中央矗立着一座24米高的巨型埃及方尖碑，这是献给太阳神的。在公元前10年，在奥古斯都的命令下，这座方尖碑被人们用船运到了罗马。公元357年，这里又增加了一座更大的方尖碑，高约40米，也是从埃及运来的。这两座方尖碑在中世纪的某个时候倒塌了，因此，1587年，教皇西克斯图斯五世（Sixto V）敕令修复并重新安置两座方尖碑，第一座在人民广场，第二座位于拉特朗圣约翰大教堂旁边。

最激动人心也最危险的竞技是马车比赛，御车手身穿各自所属车队的服装，把身体用绳子绑在马车上，以防跌落。不过在发生事故的情况下，他们的"安全带"可能会导致他们在赛道上被拖拽，致其死亡。还有其他竞赛方式，是第二个人骑坐在车上，在通过目标地的时候，这个人以最快的速度跳下车，在赛道上跑够圈数。

在竞赛中，有四支车队参赛：红队——象征夏天，白队——象征冬天，蓝队——象征秋天，绿队——象征春天。这些车队激发了真正的运动热情，红队与白队、绿队与蓝队之间竞争极为激烈。在帝国时期，后面这两支车队获得了最大的声誉和罗马市民的支持。从理论上来说，应该是公平的皇帝，也倾向于支持这两队中的一支。图密善甚至另外创建了两支新队——紫队和金队，但在他被谋杀后这两队就不存在了。

人们对车队及御车手的支持极为狂热，其中的一些御车手成了真正的明星。历史上最著名的御车手之一是卢西塔尼人盖乌斯·阿普莱乌斯·戴克勒斯（Cayo Apuleyo Diocles）。在 24 年的竞赛生涯中，他为白队、绿队和红队效力，总共参加了 4257 场竞赛，赢得了 1462 场胜利。竞赛奖金加起来，为他积累了 360 多万塞斯特尔休（罗马银币）的财富。

在罗马卢迪节期间，市民们也可以欣赏到许多表演，比如杂技演员在几匹奔马之间跳跃，或者战斗和军事战术演习，这些都为大部分市民所喜闻乐见。相反，精英阶层中的少数影响很大的要人，对卢迪通常持反感或者至少冷漠的态度。西塞罗公开表示厌恶卢迪，所以他经常在举办卢迪期间离开罗马，免得听见街头巷尾无处不在的关于卢迪的谈论。出于政治原因，尤利乌斯·恺撒不得不去竞技场，但当他坐在主席台时，就借此机会阅读或者回复信件，好几次招致了人民的强烈谴责。而小普林尼给他的朋友卡尔维修斯·鲁弗斯（Calvisio Rufo）写的下面这封信中，直言不讳地表示对卢迪的厌恶：

Omne hoc tempus inter pugillares ac libellos iucundissima quiete transmisi.'Quemadmodum' inquis 'in urbe potuisti?' Circenses erant, quo genere spectaculi ne levissime quidem teneor. Nihil novum nihil varium, nihil quod non semel spectasse sufficiat. Quo magis miror tot milia virorum tam pueriliter identidem cupere currentes equos, insistentes curribus homines videre. Si tamen aut velocitate equorum aut hominum arte traherentur, esset ratio non nulla; nunc favent panno, pannum amant [...]. Tanta gratia tanta auctoritas in una vilissima tunica, mitto apud vulgus, quod vilius tunica, sed apud quosdam graves homines; quos ego cum recordor, in re inani frigida assidua, tam insatiabiliter desidere, capio aliquam voluptatem, quod hac voluptate non capior. Ac per hos dies libentissime otium meum in litteris colloco, quos alii otiosissimis occupationibus perdunt. Vale.

　　我埋头于我的图表和纸堆中，度过了这段安静而令人愉快的时光。你会对我说："你怎么能在罗马做这个？"这段时间举办了几场马戏，我一点儿也不喜欢这种表演。表演毫无新意，千篇一律，看过一次就足够了。我奇怪的是成千上万的成年人像孩童般满怀激情，一次又一次盼望观看马在奔跑，车手站在车上御马。如果他们是被马的速度和御车手的技艺吸引而来到表演现场，至少算一个理由，但是，为一块布鼓掌，爱一块布 [……]。这就是支持，这就是赋予一块不起眼的长衫的重要性，我指的不是比长衫更卑微的老百姓，而是某些达官贵人。当我想到他们不知疲倦地坐在那里只为了观看如此无足轻重、乏味无聊、一成不变的表演，我就为自己未被这种景象俘获而感到欣慰。其他人浪费在最无益事务中的这些日子，我很高兴把休息时间用来写作。今天就写到这里吧。

（小普林尼，《信件》IX，6）

马戏卢迪一直是罗马最重要的表演。由于它本身不包含任何暴力元素，基督教一直对其持包容的态度，因此，即使在罗马衰亡之后，这个表演在东方的拜占庭帝国得以保留下来。

我们尚未谈到第三类节目，即那些需要流血的表演。我们没有谈的原因很简单：此类表演不属于为取悦诸神而以公开的方式设立的节目。流血的表演是单独进行的，以私人赞助的方式，或至少在帝国时期到来之前一直是这样。

起初，举办角斗士表演是为了纪念死者。这是一种仪式性的战斗，由外国战俘进行殊死搏斗，因此后来的职业角斗士具有许多外国俘虏的特点。一般在葬礼上举办，由私人支付费用的表演是为了向某位去世的先祖致敬。公元前 264 年，在屠牛广场举行了罗马第一场角斗士表演，有三对角斗士在这场表演中进行了搏斗。

从那时起，角斗士表演逐渐发展起来，开始越来越频繁地出现在一些特殊场合，尤其是那些与流血有关的场合，如军事胜利。仪式性的角斗士表演总是由国家出资，一般在罗马广场举行。后来，考虑到公众对这类表演的极大兴趣，大约在公元前 31—前 27 年，罗马建成了第一个圆形剧场。奥古斯都力求将这种表演正规化，要求必须获得元老院授权，并且限制为每年两次，最多有 120 名角斗士参加。这就避免了表现所谓"公益"的迹象，这种出于私人利益的慷慨，是罗马的一些要人资助这类节目，以获得人民的支持。在公元前 1 世纪上半叶，这种现象以无节制的方式增长。这些让罗马人民享受的声势浩大的角斗士表演，不过是罗与要人通过娱乐收买人心的一种方式。

宏伟庄严的恺撒圆形露天剧场在公元 80 年举行了落成典礼，它可容纳 5 万名观众，自中世纪以来被称为"罗马斗兽场"。随着它的建成，角斗士表演放弃了起源时的礼仪性和葬礼性，被设定为一项新的商业活动。角斗士表演规模越来越大，场面越来越壮观。公元 107 年，图拉真皇帝举办活动，以庆祝对达契亚人战争的胜利，活动持续了 123 天，多达 1 万名角斗士参加了比赛，几乎差不多等于奥古斯都统治的 41 年里角斗士人数的总和。

除了角斗士表演，还有其他类型的暴力表演，有些非常独特，但由于规模和成本较高，所以较少出现，比如瑙玛基亚。这是一种模拟海战表演，可以在自然湖泊、为此建造的人造水池，甚至在竞技场里面进行。在提图斯和图密善统治时期，这种表演有三场是在竞技场举办的。由于竞技场的结构不可避免地阻碍了在里面进行更大规模的模拟海战表演，后来在竞技场修建了地下通道。

相反，竞技场最有特色的节目，都是花费相对较少但同样受到罗马公众欢迎的节目。时间和习惯将这些表演的方式制度化，最终固定为合法的公共表演。上午从狩猎表演开始，猎获动物作为单独的节目至少从公元前 186 年就已经存在，但是随着帝国时期的来临，以及表演的调整，这个活动就和竞技场的比赛联系起来了。在这里，人们可以看到熊、野猪和公牛，但是也越来越经常地看到狮子、大象、鳄鱼或者老虎，它们相互打斗或被专门对付猛兽的猎手捕获。

中午时分，中午卢迪开始，给判了死刑的俘虏行刑。这是一种毫无理由的酷刑，并非所有公众都喜欢观看，所以很多人趁这个时候出去吃饭。死刑可能是由上午表演的野生动物施加，或者是角斗士相互进行殊死搏斗。其中最著名的，无疑是在克劳狄乌斯时期的一群被定罪的人，他们对皇帝的问候是这句名言："Have Imperator, morituri te salutant!"（"皇帝，永别了，视死如归的人向您致敬！"）（苏维托尼乌斯，《罗马十二帝王传》，"克劳狄乌斯"，21，6）。我们必须强调，一般认为这句话是角斗士的格言，其实与角斗士从未有丝毫关联。这是整个罗马历史中唯一提到的一次，说出这句话的几个人是死刑犯，而非确实有可能在搏斗中幸存下来的角斗士。

如果真有识别角斗士身份的口号，那就是荣誉宣誓，应该是在角斗开始时背诵的："uri, vinciri, verberari, ferroque necari."（"被烧死，被捆绑，被殴打，被铁刺死。"）（佩特罗尼乌斯，《萨蒂利孔》117，5）。下午，当竞技场座无虚席的时候，角斗士出场，开始的搏斗是最和缓的，甚至用木制武器进行搏斗；随着时间越来越晚，搏斗也越来越激烈，直到最后一刻，公众可以欣赏到最精彩的格斗，这是资深角斗士之间为荣誉和自由而展开的殊死搏斗。

这些角斗中最著名的一场发生在公元 80 年，竞技场揭幕典礼那一天，提图斯皇帝亲临现场观赏。诗人马西亚尔这样叙述角斗士普利斯科和维若之间的搏斗：

Cum traheret Priscus, traheret certamin Verus,

esset et aequalis Mars utriusque diu

missio saepe viris magno clamore petita est;

sed Caesar legi paruit ipse suae;

—lex erat, ad digitum posta concurrere parma—

quod licuit, lances donaque saepe dedit.

Inventus tamen est finis discriminis aequi:

pugnavere pares, subcubuere pares.

Misit utrique rudes et palmas Caesar utrique:

hoc pretium virtus ingeniosa tulit.

Contigit hoc nullo nisi te sub principe, Caesar:

cum duo pugnarent, victor uterque fuit.

如果普利斯科继续坚持战斗，维若也这么做，

长时间内两个人不分胜负，

人们大声请求给予他们特许，

但是恺撒本人遵守他自己的规则

——规则是，不用盾牌继续搏斗，直到竖起食指。

他会尽其所能赏赐他们无数的盘子和礼物。

然而，结果是平局：

两人搏斗，双双屈服。

他给两人都送了木剑，也给他们送了棕榈叶：

这样的奖赏配得上他们的技艺和勇气。

这件事只有在恺撒（提图斯）的国度才会发生：

那就是两个人搏斗，他们都是胜利者。

（马西亚尔，《奇观之书》，29）

　　这是一场罕见绝伦的角斗，两位角斗士以无与伦比的坚韧和不相上下的力量获得双赢的结果，向我们揭示了角斗士表演的某些秘密：两个人都得到了对角斗士来说象征自由和沙场生涯结束的木剑；也提

到了决斗规则，两位裁判——大裁判和次裁判，所承担的职责——由他们确保角斗符合规则，防止违规逾矩或者诡诈的动作。如果两位角斗士都技艺高超，只有在其中一位扔掉武器，竖起右手的食指时（这是投降的手势），角斗才告结束。

到了那一刻，如果角斗一直是公正的，在大多数情况下，角斗士就被赦免了。罗马人并非真的追求残忍而血腥的搏斗，看重的不是杀技，而是角斗士双方在均等条件下展开搏斗的技能。因此，角斗士分为两种主要类型——大盾角斗士和小盾角斗士——根据其所持盾的大小进行辨别。这两种角斗士拥有和他们的对手相反的特点。有的角斗士持的是重型武器，保护他们的同时却也使他们行动迟缓；而持短剑和小盾的角斗士，是前者的天然对手，虽然比前者缺少保护，但是却比他们的对手更敏捷。这类搏斗绝对是一场夺人眼球而难分胜负的表演。

当两个角斗士中有一人投降时，公众开始大喊着请求让他"Mitte"（活），或者让他"Iugula"（死）！有一种流行的观点，是好莱坞培育的，而并非其创造，认为观众表示生和死的手势是拇指向上和向下。这种趋势的起源极有可能来自让 – 莱昂·杰罗姆（Jean-Léon Gérôme）的油画《拇指朝下》（*Pollice verso*）（1872）。这位法国画家第一次在画布上表现了拇指朝下的手势，后来美国电影业从中汲取了灵感。

在这方面，似乎很难解释竞技场的观众的手势。有几篇文章提到了"verso"或者"converso"（pollice）这个表达方式（尤文纳尔，《讽刺诗》III，34—37；普鲁登修斯，《反西玛库斯》II，1094—1102），但是，没有任何图像帮助我们了解这个词的意思，仅限于知道它的字面意思是"转动的拇指"。这个"拇指"，也被称为"威胁"（《拉丁文集》，

415，27—28)，可以水平展开和其他手指一起指向胸部或者颈部象征死亡，这个请求给予死亡的手势在资料中很少被提及，而请求给予生路的手势则根本从未被提到，但是这似乎被描绘在2世纪末于尼姆附近发现的一枚陶土奖章上。这个发现可以联系到罗马人在任何情况下表示他们的恩惠和赞同时所使用的手势——奖赏拇指（老普林尼，《自然史》XXVIII，25)，那就是先捏紧拇指，然后紧握拳头，一定要高高举起。唯一的疑问是，拇指是放在拳头外面还是像一把入鞘的剑一样放在拳头里面。

对于像竞技场这样的大型露天剧场，这两种手势实际上在帝国的看台上几乎是无法区分的，因此在评估观众的意见时，手臂的位置可能是更明确的元素，因为人们只能高举拳头，或者把手放在胸前，二者选择其一，而拥有最终决定权的是角斗表演的赞助人。在给予角斗士死亡判决的情况下，由他的对手以更光荣的方式尽快结束他的生命，将剑刺入他的颈部和左锁骨之间的空隙，以确保穿过心脏。

角斗士死亡后，开始一个仪式，两个戴着面具的人进入赛场，其中一个代表冥府之神迪斯帕特，而另外一个代表墨丘利神（他的任务是运送死者）。代表墨丘利神的人手持鲜红的铁质带翅双蛇杖，用它触摸尸体以确定他们不是昏迷过去。之后，第一个人用一个大锤敲打死去的角斗士的头，呼唤他的灵魂到冥府。最后，尸体被抬起来放到担架上，抬到竞技场的利比蒂娜门。这个门是献给埋葬之神利比蒂娜女神的，她的名字是死亡本身的同义词。

在帝国全境内遍布着圆形露天剧场，有很多类型的角斗士在那里竞技，大部分角斗士都有外国武士的特点。在更古老的时期，这些武士作为战俘被带到仪式上搏斗。角斗表演的职业化结束了这些做法，但保留了早期搏斗者的精髓。其他类型的角斗士，只是来自于普通的职业，比如渔夫，用三叉戟和渔网努力"捕鱼"，"角斗士"经常用捕到的鱼装饰头盔。有些类型甚至是专门开发的，为的是有效抵御其他角斗士的攻击。

角斗士比赛在整个帝国时期几乎一直非常受欢迎，其重要性甚至使康茂德皇帝痴迷于做大力神转世肉身的想法，他在竞技场以罗马的赫丘利的名字角斗。由于迪奥·卡修斯（《罗马史》LXXIII，19）的叙述，我们知道这位皇帝于公元192年12月——在他被暗杀前几天——参加了角斗竞技。他这么做，理所当然由他自己制定规则，用木制武器搏斗，丝毫也不必为其生命而担心，并根据他自己的意愿决定角斗的最终结果。

一个世纪又一个世纪过去了，皇权的基督教化终于废除了这种血腥表演，部分原因是角斗表演与过去基督追随者的殉难有关——这通常是基督教作家自己杜撰出来的理由。在5世纪初，不再举办角斗士比赛，而狩猎表演一直保持到6世纪，马车比赛延续了更多世纪，正如我们已经说过的，这是由于拜占庭帝国的文化转型。

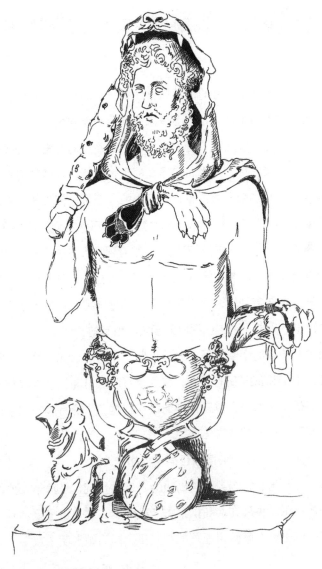

装扮成大力神的康茂德皇帝雕像。
罗马，卡比托利欧山博物馆

在公元前 509 年 9 月的伊都斯日，新设立的罗马共和国行政官员在卡比托利欧山的山顶献给"至尊朱庇特"一座神殿。这座神殿在罗马城历史上重建了好几次，是罗马宗教中最重要的神殿，是接待卡比托利欧山三神朱庇特、朱诺和密涅瓦的尘世处所。神殿的内部被分割为三位神各自的祭祀殿堂，建筑在后来的各个世纪都有所改变，变得越来越豪华。神殿近 60 米宽，外面包着大理石和黄金。神殿在公元 1 世纪末期的最后一次重修，对于当时亲眼看到的人来说，一定非常壮观。神殿后被废弃不用，遗迹保留至 16 世纪。在这一时期，为了在原来的地基上修建卡法雷利宫，原来的神殿大部分被毁坏，今天在卡比托利欧博物馆里，只能见到这些深厚而坚实的地基的一部分。

除了对神殿的奉献，还举办另外两个独特的仪式。第一个是献给朱庇特、朱诺和密涅瓦的宴会。在这个行政官员和元老院议员出席的宴会上，最突出的位置被三位神的雕像占据。朱庇特躺在宴会中央的床上，两位女神坐在他身体两侧。盛宴不但为政治代表们享用，也同样为三位神享用，在他们面前也摆着美味佳肴。

另一个与朱庇特神殿有关的极为古老的传统，是每年在他的节日里钉一颗钉子。也许在共和国最古老的时期，这是用来记录时间过了多少年。钉子钉在献给密涅瓦的神殿里，因为她发明了数字。为了祈求好运，仪式也必须含有巫术和辟邪的成分——为了将疾病或灾害钉到神殿的墙上，这样，它们就不能祸害城市。这个传统随着世纪的更替趋向衰落，在帝国到来之前就消失了。

公元 14 年 9 月 17 日，奥古斯都皇帝去世后不到一个月，元老院颁布将其神格化的法令，就像他生前对尤利乌斯·恺撒所做的那样。一个议员发誓，在 9 月 8 日奥古斯都的葬礼上看到皇帝的灵魂升天，因此得到了莉维娅给的一大笔钱，因为这个关键誓言使元老院决定了对去世的皇帝进行神格化。

然后一个新的信仰——奥古斯都神——得以确立，他的第一位女祭司是他的妻子莉维娅。根据皇帝自己的遗嘱法令，将她的名字变成了尤利娅·奥古斯塔。同时，罗马创建了"奥古斯都兄弟会"祭司团，管理奥古斯都祭礼，并且由莉维娅及其儿子——新皇帝提比略——出资，在罗马广场修了一座神殿。从那时起，罗马在帝国全境以内为神格化的奥古斯都修建了很多纪念神殿，后来，也为其他死后被神格化的皇帝修建了很多神殿。神格化是为那些死后元老院对其任期评价积极的皇帝而保留的。归根结底，决定一位皇帝死后命运的首要元素是议员们的政治和经济利益，他们认为生前表现优秀的那些人，被上升到和诸神并列；而那些生前没有为议员们的利益服务的皇帝则被抹黑，被施以除忆诅咒。这个程序并非只为皇帝们保留，而且是对死者名誉的最大羞辱。遭受除忆诅咒的皇帝不少，被神格化的皇帝也有很多，这取决于皇帝生前与元老院的关系。

公元前 46 年，尤利乌斯·恺撒因法萨利亚战役大捷，在罗马接受凯旋仪式期间，为维纳斯母神奉献了一座神殿，位置在罗马广场恺撒为其家族正在修建的建筑群中。神殿的奉献仪式伴随着献给尤利乌斯家族母神的卢迪。我们已经谈过，这些演出在公元前 44 年被奥古斯都移到了七月底，名字改为恺撒胜利卢迪。

十 月

Octobri laetus portat vindemitor uvas, omis ager bacchi munere, voce sonat.
十月，葡萄农满心欢喜地运送葡萄，田野处处在为巴克斯的礼物喝彩。

MENSIS OCTOBER DIES XXXI

1	B	K·	OCT·	N P	FIDEI·IN·CAPITOL TIGILL·SORORIO
2	C	VI	F		
3	D	V	C		
4	E	IIII	C		IEIVNIVM·CERERIS
5	F	III	C		LVDI·DIVO·AVGVSTO MVNDVS·PATET
6	G	PR	C		LVDI
7	H	NON·	F	LVDI	IOVI·FVLGVR IVNONI·Q·IN·CAMPO
8	A	VIII	F		LVDI
9	B	VII	C		LVDI	GENIO·PVBLIC·FAVSTAE FELICITATI·VENER·VICTR IN·CAPITOL·APOL·IN·PAL
10	C	VI	C		LVDI
11	D	V	MEDIT̄R·	N P	LVDI
12	E	IIII	AVGVST·	N P	LVDI·IN·CIRC
13	F	III	FONT·	N P	
14	G	PR	EN		MAGN·PENAT·IN·VELIA
15	H	EID·	N P		EQVVS·OCTOBER
16	A	XVII	F		
17	B	XVI	C		
18	C	XV	C		IANO·AD·THEATR·MARCELLI IVENALIA
19	D	XIIII	ARM·	N P	
20	E	XIII	C		
21	F	XII	C		
22	G	XI	C		
23	H	X	C		
24	A	VIIII	C		
25	B	VIII	C		
26	C	VII	C		LVDI VICTORIAE SVLLANAE
27	D	VI	C		LVDI
28	E	V	C		LVDI
29	F	IIII	C		LVDI
30	G	III	C		LVDI
31	H	PR	C		LVDI

XXXI

十月是古历的第八个月，至少有两次差点失去其传统名字。因为我们在九月的时候已经讲过，提比略皇帝拒绝元老院提议九月以他的名字命名，也不接受十月用他母亲莉维娅的名字命名，而保留了"October"这个名字。图密善皇帝登基后，自己主动而非元老院提议，他决定自己出生的十月必须冠以他的大名。在他任期内一直这样，但是在他被谋杀后，降临在他身上的除忆诅咒恢复了十月的传统名字。

　　对罗马人来说，秋季也意味着期待已久的葡萄采摘季节的到来。成熟的葡萄就在这个时候被加工，成为在下一年的早葡萄酒节被消费的葡萄酒。本月底，战事停止，士兵们在寒冷开始加剧之前回到祖国。我们在三月时，发现战神马尔斯也与农业有关。这两个原因都使他成为本月的保护神。

　　在十月的图像中，我们可以看到代表一年四季的男性形象。他身披一件稍微长一点的披风，象征在深秋时节炎热已经不再。右下角的篮子里装满刚采摘的葡萄枝叶及果实。猎兔是图像中的主要活动体现，兔子即将落入了罗马猎人提前准备好的陷阱笼里。画面的上部有一个捕鸟器，用法是给树枝上涂抹一种黏性物质，鸟就被粘住了。虽然今天这是一种非法行为，但在十月，地中海的一些地方仍然在使用这种方法，包括伊比利亚半岛的东部。

和罗马世界的诸多节庆一样，这个节日刚开始时也有某种含义，随着时间的流逝被重新解释。"姐妹的梁"是用一根树干做的过梁，在王政时期很可能与进入青春期的仪式有关。在过梁两侧可能有两个祭坛：一个献给朱诺·索罗里亚（Juno Sororia），一个献给雅努斯·库里亚图斯（Jano Curiatus）。前者是女孩步入成年的保护神，而后者则是男孩的保护神。仪式肯定是从过梁下经过，这是青少年生命前期和后期的分界线，是青少年过渡到成年生活的标志。我们对这个仪式所知道的仅此而已，因为它随着时间的流逝消失了。

相反，树干仍然是一个永久的纪念碑，每过一段时间更换一次木材，一直保持到公元 4 世纪。尽管如此，对祖先传统的遗忘促使为这个位于俄彼安山丘的纪念碑编造一段新的故事成为必要。为此，提图斯·李维（《从罗马建城开始》I，24—26）和狄奥尼修斯（《罗马古迹》III，22）叙述了图卢斯·荷提里乌斯国王时期的一段历史。当时罗马和附近城市阿尔巴作战，两个城市约定，进行一场特殊的战斗来决出胜负，这场战斗由阿尔巴城的库里阿斯家族的三胞胎兄弟对阵罗马城的荷拉斯家族的三胞胎兄弟。双方都发誓，获胜的三兄弟将被赋予他们的城市对另一个城市的控制权。

很快，荷拉斯三兄弟被打败，虽然他们打伤了对手，但是他们中有两个战死了，唯一活下来的普布利乌斯没有放弃希望。他判断，不可能一次打赢三个对手，只有在三个对手都受伤的情况下，他才可能跟他们一个一个对打。就这样，他分别杀死了三个受伤的对手，在市民的欢呼声中回到罗马。而他的妹妹却哭得很伤心，因为死去的库里阿斯兄弟中有一个是她的未婚夫。普布利乌斯指责她不为他的胜利高兴，怪罪她支持敌人，当场将她杀死。当国王得知所发生之事，就下令召集群众大会来审判这位英雄兼杀人犯。

父亲出面为儿子辩护，他说自己已经失去了其他子女，这个时候他不该再失去他剩下的唯一孩子。群众大会同情他，命令他做一个赎罪祭。为此，人们设立了"姐妹的梁"，让杀死妹妹的凶手兼兄弟从下面通过，这样才获得了神的宽恕。几个世纪以来，这个家族的后裔一直在这一天举行祭祀活动纪念他们的祖先，以缅怀他们家族的起源，由于神和人民的宽恕，这个家族得以繁荣。

| 10 月 4 日 | 禁食克瑞斯节 | 十月诺奈日前第四天 |

公元前 191 年，根据预言书的神谕，十人委员会颁布法令，每五年进行一次禁食，向克瑞斯女神致敬，为发生的几个不幸事件赎罪。这是罗马宗教中不常举行的仪式，因为取悦诸神的最普遍的方式是举办宴会。后来，这个节日就开始每年举办一次，持续了整个帝国时期。

| 10 月 4 日 | 腓立比大捷日 | 十月诺奈日前第四天 |

公元前 42 年 10 月 4 日，在马其顿的腓立比城附近，刺杀尤利乌斯·恺撒的凶手率领的军队与马克·安东尼和屋大维的军队相遇，于是发生了两场战斗中的第一场。这两场战斗由后三头同盟中的两位精心策划：一个是恺撒的生前副手，另一个是恺撒的继承人，为已经神化的恺撒复仇。

在第一场战斗中，最好的位置——两个山丘——被刺杀恺撒的凶手的军队占领，而屋大维和安东尼不得不驻扎在偏弱势的位置。布鲁图斯的军队突袭了屋大维的军营，对屋大维睡觉的床一阵乱砍。据说，幸运的是，由于身边有个同伴做了个不祥之梦，提醒了屋大维这次袭击，虽然他病得很重，但还是从床上挣扎着起来逃命了。

与此同时，马克·安东尼成功地包围了卡西乌斯阵地的一些海滨沼泽，后者当时正在等待布鲁图斯的攻击结果。由于没有事先接到布鲁图斯的消息，当他发现遭遇安东尼包围的时候，他以为布鲁图斯被打败了，于是蒙住自己的头，请求自己信任的奴隶砍掉，以免被安东尼活捉。就这样，在腓立比的第一场战斗，虽然攻破了屋大维的营地，但刺杀恺撒的凶手们失去了他们的首领之一。

第二场战斗发生在 10 月 23 日，这场战斗意味着布鲁图斯的彻底失败。刺杀恺撒的刺客中活着的这最后一位，不愿意做俘虏，选择了自杀，把自己的剑指向胸口，然后扑上去刺死了自己。

这次胜利之后，屋大维许愿，班师罗马后将要建一座宏伟的神殿向"复仇者马尔斯"致敬，为了颂扬这位战神护佑他为恺撒复仇成功。神殿建在罗马广场的一个开阔地，是从不同的人手里购买的，这个地方最终变成了奥古斯都皇帝的宏伟广场。在神殿最后的工程尚未完成之前，屋大维于公元前 2 年 8 月 1 日为神殿举行了揭幕典礼。

如果说恺撒广场已经完全成为对他和他的家庭——尤利乌斯家族——的颂歌，那么奥古斯都广场也毫不逊色。广场两侧分布着两个半圆式露天建筑，有史以来的第一个"名人堂"就坐落在里面。由罗慕路斯开始的罗马历史上最重要的人物的塑像被竖立起来，还有尤利乌斯家族最杰出的各位祖先，包括这个门第的创立者埃涅阿斯。还建造了一个巨大的空间，在那里安置着献给"皇帝的守护神"的雕像，高度为 11 米。这样高度的雕像，只能分开安装身体各部位——躯干用一个内部框架做成后，用布盖起来，然后安装大理石的双臂和头部，这是唯一可见的身体部位。

这是一年中的第二次，冥府之门打开，亡灵从里面出来，在活人的世界游荡。

| 10 月 11 日 | 梅迪特里娜女神节 | 十月伊都斯日前第五天 |

葡萄采摘完毕，就到了踩葡萄的时候了。这一天，人们举行一年
中与葡萄酒有关的最后一个节庆。梅迪特里娜女神节是献给朱庇特和
梅迪特里娜女神的，后者是罗马人为这个节庆创造的保护神。在这个
节日里，人们品尝陈酒和新酒，新酒可能是由刚刚踩过、尚未发酵的
葡萄制作而成，虽然可能还不能称为葡萄酒，但是有益于健康。瓦罗
说该节日的名称来自于治愈，还提到献上这个祭品的时候要说几句祷
词，这是祈求好运的咒语。

Novum vetus vinum bibo: novo veteri morbo medeor.

我饮陈酿和新酒，我的旧疾和新疾都得到治愈。

(瓦罗，《论拉丁语》VI，21)

公元前 19 年，奥古斯都从东方征战平安归来，为了表示感谢，元老院在卡佩纳门附近为福尔图纳·瑞杜克斯（Fortuna Redux）——归途好运女神——献上了一座祭坛。奥古斯都决定在夜间进入罗马，这样就不会有大规模的游行。虽然他得到了很多的荣誉，但他只接受了一个名为"奥古斯塔利亚"的节庆。将在世的奥古斯都与神同化，这种做法在罗马还是第一次。而在奥古斯都统治期间，至少在帝国的西部地区，这样做是没有得到明确许可的。公元 14 年，"第一公民"去世之后，这个节日包含了在 5—12 日之间举办的卢迪，以及耕地兄弟会用牛犊进行的祭祀。这个节日是罗马第一次为一个在世者举行的庆祝，在历法中至少保持到了 3 世纪。

| 10 月 13 日 | 丰斯神节 | 十月伊都斯日前第三天 |

这个节日是献给泉水、喷泉和水井的保护神丰斯（Fons）的节庆，是感谢他为农村和城市提供水的节日。人们向喷泉和水井中投硬币，并用花环装饰它们。今天，人们仍然保留着向喷泉和水井中投硬币求好运的习俗。

　　十月马节的庆祝从最古老时期开始，一直延续到帝国末期。尽管如此，除了 4 世纪的费罗卡利纪年表外，在我们保存下来的罗马世界其他历法中，没有一个在上面标记这个节日。这一天，在战神广场举办双驾马车比赛，获胜马车的右侧马由马尔斯祭司下令做祭品。在罗马宗教中，一般不用马做祭祀，是因为马作为战斗动物的神圣性，也因为马的脖子比起牛、羊和猪，更长更高，杀死马很费劲，无法用传统方式庄重地完成。资料告诉我们，可能是用长矛或者标枪杀死马的。

　　杀死祭品后，祭品的头部被砍下，神圣大道和苏布拉的居民们为了争夺它而展开一场战斗，获胜者的特权是将其作为战利品拿去展示。如果神圣大道的居民赢了，马头就会被钉在雷吉亚的墙上；而如果苏布拉居民赢了，马头则被钉在玛米利亚塔上。与此同时，马尾巴也被割下，尽快带到雷吉亚，在那里，马的血必须滴在里面的圣坛上。另外，维斯塔贞女把血保留下来，将马血用来制作莫拉酱，这一点我们已经从其他节庆熟悉。

　　这个节庆的起源可能不仅在于农业仪式，也在于战争仪式。虽然是后者为该节日保持了重要性，但我们不能忘记，战神马尔斯在起源上也与农业有紧密的关系。无论是哪种情况，随着时间的流逝，十月马节已经变成了一个军队净化仪式，仅仅几天之后军事战役正式结束。

| 10 月 15 日 | 卡比托利欧卢迪节 | 十月伊都斯日 |

这个节日是献给"至尊朱庇特"的节日，很可能是公元前 4 世纪初由卡米卢斯设立的，作为对众神之王的感谢，因为他在高卢人侵略罗马的时候拯救了卡比托利欧神殿。娱乐活动不是公开的，而是由卡比托利欧协会以私人方式赞助，在十月伊都斯日开始举行——所有月份的伊都斯日都是献给朱庇特的日子——一直持续到本月底。

这个节日的重要性随着时间的流逝而下降，直到完全消失。图密善皇帝在公元 86 年予以恢复，和奥林匹克运动会一样，作为希腊式竞技活动，在整个帝国时期每四年举办一次。

这个节日也被称为朱文塔斯卢迪,是尼禄皇帝于公元 59 年设立的,献给朱文塔斯——"青春"女神,用来纪念皇帝首次剃须,这代表着他已经是成年人了。21 岁的尼禄用戏剧表演来庆祝这些卢迪,罗马最有权势的精英才有资格参加。这是尼禄皇帝炫耀个人艺术才华的一次绝佳机会,在这种气氛中,肯定任何人也不会对其表演评头论足。最后人们也看到了一些会被认为不雅的表演,但是这一切都是在罗马最有权势的阶层的共谋下秘密进行的。尼禄的统治结束之后,这个节日保留了下来,并且加上了狩猎表演和马戏卢迪。

| 10 月 19 日 | 武器净化节 | 十一月卡伦德日前第十四天 |

    在三月期间我们揭示了象征军事战役开始的各种节日是如何庆祝的，那些节日中有一个在 10 月 19 日再次出现。这是庆祝军事战役的传统阶段结束的节庆，在这个节日里，净化武器，清除武器上沾染的敌人的血，避免任何不洁净。和我们已经在三月的战争节庆中看到的仪式一样，可能马尔斯祭司也参加了仪式向马尔斯致敬，起舞、跳跃，展示马尔斯神盾。

"10 月 24 日，大约在第七个小时，我母亲说天空中出现了一大片形状怪异的云。"这是小普林尼给他朋友塔西佗的信件原稿中可以看到的内容，在信中讲述了公元 79 年的维苏威火山喷发。众所周知，这场灾难的日期传统上认为是 8 月 24 日，因为这封信的中世纪抄本是这样提到这个日期的：九月卡伦德日前第九天。然而，很多资料记录了火山爆发在秋季的可能性，现在我们就来核实一下。

关于火山喷发日期的疑问在 18 世纪就已经出现了，尽管当时反响不大，只有时间的流逝和进一步的发掘才可以证实这些猜疑。人们在庞贝城遗址发现了大量炭化的秋季果实——核桃、无花果、板栗、葡萄以及为了保存葡萄酒已经封固的大缸，由此排除了火山喷发发生在夏季的可能性，明确地指向秋季，最早也在十月。

也有其他迹象表明，被维苏威火山埋在地下的各个城市当时已经进入寒冷季节，因为人们发现了用来给房屋取暖的火盆和铺在大理石与马赛克地面上的地毯织物。决定性的证据在 1974 年被发现，在庞贝城的"金臂铠之家"。在这所房屋里，人们发现了一小笔金银财宝，有40 个金币和大约 200 个银币，几个逃亡者在企图劫掠这间房屋时不幸遇难。除了这个重大发现，其中一枚银币给后世留下了意外的惊喜，因为它可以证明维苏威火山在 8 月 24 日尚未喷发。在这个提图斯皇帝下令铸造的硬币上，出现了他的称号，包括他的第十五个皇帝任期。从这里我们得知，授予他该任期的时间是公元 79 年 9 月 7 日。因此，那枚银币不可能在公元 79 年 9 月 8 日前铸造，那么火山不可能在八月喷发，把庞贝城埋在下面。

一旦我们确定了火山喷发至少发生在 9 月 8 日之后的某个时间，那么我们能调查出准确的日期吗？简洁的回答是——绝对不可能。针对这个情况，我们唯一能做的是提出假设，虽然目前不能以决定性的方式证明，但是可以满足我们已经讨论过的所有条件。调查认为 11 月 1 日或者 10 月 30 日是可能的，但是可能性更大的似乎是 10 月 24 日。

在古代和中世纪，抄写文本是很普遍的现象，因为这是保存一部作品内容的唯一方法，虽然由于文本太古老，其承载物已经腐烂。中世纪的修道院在抄写古文本时为历史帮了大忙：如果不是这些修道院的贡献，罗马世界大量作品的内容不可能保留至今。

如果我们比较在我们熟悉的资料中显示的日期（*nonum Kal. Septembres, hora fere septima*）和 10 月 24 日的日期写法（*nonum Kal. Novembres, hora fere septima*），我们就会发现，负责抄写小普林尼信件的抄写员可能把原文抄错了，抄写员将 Novembres 与 Septembres 混淆的可能性很大。虽然我们只能做这个假设，但我们不能完全肯定公元 79 年 10 月 24 日是火山喷发的真正日期。

正如可以证实的，该调查的进展对于进一步了解世界上最重要的考古宝藏之一是非常关键的。应该强调的是，我们已经熟知的有关这场灾难的所有资料的源头是查理三世对遗址的发现，当时他任那不勒斯和西西里的国王，对古代文化和文明很着迷，这是遗传了他母亲的爱好。他对当时正在建设的皇宫周围进行了有计划的深度挖掘，那里离 1700 年前赫库兰尼姆城所在位置很近。在军队工程师的指挥下，由犯人挖掘的深坑中，开始挖出雕塑和壁画。虽然朝臣们嘲笑年轻国王不务正业的爱好，但他还是坚持自己的立场，不断派人挖掘，又陆续发现了一些被历史完全遗忘的地方。

从这次挖掘工作开始，查理三世对罗马古迹的兴趣与日俱增。即使已经登上了西班牙国王的王位，他的兴趣也没有衰减。这对当时的建筑、绘画和雕塑产生了极大的影响。庞贝城遗址得以保存下来，这要感谢那些继续挖掘的人，他们比以往任何时候都更加努力地继续了解过去的细节。幸运的是，我们不再对过去感到陌生。

10 月 26 日—11 月 1 日	苏拉奈胜利卢迪节	十一月卡伦德日前第七天— 卡伦德日

为了区别于那些向"神圣尤利乌斯·恺撒"致敬而设立的节日，胜利卢迪后来必须加上"苏拉奈"的称号。这个节日第一次是在公元前 81 年举办的，为纪念塞拉将军战胜萨莫奈人。这场战役发生在公元前 82 年 11 月 1 日，塞拉为保卫罗马与马里奥的支持者和盟友交战，塞拉打赢了这场内战。在敌人彻底失败之后，塞拉成为独裁者，对共和国进行了一年的绝对掌控。

从公元 4 世纪开始，罗马开始了争夺帝国政治和军事控制权的敌对双方之间的争斗。一方是马克森提乌斯，他已经在罗马被拥立为皇帝，但他被罗马市民指摘为僭主，甚至引起了针对他的暴乱；另一方是君士坦丁，帝国西部的大部分地方都处于他的控制下，为了攻克首都，他进军罗马，以显示他的合法皇帝地位，赶走篡位者。

在意大利经历了几场战斗之后，君士坦丁于 312 年 10 月逼近罗马，在台伯河以外的米尔维奥桥附近扎营。而为了阻止进攻者通过，这座桥已经被马克森提乌斯下令提前毁坏了。根据预言书的神谕改变策略之后，马克森提乌斯决定开始战斗。从预言书中挑选出的那个段落保证，在战斗中，谁与罗马为敌，谁必死无疑。不管结局如何，以防万一，为了不至于在战败的情况下成为牺牲品，他把家人先藏了起来，而且把皇帝的标志——权杖和旗帜埋在帕拉蒂诺山（于 2005 年被发现，今天在罗马马西莫宫国家博物馆展出）。

马克森提乌斯要到河对岸去和君士坦丁战斗，就必须过桥，于是就用木头临时重建了米尔维奥桥。根据基督教资料所记述的，比如拉克坦提乌斯（《论迫害者之死》，44）或者尤西比乌斯（《君士坦丁传》，38），君士坦丁做了一个梦，或神给他显灵，他明白了基督教上帝站在他这一边，因此，他决定给战士的盾牌画上天神的标志。这是一个以耶稣名字首字母和十字交织的图案，是基督教信仰最重要的标志之一。

在战斗中，马克森提乌斯的部队溃败，向罗马撤退。当部队急促地通过这个不稳定的木桥时，桥未能承受住所有人的重量，其中很多人，包括马克森提乌斯本人，都掉到台伯河里淹死了。这位皇帝的尸体打捞上来之后，被肢解并斩首。君士坦丁把篡位者的头钉在长矛上，带到罗马，让所有的市民亲眼看到马克森提乌斯已经死了。

在基督徒和异教徒撰写的资料中都颂扬了这场战役，因为它意味着罗马的解放，从此，君士坦丁成为罗马的新任皇帝。所有这些资料也都一致认为神的帮助对胜利起了关键作用。然而，这并不真的意味着君士坦丁信仰基督教，就像基督教编年史的作者们为了自身利益而肯定的那样。在任何争斗面前，普遍的做法是寻求帮助以及某个神灵的保佑，在这件事上，君士坦丁向基督教神祈求保佑。他的计划经过深思熟虑，也有助于他得到在罗马民众中越来越多的基督徒的支持，这样他就可以在胜利进入罗马时得到他们的拥护。君士坦丁从未放弃对其他诸神的信仰，继续称颂帝国的宗教信仰自由，但是他的确接纳了其中的基督教信仰。不到一个世纪之后，基督教学说最终被彻底强加给了帝国。

十一月

MENSIS NOVEMBER

Frondibus amissis repetunt sua frigora mensem,
cum iuga centaurus celsa retorquet eques.
当人马座（射手座）骑手折弯了他的轭，大熊星座出现的时候，
树叶飘落，寒冷回到这个月。

MENSIS OCTOBER DIES XXXI

1	B	K·OCT·NP	FIDEI·IN·CAPITOL TIGILL·SORORIO
2	C	VI F	
3	D	V C	
4	E	IIII C	IEIVNIVM·CERERIS
5	F	III C	LVDI·DIVO·AVGVSTO MUNDVS·PATET
6	G	PR C	LVDI
7	H	NON·F LVDI	IOVI·FVLGVR IVNONI·Q·IN·CAMPO
8	A	VIII F	LVDI
9	B	VII C	LVDI	GENIO·PVBLIC·FAVSTAE FELICITATI·VENER·VICTR IN·CAPITOL·APOL·IN·PAL
10	C	VI C	LVDI
11	D	V MEDITR·NP	LVDI
12	E	IIII AVGVST·NP	LVDI·IN·CIRC
13	F	III FONT·NP	
14	G	PR EN	MAGN·PENAT·IN·VELIA
15	H	EID·NP	EQVVS·OCTOBER
16	A	XVII F	
17	B	XVI C	
18	C	XV C	IANO·AD·THEATR·MARCELLI IVENALIA
19	D	XIIII ARM·NP	
20	E	XIII C	
21	F	XII C	
22	G	XI C	
23	H	X C	
24	A	VIIII C	
25	B	VIII C	
26	C	VII C	LVDI VICTORIAE SVLLANAE
27	D	VI C	LVDI
28	E	V C	LVDI
29	F	IIII C	LVDI
30	G	III C	LVDI
31	H	PR C	LVDI

XXXI

十一月开始了，寒冷也伴随而来，夜晚不再喧嚣，白天也变得安静。这个月是罗马古历的第九个月，其名字由此而来。本月节日不多，事实上，各种历法上的这个月都没有用大字母标记任何国家节日。相反，和九月一样，这个月的日子集中围绕卢迪的庆祝活动，寒冷没有妨碍人们满怀热情地参与其中。

  在农田里，农民开始耕种，希望大地能在种子发芽之前保护种子免受寒冷。根据历法，它的保护和本月的保护工作都委托给了女神狄安娜。

本月的图像与在帝国时期变得越来越重要的一个节庆有关。从征服埃及并将其作为一个行省纳入罗马，埃及的品位和习俗就渗透并征服了罗马。涉及伊西斯节的诸神——伊西斯（Isis）、奥西里斯（Osiris）和荷鲁斯（Horus），开始在一个新的文明中扩大影响。

这个起源于埃及的节庆在 10 月 28 日和 11 月 3 日之间庆祝。无论是奥古斯都还是提比略都对这类信仰持反对态度，卡利古拉却予以大力支持，甚至在战神广场为伊西斯建了一座宏伟的神殿。从那时起，人们开始庆祝这个节日，重构了奥西里斯的死亡和复活神话。

根据这个有不同版本的神话，代表混沌的塞特（Seth）出于嫉妒，杀死了代表善良的兄长奥西里斯，肢解了尸体并抛撒到整个埃及。奥西里斯的妻子伊西斯，拼命地寻找丈夫的尸体碎块，直到全部找到，并设法将碎尸重新组合到一起。为了使奥西里斯永远没有后代，他的阳具被尼罗河里的一条大鱼吞噬了。然而，一种强大的魔法使奥西里斯一度起死回生，成功地让伊西斯怀上了他们的儿子荷鲁斯。最终，由于其非同寻常的生命状态，奥西里斯坐上了主掌亡灵永生的神位。

伊西斯节和其他遵循受难、死亡、复活这一连串过程的信仰一样，在不同的日子庆祝这个神话的每一个不同阶段，直到正义战胜邪恶，正常秩序得以恢复的时候为止。所有仪式都由出现在本月图像里的祭司主持，传统上他们身穿长袍，头戴胡狼头面具，代表阿努比斯（Anubis）。另外，还伴有我们在本月图像中看到的仪式元素：神圣的乐器，盛放叶子的盘子和盘子里的蛇，折下的树枝，甚至还有和伊西斯女神相关的动物——鹅。随着伊西斯信仰在罗马赢得信众，罗马人开始从社会的杰出成员中挑选其祭司。有几位皇帝，比如康茂德，就担任了这一职位，他剃头修面，亲自参加伊西斯节的典礼仪式。

伊西斯信仰在 2 世纪、3 世纪变得尤为普及，甚至一直持续到 4 世纪。这个节日和其他伊西斯的节日，比如我们在三月份已经了解的伊西斯船节，一起被标记在费罗卡利纪年表上。

平民娱乐节是在公元前 220 年公开确立的，当时的监察官盖乌斯·弗拉米尼乌斯（Cayo Flaminio）建立了一个竞技场。为了向他致敬，这个竞技场被命名为弗拉米尼乌斯竞技场，在那里进行表演。后来，到了共和国时期，卢迪剩下的主要节目被转移到马克西姆竞技场。

平民娱乐节包含 4—12 日的斯卡尼奇卢迪，以及 15—17 日的罗马卢迪——完全对应于九月的罗马卢迪。这两个罗马卢迪的构成实际上一模一样，包括马戏表演和在伊都斯日献给朱庇特的宴会。区别在于，平民娱乐节的罗马卢迪由民选行政官员负责，而九月的罗马卢迪由权贵负责。11 月 18 日到 20 日还要连续举办三天集市，为了让那些远道而来参加节日活动的其他城市的居民在享受节日的同时，可以顺便买到他们需要的商品。

一年内第三次也是最后一次，冥府之门打开，亡灵来到活人的世界游荡。

根据古典资料，从 11 月 11 日这一天开始，由于糟糕的天气和不利的海上条件，不建议航行。在这个名为"禁海"的时期，连接罗马和地中海最遥远港口的最重要的海上航线不通航，直到好天气来临，具体来说是第二年的 3 月 10 日。就在这个日子的几天前庆祝的伊西斯船节，祈求女神对航行的祝福。

Quidam menses aptissimi, quidam dubii, reliqui classibus intractabiles sunt lege naturae. Pachone decurso, id est post ortum Pliadum, a die VI. Kal. Iunias usque in Arcturi ortum, id est in diem XVIII. Kal. Octobres, secura navigatio creditur, quia aestatis beneficio ventorum acerbitas mitigatur; post hoc tempus usque in tertium Idus Novembres incerta nauigatio est [...] Ex die igitur tertio Idus Novembres usque in diem sextum Idus Martias maria clauduntur. Nam lux minima noxque prolixa, nubium densitas, aeris obscuritas, ventorum imbri vel nivibus geminata saevitia non solum classes a pelago sed etiam commeantes a terrestri itinere deturbat.

有些月份非常适合航海，有些月份则令人怀疑。根据自然法则，有些月份船队难以通行。从 5 月 27 日昴星团出现开始，直到牧夫座出现的 9 月 14 日，航行被认为是安全的，因为夏季的温暖可以平息狂风。而从这个日期一直到 11 月 11 日，航行开始变得危险；[……] 因此，从 11 月 11 日至（第二年的）3 月 10 日，大海处于被封闭状态。因为白天变短，黑夜变长，乌云密布，天昏地暗，雨和雪加剧了寒风，这些因素不仅阻止了海上航行，也影响到陆地上的旅行。

（贝吉修斯，《军事原理简编》IV，39）

尽管有这些建议的存在，但并没有法律禁止航行，因此，在冬季坚持出海是一项高风险的业务，只有经验丰富、渴望利润的商人才能负担得起。大海是罗马的强大盟友，大海可以在短时间内远距离运输商品和军队，然而，如果发生暴风雨的话，大海也可能变成最可怕的敌人。

在古代，许多船只在地中海沉没，其中一些令人印象非常深刻，比如一艘从加的斯出发开往罗马的大型商船布费雷尔号（Bou Ferrer），在阿利坎特的海岸遇难。船上装载着三千多罐产自贝蒂卡最好的鱼露，还载有铅块，这是尼禄皇帝的一笔重要货物。目前的假设认为该铅块的最终目的地可能是这位皇帝的豪华"金宫"，然而船却不幸沉没了。

| 11 月 13 日 | 朱庇特节 | 十一月伊都斯日 |

　　和九月的伊都斯日一样，朱庇特宴会标志着表演的结束，罗马卢迪马戏表演的开始，本月的马戏表演是"平民卢迪"。

在十一月的伊都斯日也是庆祝菲罗尼亚女神的节日，作为节日庆祝，其起源应该比"平民卢迪"更早。这位女神可能是伊特鲁利亚人或者萨宾人的神，和象征自由的利贝尔塔女神有关。由于这个原因，菲罗尼亚被看作获得自由的奴隶的保护神。

在特拉契纳城这位女神的神殿里，保留了一个举行奴隶解放仪式的座位，即让被解放的奴隶坐在上面，象征自由的伞状帽在想必是剃过发的头上发亮，上面刻有铭文："奴隶认为这是他应得的，并以自由的身份站起来。"（塞尔维乌斯，《对维吉尔〈埃涅阿斯〉的评论》，VIII，564）

奴隶构成罗马社会的基础，无论是在农村还是在城市都承担着大量的劳动。关于最早的奴隶，瓦罗认为他们是"会说话的工具"（瓦罗，《论农业》I，17，1）。虽然这是个蔑称，但是一些为罗马显贵家庭或者皇帝工作的奴隶，可能终有一天会成为有影响有权势的大人物。大多数奴隶的职业为洗衣工、面包师、厨师或者仆人，一直为一个主人干活。另外有很多奴隶是公共的，为国家服务。

在很多城市，奴隶怀着总有一天可以获得自由，开始新生活的盼望而工作。有些奴隶可能会在18岁之前死去，但是能够活到成年的奴隶有可能获得自由。女奴隶获得自由的年纪更小，在很多情况下是为了能够嫁给她们的主人。但是大多数情况下，奴隶获得自由的年龄在25—30岁之间。相反，很多在庄园主的田地里干活的，或者更糟糕的，在矿井或者采石场劳动的奴隶，他们的预期寿命更短，获得自由的机会更渺茫。

十二月

MENSIS DECEMBER

Argumenta tibi mensis concedo Decembris
quae sis quam vis annum claudere possis.
十二月，我以你的节日结束我的话题，
年复一年，你的节日排在岁末。

MENSIS DECEMBER DIES XXXI

1	G	K·DEC·N	NEPTVNO PIETATI·AD CIRC·FLAM
2	H	IIII N	
3	A	III N	
4	B	PR C	
5	C	NON·F	
6	D	VIII F	
7	E	VII C	
8	F	VI C	TIBERINO·IN·INSVLA
9	G	V C	
10	H	IIII C	
11	A	III AGON·NP	
12	B	PR EN	CONSO·IN·AVENTINO
13	C	EID·NP	TELLVRI·LECTIST CERERI·IN·CARINIS
14	D	XIX F	
15	E	XIIX CONS·NP	
16	F	XVII C	ARA·FORTVNAE·REDVCI DEDICATA·EST
17	G	XVI SAT·NP	
18	H	XV C	
19	A	XIIII OPAL·NP	
20	B	XIII C	
21	C	XII DIVA·NP	
22	D	XI C	LARIB·PERMAR
23	E	X LAR·NP	
24	F	VIIII C	
25	G	VIII C	NATALIS·SOL·INVICTI
26	H	VII C	
27	A	VI C	
28	B	V C	
29	C	IIII F	
30	D	III F	
31	E	PR C	

XXXI

十二月开始了，这是罗马年的最后一个月，古历的第十个月，在好几个世纪中，十二月之后是二月。在乡下，这个月并没有太多活儿可干，因此土地所有者可以趁着躲避寒冷的时机，好好地享受应得的休息，直到下个月来临。

　　在城市里，与诸神相关的节庆较少的十一月过后，是时候再次庆祝盛大的节日了。我们从这个一年中最后一个月的图像中，可以看到罗马人庆祝的最重要的节庆之一：献给本月保护神萨图尔诺的节日。当我们稍后详细介绍节日细节的时候，我们将讨论这个冬季的庆祝活动。

| 12 月 4 日 | 善良女神节 | 十二月诺奈日前一天 |

善良女神是与生育能力相关的神，只允许女人崇拜。罗马人说不出她的名字，或者甚至罗马人也不知道她的真名，她的祭拜仪式是秘密进行的。这一切我们在 5 月 1 日介绍献给她的节日时已经了解。

尽管如此，在罗马历史的很长时间里，人们在十二月初会庆祝另外一个向善良女神致敬的节日。这个节日不是公共的，而是私人性质的，由社会最有名望的女性参加，从维斯塔贞女到罗马有影响力的男人的妻子。这些女性举行秘密聚会，在某位最高执政官或者大法官家里祭拜善良女神，为罗马人民祈福。

公元前 63 年，秘密聚会在最高执政官西塞罗家举行。公元前 62 年，秘密聚会在当时担任大法官的恺撒家中举行。和往年一样，那一年的庆祝活动是在 12 月 3 日或 4 日晚上举行的，妇女们聚集在一个用葡萄叶子装饰的房间，在两位女主人——奥莱莉娅（Aurelia）和庞培亚（Pompeya），分别是恺撒的母亲和妻子——的注视下，妇女们用一头猪做祭品，并向女神献上葡萄酒——必须称之为"奶"。在男人到不了的这个地方，女人们随着音乐节拍翩翩起舞，这时一位不速之客溜进了聚会。

普布利乌斯·克劳狄乌斯·普尔彻（Publio Clodio Pulcro）男扮女装混了进来，和恺撒的妻子庞培亚在一起，据说和她有私情。克劳狄乌斯混进女人堆里不久，一位女仆听出了他的男声，立即揭露了这种恶行。所有的女人匆忙遮盖那些不能被男人看见的一切，奥莱莉娅匆

378

忙以非正统的方式结束了仪式。对罗马妇女的这次侮辱需要向善良女神进行大赎罪才能避免更大的灾难，而克劳狄乌斯必须在凡人和诸神面前应对审判。上层阶级支持判他刑罚，而人民决定赦免他的罪行。

恺撒立即与庞培亚离婚，以避免任何形式的怀疑。当他被传唤出庭做证时，让所有人感到惊讶的是，他说他对这件事一无所知。法官们都很奇怪，问他："那么你为什么要休掉你的妻子呢？"他回答："因为我认为我的妻子甚至不应该被怀疑。"（普鲁塔克，《恺撒传》10，9）。有人说，恺撒真的是这么想的，另外有人认为他这么做仅仅是为了赢得民心。人民呼吁赦免克劳狄乌斯，最终，克劳狄乌斯被无罪释放，并为后世留下了一个用民间谚语的形式体现的教导："恺撒的妻子，不但要贞洁，也必须表现得贞洁。"

12 月 5 日	法翁神节	十二月诺奈日

法翁是野外动植物的保护神,在森林和农作物中游荡,给农民带来福祉,人们在这一天祭拜他。与 2 月 13 日献给这位神的节日不同,这个节日的庆祝可能不在罗马城或者其他城市,而是在乡村举行。人们向法翁神献上葡萄酒和羊羔,祈求他保护农作物、牲畜和森林。奥拉西奥将其《颂歌》中的一首(III,18)献给这个节日:所有的乡村居民在休息、跳舞,在这一天忘记了辛苦的农活。

12 月 8 日在罗马庆祝第伯里努斯的节日，他是台伯河的化身。他的神殿在台伯岛上，这位神从那里控制着河水及其流量。台伯河是城市的重要组成部分。由于河床很深，船只可以把货物运到罗马，在那里的水域可以进行各种各样的宗教净化仪式。这条河结合了神圣和世俗性质的元素。

尽管台伯河给罗马人带来了很多好处，但是这条河也目睹了许多人从桥上投河自杀；也见证了许多处决，比如杀死亲属的犯人被装在一个袋子里，活活丢进水里，袋子里提前装进了一只狗、一只公鸡、一条蛇或一只猴子。这种被称为沉入水底的刑罚，至少从公元前 2 世纪就开始存在，欧洲直到近代仍然时有施行。

正如我们所看到的，罗马和台伯河之间的关系过去是非常复杂的，今天依然如此。无论如何，罗马人不惜一切代价向第伯里努斯祈祷的，一直是避免洪水。在古代，台伯河无数次淹没了这座城市，严重损坏了战神广场的许多建筑，有时甚至淹没了罗马广场一带。一些目击过洪灾的作家在资料中描述，很多时候，从该城一个地方到另一个地方的唯一办法是在街道之间航行。

尽管从古代就开始抬升城市的高度，然而即使到了今天，洪水仍然经常影响着罗马，虽然不再像过去那样，但确实改变了罗马人的日常生活。随着时间的推移，人们似乎忘记了第伯里努斯仍然在他已经消失的神殿里决定着罗马城河水的命运。

| 12 月 11 日 | 宰牲节 | 十二月伊都斯日前第三天 |

　　一年的第四次也是最后一次宰牲节，在一月、三月和四月之后，十二月的这个节日是献给与太阳神相关的英帝格斯神的，也献给早期拉丁民族的创始人埃涅阿斯。在这个节日里，人们用一只公羊献祭，请求太阳神发出温暖的光芒。

12 月 11 日，人们也庆祝七丘节。这是一种从最早出现集体、形成原始村镇开始就根深蒂固的传统。然而，并不是所有的市民都参与其中，只有蒙塔尼人——罗马山区的居民才可以参加。这个节日没有出现在任何一个帝国历法中，我们发现唯一提及这个节日的是一个 5 世纪的日历抄本。

大约在公元前 9 世纪，这个节日是为了庆祝罗马各个村镇定居的几座山的联合，其中的七座山促成了这个节日。和罗马文化的许多其他方面一样，确定是哪七座山组成了第一个联合，是很棘手的，不仅对今天的研究人员来说如此，而且对罗马人自己来说也是如此。针对同一个"七丘"概念，他们给出了不同的回答。

最初的七座山是帕拉蒂诺山、维利亚山、凯里乌山、奥皮奥山、契斯庇奥山、法古塔尔山和西里欧山。罗马这七个山区的居民可能被称为蒙塔尼人，他们在这个节日里献祭。而奎里纳尔山和维米纳尔山的居民被排除在外，因为后两座山被看作山丘，而不是山。

纵观罗马的历史，"七丘"概念所包含的对古代和现代世界许多文化极具重要性的神奇数字原封不动，然而组成"七丘"的名单并非如此。尽管存在巨大的不确定性，许多作家同意授予这七座山属于帝国时期正典名单的荣誉，它们是：帕拉蒂诺山、卡比托利欧山、奎里纳尔山、维米纳尔山、埃斯奎里山、西里欧山和阿文蒂诺山。

这个节日最重要的仪式在帕拉蒂诺山举行，这座山见证了罗慕路斯亲自创建罗马城。在这座山上，人们崇拜山神帕拉图亚（Palatua）。除了这个祭礼及其他仪式，我们还知道，在庆祝节日的时候不允许乘坐马车或其他役使动物的交通工具在城市中穿梭。甚至据说在罗马城，这一传统阻止了市民们在这个节日期间，除了参加仪式，其他外出的情况发生。

| 12 月 13 日 | 忒勒斯神宴节 | 十二月伊都斯日 |

12 月的伊都斯日在日历上标记了献给忒勒斯女神的节日，在这一天举行她的神殿献祭仪式，这一天是她的诞生日。向忒勒斯致敬的同时，人们可能也向与农业紧密相连的大地女神克瑞斯致敬，举办神宴。这是一种仪式，是献给躺在床上的神像一个神圣的宴会，也是促进刚播过种的田地肥沃的仪式。

12 月 15 日	孔索神节	一月卡伦德日前第十八天

这是一年中第二次挖开孔索神祭坛的日子。这位神是水井和谷仓的保护者，他的神殿位于马克西姆竞技场。当然，这个节日也会重复其他仪式，比如马车比赛。

虽然这一年行将结束，但罗马人仍在等待这一年中最重要的一个节日到来，这就是农神节，即萨图尔诺神的节日。我们将首先关注与该节日的起源和最初的概念相关的萨图尔诺神，接下来我们将介绍节日期间举办的传统活动，这些活动充满欢乐却又离经叛道。

萨图尔诺神的起源非常古老，他统治的世界是黄金时代，没有自由人和奴隶的区分，人人自由平等，分享土地的出产。根据罗马人的传说，萨图尔诺亲自教会人类耕种土地，因此他被尊为保护播种任务的神。甚至有人说他的名字来源于"撒种"，尽管我们今天知道这种词源上的解释肯定是不正确的，但对于罗马学者来说，没有任何其他关系比这更有意义了。

农神节始于公元前 497 年 12 月 17 日。当时，在罗马广场，人们建了一座神殿供奉萨图尔诺。这个节庆在一年的最后几天，这是播种刚刚结束，人们祈求神保护作物在开始生长前免受冬季寒冷的影响。田里的农活已经结束，农民们在祈祷之后，抽空享受几天的休息和空闲时间，在田里干活的奴隶冬天甚至被允许停止劳作。

在接下来的一千年里，萨图尔诺神殿不仅是祭拜这位神的地方，而且也成为罗马民族的国库，即国家公共财产的所在地。如果在萨图尔诺统治期间，所有人生活在平等的环境中，一切都属于大家，还有什么比他的神殿更好的地方来保护所有罗马人的财富呢？这座神圣建筑的崇拜雕像被用羊毛绳子绑着，以防止萨图尔诺神离开这座城市，使罗马人得不到保护。只有当农神节到来的时候，神像才被解开，这样萨图尔诺神就可以享受属于他的节日了。

在流行的观念中，农神节是比赛和对抗的节日，这是在节日期间以私人形式举办的活动中很常见的元素。国家的公共庆祝活动在第一天举行，展示了这些比赛和对抗的传统，尽管不是我们稍后会看到的以疯狂和混乱的方式。当时祭祀仪式，祭司通常会在头上蒙上托加，避免看到或听到任何可能破坏仪式的恶兆，但这一天举行的祭祀仪式例外。官方形式的节日活动以一场盛大的公众聚会结束，这场盛宴所有希望参加的公民都可以参加。当每个人都已经酒足饭饱，整个城市会发出同样的声音："农神节快乐！"

没有人可以想象一年中有比这个日子更好的一天了：学校和商店关闭，大街小巷充满欢乐，每个人，不分自由人和奴隶，人人都可以庆祝这一天；士兵，甚至罪犯也可以休息。因为在这个对许多人来说一年中最好的一天，谴责任何人都是不允许的。（卡图卢斯，《诗歌》XIV，15）

几个世纪以来，虽然官方节日是在 12 月 17 日庆祝的，但是儒略历的变化促使许多人晚两天才开始庆祝，即恺撒添加到 12 月的那两天。在这种情况下，两种历法在不同的日子庆祝农神节，最终由奥古斯都皇帝亲自正式宣布这个节日从 17 日持续到 19 日。随着该节日的流行，人们自发地将节日延续到接下来更多的日子。虽然从来没有得到官方的承认，但是农神节连续七天庆祝，直到 12 月 23 日结束。

人们不分昼夜走上街头享受节日，笛声悠扬之处，人们畅饮葡萄酒，身穿托加保持礼仪的人是被嘲笑的对象，因为人们像庆祝日历上的其他节日一样无拘无束地庆祝农神节。在这一年剩下的时间里，混乱和喧嚣笼罩着罗马，理性和明智靠边站。在日常生活的许多方面，可以颠覆正常秩序。例如，允许在大街上赌博和掷骰子，而这在一年中的其他任何时候都是非法的。

12月的图像表现了农神节的这一侧面，因为对许多罗马人来说，农神节是最引人注目、最有意思的。这个举着火炬的人暗示，庆祝活动一直持续到深夜，他刚刚把骰子扔到桌子上。还有一个有趣的防止投掷时作弊的配件。这是一个内部有一系列小坡道和台阶的小塔，骰子在上面弹跳，使其无法被人为操纵。赌博，如掷骰子或硬币，或棋盘游戏，如著名的"盗贼的游戏"，类似于国际象棋的概念，在罗马世界里很常见，尤其在社会底层。甚至孩子们也玩用骨头、陶器或硬币制成的小筹码。在年龄最小孩子的游戏中，最受欢迎的是"头或船"（caput aut navis），但我们也可以翻译成"正面或者反面"。这个游戏的名字来自于共和国的铜币图像，通常正面是一位神的面部，反面是船首。尽管这种硬币消失了，但其名字自古以来就存在。

此外，知识精英通常以小组形式聚集在一起举办文化宴会。这是传统，正如奥卢斯·格利乌斯的作品（《阿提卡之夜》XIII, 11）中，引用瓦罗的叙述，用餐者人数应该总是多于美惠三女神——三位，少于缪斯女神——九位，这样的宴会才是完美的。在这样的氛围中，关于时间、生命、爱和许多其他深刻主题的哲学辩论很常见，其中最佳的例子由于马克罗比乌斯的记录而保存下来。他在一部与这个节日同名的作品中，叙述了在农神节期间举办的一次这类学术宴会的整个讨论过程。

在不太讲究高深智慧的环境中，人们还会举行社交聚会和宴会，虽然讨论没有那么哲学化，但是很多时候会为这种聚会准备各种各样的游戏和娱乐活动。在这种情况下，人们认为可能存在一名农神节首领，他可以给客人下奇奇怪怪的命令，而客人必须服从：跳舞，唱歌，甚至脱光衣服，向身上泼冷水。同样常见的是，人们会编谜语，猜谜语，玩文字游戏和绕口令。

Nam qui lepide postulat alterum frustrari

quem frustratur, frustra eum dicit frustra esse;

nam qui sese frustrari quem frustra sentit,

qui frastratur is frustrat, si non ille est frustra.

谁试图欺骗别人，当他说他所欺骗的人被欺骗时，

他自己也被欺骗了；

谁误以为自己在欺骗别人，

如果他不欺骗他想欺骗的人，那么就是那个欺骗他的人。

（奥卢斯·格利乌斯，《阿提卡之夜》XVIII，2，7；

引用诗人昆图斯·恩尼乌斯的一首讽刺诗）

BARBARA BARBARIBVS BARBABANT BARBARA BARBIS.

他们用野蛮人的胡言乱语谈论野蛮的野蛮人。

（玛格丽特女王之家墙上的涂鸦，庞贝，

《拉丁语料库铭文》IV，4235）

农神节的一个重要组成部分是玩笑和段子。我们今天理解的笑话是罗马人的发明。罗马人最受欢迎的笑话是关于醉酒、贪食或有口臭的人的。罗马人最喜欢的笑话主角是学者,这些人的理性似乎比常识更重要。最佳笑话集锦作品想必很受欢迎,我们保存了一本来自4世纪或5世纪的笑话集锦,包含超过260个不同的笑话。虽然幽默随着历史的进程得到了很大的发展,罗马人的许多笑话我们可能会觉得一点也不可笑——用罗马人的话来说可能是冷冰冰的,但罗马人的有些笑话概念一直很流行,比如,和我们现在一样,经常会讲一个三人组的笑话:一个英国人、一个法国人和一个西班牙人……

Σχολαστικὸς καὶ φαλακρὸς καὶ κουρεὺς συνοδεύοντες καὶ ἔν τινι ἐρημίαι μείναντες συνέθεντο πρὸς τέσσαρας ὥρας ἀγρυπνῆσαι καὶ τὰ σκεύη ἕκαστος τηρῆσαι. ὡς δὲ ἔλαχε τῶι κουρεῖ πρώτωι φυλάξαι, μετεωρισθῆναι θέλων τὸν σχολαστικὸν καθεύδοντα ἔξυρεν καὶ τῶν ὡρῶν πληρωθεισῶν διύπνισεν. ὁ δὲ σχολαστικὸς ψήχων ὡς ἀπὸ ὕπνου τὴν κεφαλὴν καὶ εὑρὼν ἑαυτὸν ψιλόν· μέγα κάθαρμα, φησίν, ὁ κουρεὺς πλανηθεὶς γὰρ ἀντ᾽ ἐμοῦ τὸν φαλακρὸν ἐξύπνισεν.

一个学者、一个秃子和一个理发师一起旅行,由于他们不得不在一个偏远的地方过夜,他们决定每人值夜四个小时看守行李。理发师第一个值夜,为了打发时间,他在学者睡觉的时候给学者剃成了光头;他值完夜,叫醒学者。学者用手摸了摸头,发现自己的头光秃秃的,说道:"这个理发师好愚蠢啊!他叫醒的是秃子,不是我!"

(希洛克勒斯和费拉格里欧斯,《爱笑人》,56)

在这些日子里，奴隶们也个个喜气洋洋的，因为在农神节他们享有充分自由，可以做任何想做的事情。许多公民为了表示一种友好的姿态，戴着象征自由的帽子，代表着在农神节期间，所有人是平等的。颠覆社会规范的仪式尤其影响了奴隶，按照惯例，允许他们和主人一起围坐在同一张桌子旁，甚至在最信任的环境中，由主人伺候奴隶一天。

农神节的最后一天被称为西吉拉利亚，这是一个专门为家人和密友赠送礼物的庆祝活动。有一些通用的小礼物，如蜡烛，或者蜡像和陶瓷雕像，给它们起的名字恰好就叫西吉拉利亚。甚至还有农神节小商品市场，在那里可以买到这些礼物及其他可以当作礼物送人的物品，与今天许多城市的传统圣诞市场风格极为类似。

奥古斯都皇帝非常喜欢这个节日和节日里的玩笑，总之，喜欢该节日的气氛，喜欢用送礼物的方式开玩笑。在他举办的宴会上，经常举行抽奖活动，客人们可以赢得奢侈品，如黄金、礼服和大笔金钱，或者搞笑的礼品，比如海绵、镊子或羊毛斗篷。其他皇帝也延续了这一习俗，甚至将其推向极端，比如埃拉加巴卢斯（Heliogábalo）。在他的宴会上，他经常举办抽奖活动，礼物总是成双成对，客人可以赢得十头骆驼或十只苍蝇、十磅金或铅、十只鸵鸟或十个鸡蛋。

就像在许多其他场合一样，大多数罗马人很高兴地庆祝所有这些传统节日，但总是有一些拒绝这样做的人，他们认为这样做是堕落的、乏味的，或者配不上他们这些非常看重自己智慧的人。其中包括塞内卡，他提醒自己不要被大众的疯狂冲昏头脑；还有小普林尼，在农神节期间他躲在家里很僻静的一个房间里，为了不打扰身边人的乐趣，也避免他们干扰自己的研究。

农神节在古代世界里无疑是最受喜爱、最受欢迎的节日之一。该节日的流行程度使得该节日的一些传统一直延续到5世纪和6世纪，此时这个节日原来的宗教成分完全被基督教所取代。与圣诞节假期有关的特殊兴趣总是引起人们交换礼物和庆祝家庭活动的流行。这些基督教庆祝活动无疑受到了罗马各种传统的巨大影响，我们将在介绍几天后的节日时谈到这一点。关于农神节的情况，我们不能保证它与圣诞节的直接关系，但有可能这个罗马节日的一些最具特色的元素仍然保留在后来的基督教传统中。

Quos ibit procul hic dies per annos!

quam nullo sacer exolescet aevo!

dum montes Latii paterque Thybris,

dum stabit tua Roma dumque terris

quod reddis Capitolium manebit.

这一天的记忆会持续多久？

时间无法摧毁如此神圣的日子（农神节），

只要拉齐奥的山还在，

台伯父神，只要你的罗马屹立不倒，

你献给主宰世界的朱庇特的神殿将永远耸立。

（埃斯塔西奥，《杂记》I，6,98—102）

奥普斯节是献给女神奥普斯的，这个节日在罗马处处洋溢着农神节欢乐气氛的日子里庆祝。人们认为奥普斯是萨图尔诺的妻子，因而在农神节期间庆祝这个节日，奥普斯节与农神节的气氛很契合。奥普斯是与田地肥沃有关的神，非常符合她丈夫节日的原始意义。对奥普斯女神的祈祷在农业年的两个关键时刻进行：播种后，在奥普斯节这一天；收获后，为了保护种子，在 8 月 25 日庆祝奥普斯·康西维亚女神节。

安吉罗娜是一位古老的女神，她的崇拜完全保密，因为她是罗马人为了保持城市的和谐与繁荣必须崇拜的诸神之一。她的名字与保护扁桃体，或治愈灵魂的痛苦和悲伤有关，但也许更重要的作用是与保护罗马城一个重要的秘密有关。为了表现这个使命，她的崇拜雕像双唇紧闭，一根手指举在唇前下令保持沉默。古典作家们将雕像与之联系在一起的秘密是罗马城的真名。

这个观念我们可能觉得很奇怪，因为罗马城除了"罗马"（ROMA）这个名字，还有另外一个禁忌名称甚少为人所知。可能极少数人真的知道这个名字，那些知道的人甚至被禁止说出来，否则会立即死亡。也许除了那些秘密仪式，哪怕在神圣的仪式上也不能说。但是，为什么有人透露了罗马的秘密名字就是一种如此可怕的褒渎呢？罗马人自己相信，在征服一座城市的时候，用祭品祈求神助，呼唤该城市名字和其守护神的名字，神就站在了他们这一边，就可以赢得胜利。因此，由于从不透露罗马城及其保护神的真名，任何敌人都不能利用这一点来对付他们。

只有 6 世纪拜占庭历史学家、吕底亚人约翰·利多敢于说出他认为罗马的秘密名字是什么。对他来说，这个名字似乎很明显，因为它与罗马人的血统之母维纳斯女神的关系，只能是 AMOR（爱），AMOR 是 ROMA 拆开重组的字谜游戏。纵观罗马历史，这种奇怪的语义巧合很受欢迎，出现在文学作品中，出现在庞贝城的墙上，以及许多其他地方，甚至出现了回文形式：ROMAMOR.

在古代，也许有人认为这真的是罗马城的秘密名字，毕竟没有人能证实或者否认，但这似乎不太可能，因为它是一个单词组合，人们对此最为熟悉不过，所以没有一个学者对此产生任何猜疑。不幸的是，我们可能永远无法知道那个禁忌名字是什么，因为那些知道它的人把这个秘密带进了坟墓。直到今天，安吉罗娜女神仍然对罗马城的真名保持缄默。

我们进入了拉伦塔利亚节。在共和国末期和帝国初期的大理石历法上，这是最后一个用大字标记的节日。这个庆祝活动是献给阿卡·拉伦迪娅的，她被认为是双胞胎罗慕路斯和勒莫斯的养母。她的名字似乎这样表示：Acca 与梵语 akka 有关，akka 的意思是"母亲"，拉伦迪娅可能指拉列斯神，体现了罗慕路斯和勒莫斯的保护神。

阿卡·拉伦迪娅出现在罗马的创始传说中，她和她的丈夫福斯图鲁共同养育了这对双胞胎，她的出现也可能创造了卡比托利欧山母狼的神话形象。我们可以考虑，因为这个神话的有些版本是这样说的：最早把这对孪生兄弟从台伯河的水里救出来的不是母狼卢帕（lupa），而是一个妓女（lupae），也被称为"母狼"（lobas）。因此，在该神话最古老的版本中，似乎有可能是妓女阿卡·拉伦迪娅和她的丈夫一起照顾这两个婴儿。后来的版本可能由于混淆或者方便——把妓女变成了母狼，使该传说更富有戏剧性。

举行这位女神祭祀仪式的地方，在人们推测的埋葬阿卡·拉伦迪娅的位置——在维拉波罗地区，很可能在狄俄斯库里神殿的后面。人们在那里献上供物，由奎里诺神祭司主持。由于阿卡·拉伦迪娅和罗慕路斯的关系，奎里诺神祭司的出席是非常合适的，因为奎里诺神祭司是凡人的最高代表。

一些古典作家也提到了另一个拉伦迪娅的传说：她也是一个妓女，可能在大力神的神殿被祭献给了这位神，使神在夜间将其纳为供物。

神殿的守护者和大力神掷骰子时输了，不得不用这样的祭品来取悦神。在梦中，大力神启示拉伦迪娅走到广场上，亲吻她遇到的第一个男人。她吻了一个叫塔鲁蒂奥的富翁，他成了她的情人。塔鲁蒂奥死后，把所有的财产都留给了拉伦迪娅。过了一段时间，当拉伦迪娅去世的时候，她也留下遗嘱，将所有的钱遗赠给了罗马人。这就是罗马人在拉伦塔利亚节期间崇拜拉伦迪娅以表感谢的原因。

| 12月25日 | "无敌的"太阳神诞生日 | 一月卡伦德日前第十天 |

　　对罗马人来说，12月25日不是一个特别的日子，考虑到冬至的概念，这一天不是这个季节的起始点，而是它的中间点。尽管正如我们已经看到的，这一天是一年中最短的一天，没有任何节日用来庆祝这个新阶段的开始，或者至少在3世纪之前一直是这样。从这天开始，白昼将变得越来越长。

　　正如我们在本书中已经证实的，罗马宗教一直由融合主义和同化主义主导，在现有诸神的基础上增加或叠加新来的神。对于所有与罗马有商业联系或社会交往的人来说，这么做在一定程度上是一种非常有效的文化融合方式。

位于罗马城正中央的巨大铜像理想复制品，代表"无敌的"太阳神。

与其他神相比，共和国时期的太阳神崇拜并不是特别重要，然而，太阳神在罗马有两处圣所：一个在马克西姆竞技场，另一个在奎里诺神殿旁边，它们可能与公元前293年卢西奥·帕皮里奥·库索尔运到罗马的第一座日晷有关。

在帝国初期，确切地说，是公元前10年，奥古斯都以马克西姆竞技场的大方尖碑来向太阳神表达崇拜，这位天体之王的重要性在罗马万神殿中开始变得更加突出。半个世纪后，尼禄下令制作一座自己的巨大镀金青铜雕像来装饰他巨大的宫殿的花园。这座巨像高30米，被维斯帕先改造成一座太阳神雕像，给其戴上了一顶雷电王冠。这座罗马公认最宏伟的巨型雕像在后来的几个世纪里历经沧桑，直到中世纪被摧毁。这是罗马所知道的最具有纪念意义的雕像，证实了罗马人早在1世纪末就开始对太阳神产生崇敬之情。

大约在2世纪下半叶，太阳神获得了"无敌的"称号，他日复一日地死去又重生，为世界带来光明。从康茂德的统治开始，他把这个名字加到自己的名字里，所有的皇帝也开始在自己的官方称号中使用"无敌的"这个名字，这意味着神和统治者之间有很强的关系，实际上把后者变成了在世的神。

在整个2世纪，对密特拉的崇拜也开始出现。密特拉是一位来自东方的神，属于所谓的"神秘宗教"，与罗马国家宗教不同的是，这种信仰以日常生活为中心，承诺救赎死后灵魂的永恒。密特拉教开始在罗马人中流行起来，尤其在士兵中，他们在密特拉教里找到了一位仁慈的救赎之神。

根据密特拉信仰，灵魂起源于构成宇宙的天体之外。从那里开始了一段神秘的旅程，到达地球的时候，在一个凡人的身体里诞生，这段旅程就完成了。从那一刻起，人类的生活只有一个目的：通过经验获得足够的知识，这样，灵魂才能在死亡的那一刻，通过包括各个行星的七个天体原路返回。这样，一个循环就结束了，接着重新开始下一个周期。

根据这些戒律，密特拉教对其信徒提出了不同的提升仪式要求，信徒要从中不断进阶，通过七个层次，对应于天空中的每一颗行星："乌鸦"（corax）对应水星；"新郎"（nymphus）对应金星；"士兵"（miles）对应火星；"狮子"（leo）对应木星；"波斯"（perses）对应月亮；"太阳仆从"（heliodromus）对应太阳；而"父亲"（pater）对应土星，这是最遥远和最强大的行星。

今天我们对密特拉教的了解相对较少，主要是因为该信仰热衷于神秘性和保密性。这个只接受男性加入的宗教，其他人不可能了解密特拉为永恒的救赎提供的神启。我们知道在密特拉教最重要的圣礼中，与神交流的宴会，尤其是所谓的"斗牛"，是密特拉教的核心神话。

这种公牛祭祀仪式在密特拉教的圣所举办，一般必须满足位于地下的条件，甚至利用天然洞穴。在密特拉教圣所的最里面，总是有一个这位神的崇拜形象，表现为浮雕、塑像或绘画的形式。密特拉神骑在公牛身上，正在用刀杀死它，神身边的一系列象征性符号在表现这个场景：狗和蛇在吸被杀死的公牛的脖子上流出的血，乌鸦栖身在密特拉神的斗篷上，蝎子用螯夹着牛的睾丸。太阳神和月亮神也经常驾车出现在这个神话情境中，分别代表白天和黑夜。此外还出现了两个举火把的人：其中一个将火把举到高处，另一个将火把放到低处，以区分夏至

密特拉斗牛仪式，2世纪末3世纪初的浮雕。
罗马，罗马国家博物馆，戴克里先温泉

和冬至。

在整个3世纪，密特拉和太阳神之间的关系不断发展，部分原因是它与其他太阳神同化，比如埃拉伽巴路斯，他在尘世的形象是一颗巨大的陨石，是埃拉伽巴路斯皇帝从叙利亚的埃梅萨城带到罗马的。

罗马经历了一段被称为"无政府状态"的极端不稳定时期，期间一个接一个的皇帝被谋杀。后来，奥勒良（Aureliano）成功统一了帝国，在社会和宗教层面上恢复了罗马的稳定，将罗马置于强大的"无敌的"太阳神的庇护之下。274年，奥勒良在战神广场献给太阳神一座神殿，正式宣布了对太阳神的信仰，这一天是12月25日，被认为是"无敌的"太阳神诞生的日子，因为从那一刻起，白天开始变长。

从这一天开始，人们庆祝一个重要的节日，甚至举办马戏卢迪。由于太阳神已经获得了重要地位，人们不仅将密特拉或阿蒂斯这样的神，还将万神殿中所有的天神与太阳神联系在一起。这股新风尚开始抛弃传统宗教。在传统宗教里，人们为了在日常生活中获得庇护而向诸神献祭，这是有利于救赎的宗教——这种观念一直延续到今天，如今信徒们仍然在努力实现其超越生命的永恒救赎。

在这样的背景下，另一种同为神秘感化的宗教开始传播，随着时间的推移，最终摧毁了其他宗教，这就是基督教。这种宗教的基础也是一个对其信徒应许永生的救世主。这位神化身为耶稣的形象。根据3世纪和4世纪的基督教资料，耶稣应该是在大约公元前3年至公元2年之间诞生的。对我们来说，这是一个令人困惑的日期，对确定基督纪年的开始是有缺陷的。

耶稣和他那个时代的许多人一样，是犹太律法的学者，他主张以色列王国的恢复和世界末日的到来，这意味着上帝在尘世统治的开始。这不是这本书的主题，我们也不会有足够的时间来谈论历史上的耶稣颇为有趣的同化细节，"基督"的神秘形象——受膏者，随着时间的推移，最终转变为耶稣基督——这个新兴宗教的救世主弥赛亚。

基督教信仰的逐渐发展，主要是从保罗对耶稣形象的重新阐释开始的。就像其他密教一样，通过入会圣礼，信徒可以获得救赎。以类似于密特拉教的方式，从2世纪开始，基督徒在罗马开始变得越来越重要，随着时间的推移，其仪式逐渐固定下来。基督徒开始把"太阳日"——周日和主日——圣星期日联系起来，由于这个原因，许多虔诚的"无敌的"太阳神崇拜者认为基督徒也是太阳神的追随者。

基督教不像别的宗教信仰那样容忍对其他神的崇拜，基督徒被完全禁止参加任何不属于其宗教的祭礼。由于这种宗教政策限制，许多基督徒开始被排斥在社会团体的社交生活之外，因为社交生活与宗教仪式密切相关。因此，人们普遍认为基督徒实际上是无神论者，因为他们不参与对神的崇拜。在古代，人们普遍把灾难和困难时期归咎于神对人的行为不满。在这种宗教紧张局势下，我们不应该感到惊讶——人们将不幸事件归罪到那些不崇拜神的人：基督徒有罪，不是因为崇拜自己的上帝，而是因为拒绝和其他人一起接受皇帝本人是神在尘世的代表。

在这种环境下，第一次出现了对基督徒的迫害。在 4 世纪初，戴克里先皇帝变本加厉地迫害基督徒，他的宗教压迫持续了八年。随后，君士坦丁登基，颁布宽恕基督徒的法令，暂时稳定了宗教的动荡局势，最终以公元 380 年基督教成为罗马国教而结束了对基督徒的迫害。我们在叙述日历的基督教化时提到过这一点。

尽管如此，在密特拉和基督两者之间从来没有过真正的竞争，至少从前者的角度来看不是这样。虽然太阳神的信徒接受基督神作为天体之王的另外一位化身毫无不适，但基督徒永远不可能接受本宗教外其他神；虽然基督徒认为其他神是假神或魔鬼，但后者的存在是不可否认的。

尽管基督教引起的限制和麻烦可能影响了信徒，然而基督教经历了指数级增长，从耶稣的第一批追随者——他们不应该被认为是基督徒，而是相信世界末日即将来临的犹太人，他们大概不到 100 人，这个原始宗教在 2 世纪信徒发展到了总数将近 1 万人。到了 4 世纪，罗马已经有 1000 多万基督徒。但是为什么这个宗教战胜了其他宗教呢？

在古代，不只有基督教，而且有许多受犹太人或希腊人影响最大的思想分支，以及另一些互相争斗，试图把自己强加于人的宗教。所有这些教派中，由于大数的保罗（Pablo de Tarso）的门徒持有开放性的观点，最终达到了目的。与其他宗教不同，这个观点追求的是一种融合的理念，按照这种理念，救赎对所有人来说都是可能的。为了做到这一点，有必要对最初的基督教进行调和及重组，使其对大量拥有不同背景的人更有吸引力。

对于更传统的罗马人来说，必须把耶稣基督的形象和他真实的犹太人身份分开，因为在罗马，没有人会同意皈依一种新兴的起源于犹太教的宗教。罗马人从未正面看待过犹太教，由于其割礼仪式，尤其受男人排斥。这个神圣的犹太仪式用的是一种形状粗糙的燧石刀，经常会对阴茎造成严重伤害。所以当一个犹太人来到公共浴池里，会遭到所有人的嘲笑，在那里他会被孤立，而这是一个体面的罗马公民永远不会接受的。救赎必须以另一种方式到来。

另一方面，基督教教义也在女性中赢得了许多信徒。不同于其他禁止妇女加入的宗教，如密特拉教，女性受到基督徒的欢迎，基督教极有可能得到相当一部分女性的支持。

最后，面对其他救赎宗教，许多教派获得永恒救赎的入会仪式，经常需要复杂的仪式程序和巨大的经济支出，而基督教只需要进行洗礼仪式，信徒们就能得到救赎。当新信徒没入水中，在死亡中与神结合的时候，是基督把他从那种危险中象征性地拯救出来，他在新信仰中起死回生。

一旦我们理解了基督教在其诞生的头几个世纪快速发展的种种原因，我们可以集中于基督教教义变成罗马主要宗教之前必须击败的最后一个对手。即使基督教处于优势地位，但是，在3世纪末，基督教的上帝尚未超越实际上已经成为唯一异教神"无敌的"太阳神的权力。

基督教的策略是对抗太阳神的权力并尽力说服其信徒崇拜基督教的上帝。这一策略在战略上和宣传上都取得了巨大的成功，基督徒开始在12月25日庆祝耶稣基督的诞生，和奥勒良早些时候正式宣布的太阳神诞生日为同一天。由于君士坦丁皇帝开创的宗教宽容氛围的积极影响，自4世纪初以来逐渐形成在这一天庆祝基督教圣诞节的惯例，而首次记载了基督教庆祝基督诞生的节日，是公元336年的一份殉道者名单。

通过这个简单的操作，人为地修改其诞生的官方日期，基督从诞生的那一刻起，就被他自己的信徒等同于太阳神，但不是"无敌的"太阳神，而是一个异教徒和恶魔的上帝：基督是唯一真正照亮世界的太阳。这个概念，在基督教中并非新的概念，因为这个宗教本来就有太阳神的背景，这一点反映在福音书中："（神的话）这是真正的光，照亮了世间所有的人"；"耶稣又对他们说：我是世界的光；跟从我的，必永远不走在黑暗里，必得到生命的光"（《约翰福音》，写于大约公元95—100年）。

基督是"正义的太阳"，是崇拜天体之王的信徒真正应该崇拜的神。他们没有被要求放弃自己的信仰，但他们将听从于一个永远照亮世界的新太阳。甚至基督的形象也按照这个理念进行了改变，给他戴上太阳光芒形状的王冠，驾着太阳车出场。这个很常见的形象，与我们看到过的密特拉仪式的形象一致。

罗马帝国在380年被狄奥多西皇帝正式基督教化之后，残余的任何其他异教被从帝国中根除。尽管如此，最后的地方性信仰还需要好

修复的 3 世纪马赛克，装饰梵蒂冈墓地的 M 陵墓拱顶。根据上下文，可以解释为，这是基督以照亮世界的正义的太阳的身份驾驶战车的形象。

几个世纪才能完全消失，基督教才能得以彻底巩固。基督教作为它那个时代的继承者，今天仍然保留着曾经与其共存的所有宗教的许多记忆。

今天，在各种仪式和信仰中，人们可以发现罗马社会和宗教的许多印记，在穿越时间的长途旅行之后，抵达我们的时代。

结　语

　　正如我们通过以上文字的时间旅行所证实的，历法及其所有组成部分无疑是为社会发展提供根本性的稳定和秩序的基本要素之一。特别是罗马历法，它是我们历法的基础和起源，它使我们能够理解罗马全部历史中技术和社会文化的发展。从通过观察月亮的第一步，经过共和国时期向太阳模式的进化，以及纪年表的创立，直到我们称之为儒略历的基本里程碑，后者无疑是古代最杰出的技术进步之一。儒略历的先进程度使得2000多年后的今天，我们仍然在继续使用它，只进行了小小的改进——修正时间滞后，称之为"格列高利历"（公历）。它已经成为我们与生俱来的历法，由于其全球性应用从而达成共识，肯定永远不会再被取代了。

　　然而，我们必须看得更长远：世纪、年、月、星期、日、小时，以及形成罗马历法非永恒而特质性的伟大结构的各种联系中保留的一切。所有这些都在告诉我们罗马的传统、节日、恐惧、神性、骄傲、起源，甚至日常生活。

　　一天又一天本质上的不断演化和改变，贯穿了一千多年的罗马历史，直至最后阶段，罗马世界似乎从内到外油尽灯枯而亡。然而，尽管经过那些实施世界新规则的人付出的许多努力，世界的本质，我们今天是什么样的人，我们在说什么，这一切所依托的基础仍然是不可动摇的，提醒我们那些在我们之前统治世界的人的聪明才智。

历法是一个不断重复的循环，它将我们与遥远的过去联系在一起，直指有时很难想象的过去的尽头。我们现在知道重视和回顾过去的重要性，不是骄傲，也没有必要，只是钦佩他们走过的路，看到所学到的好的和不好的东西。在我们个人生活中和当代社会中，到了为我们的过去开辟一个空间的时候了，这样可以更好地理解现在，清楚地预见未来。

Nescire autem quid ante quam natus sis acciderit, id est semper esse puerum. Quid enim est aetas hominis, nisi ea memoria rerum veterum cum superiorum aetate contexitur?

不知道在你出生之前发生的事情，就好像永远是一个孩子。如果一个人的生命不把对过去事实的记忆与他的祖先相结合，那么他的生命实际上算什么呢？

（马库斯·图利乌斯·西塞罗，《演讲者》"致马库斯·布鲁图斯"，34，120）。

Primus romanas ordiris, Iane, kalendas.

Februa vicino mense Numa instituit.

Martius antiqui primordia protulit anni.

410

Fetiferum Aprilem vindicat alma Venus.

†Maiorum† dictus patrium de nomine Maius.

Iunius aetatis proximus est titulo.

Nomine caesareo Quintilem Iulius auget.

Augusto nomen caesareum sequitur.

Autumnum, Pomona, tuum September opimat.

Triticeo october faenore ditat agros.

Sidera praecipitas pelago, intempeste November.

Tu genialem hiemem, feste December, agis.

雅努斯，你第一个开启罗马的卡伦德日。

接下来的一个月，努马设立了净化节。

三月是旧历年的开始。

丰收的四月称维纳斯为恩人。

五月是我们长辈的名字。

六月与青年的名字有关。

七月用恺撒的名字增加了昆蒂利斯的威严。

八月沿用了皇帝的名字。

波莫纳，九月为你的秋天结满果实。

十月五谷丰登。

粗暴的十一月，你把星星扔进大海。

快活的十二月，你庆祝欢乐的冬天。

（奥索尼奥，《田园诗》，9）

后 记

　　写两千年前的那些人的日常生活、天气和节庆不是一件容易的事，尤其是试图在保持对当前学术现实忠诚的情况下，让任何拿到手边来阅读它的人能够理解。然而，有了我很幸运地找到的编辑团队，这件事可以变得简单很多。特别感谢皮拉尔·科尔特斯（Pilar Cortés）和阿莱格里亚·加利亚多（Alegría Gallardo），他们在这场冒险中一直陪伴着我并给我提供建议，没有他们的帮助，《古罗马的一年》仍然只不过是我的想法。

　　让我惊喜的是西尔维娅·古铁雷斯（Silvia Gutierrez）为这个项目创作的图画，她的艺术家的技巧，使这一切恢复了生命，让我们可以欣赏。我要感谢另一位文字方面的艺术家，她是玛丽亚·利蒙（María Limón），塞维利亚大学的教授，古典语言学家。她以天生的亲切态度，回答了我在拉丁语言领域的所有技术问题。在插图和经典文本中发现的所有知识都归功于她们，而任何错误都是我的责任。

　　我还要感谢那些多年来一直和我一起分享时间的所有人，他们对我在古罗马"度过"的时间比在 21 世纪更多表示支持和理解。我也要感谢我的父亲和我的嫂子，他们校正了所有的小错误，做了许多方便阅读的细节工作。感谢我的伴侣——我的"莱斯比亚"（mea Lesbia）[①]、我的母亲和我的其他家人，还有朋友，尤其是那些每天都随叫随到的人，感谢他们的支持和陪伴，才使在他们身边写这本书完全是一种值得我永远留存的愉悦。

感谢罗马、塞哥维亚、马德里和许多我在那里写下这些和前面所有文字的其他城市。当然，值得赞扬的还有元老院和罗马人民，他们的存在给我们留下了发现人类历史最迷人的文明之一的可能性，我们正在试图理解这个文明，并与所有想要倾听的人分享。

最后，我将永远感激所有那些多年来一直在关注和支持"古罗马的每一天"这个文化项目的人们，无论是通过社交网络上的技术手段，还是"古罗马的每一天"官网，或参加活动、旅行和其他使我有机会分享罗马世界文化的会议。没有他们，这个项目永远不会走得这么远，你们将永远得到我最真诚的感谢。

如果你认为这本瑕瑜互见的作品给你带来了哪怕是关于古罗马生活的一个小小的闪光点，那么为它投入的所有工作都是值得的。

内斯托尔·F. 马奎斯

---

① 罗马诗人卡图卢斯在自己作品中臆想出来的人名，实际指自己的情人。——译者注

古典资料

在中世纪，古代作家的作品保管人，无论是基督徒还是阿拉伯人，出于求知和博学而对这些作品进行了宝贵的抄写工作，这些手抄本历经许多世纪保存至今，成为我们了解历史最重要的证据之一。

然而，在许多情况下，我们不应该盲目地过于相信它们，因为它们是其作者及其时代思想的反映，以这样或那样的形式，带有无意识的偏见，甚至是恶意的谎言。

简而言之，对这些手抄本进行有节制和批判性地解读将使我们可以收集尽可能多的关于古罗马方方面面的不同而详细的资料。以下是用来为本书提供背景资料的古典文献的列表。

佚名，《罗马民族的起源》

佚名，《时间之花》

佚名，《约翰福音》

阿庇安，《内战》

阿普列乌斯，《金驴记》

埃斯塔西奥，《杂记》

奥古斯都，《神圣奥古斯都的壮举》

奥拉西奥，《诗艺》《书信》《颂歌》

奥卢斯·格利乌斯，《阿提卡之夜》

奥卢斯·珀尔修斯，《讽刺》

奥罗修斯，《反对异教徒的故事》

奥索尼奥，《田园诗》

奥维德，《恋歌》《爱的艺术》《岁时记》

贝达（可敬者），《论时间的计算》

贝吉修斯，《军事原理简编》

波利比乌斯，《故事》

查士丁尼，《文摘》

狄奥尼修斯，《罗马古迹》《论复活节》

迪奥·卡修斯，《罗马史》

费斯图斯，《论词的含义》

弗朗顿，《信件》

卡坦（审查官），《论农业》

卡图卢斯，《诗歌》

克劳狄安，《诗歌》

拉克坦提乌斯，《论迫害者之死》《神圣机构》

老加图，《农业志》

老普林尼，《自然史》

卢肯，《法萨利亚》

马克罗比乌斯，《评论西庇阿的梦想》《农神节》

马西亚尔，《奇观之书》

尼古拉斯，《奥古斯都生平》

佩特罗尼乌斯，《萨蒂利孔》

普鲁登修斯，《反西玛库斯》

普鲁塔克，《罗马问题》《伊希斯和奥西里斯》《希腊罗马名人传》（卡米卢斯；恺撒；努马；庞培；罗慕路斯）

普罗佩提乌斯，《挽歌》

塞尔维乌斯，《对维吉尔〈埃涅阿斯〉的评论》

塞内卡，《致卢西利乌斯的信》

森索利诺，《论生日》

苏维托尼乌斯，《罗马十二帝王传》

塔西佗，《编年史》

提布卢斯，《挽歌》

提图斯·李维，《从罗马建城开始》

瓦莱里乌斯·马克西姆斯，《难忘的事实和话语》

瓦罗，《论农业》《论拉丁语》

维吉尔，《埃涅阿斯纪》《田园诗》

维莱乌斯·帕特库勒斯，《罗马历史》

西塞罗，《论肠卜僧的回答》《演讲者》《训诫》

希洛克勒斯和费拉格里欧斯，《爱笑人》

小普林尼，《信件》

尤文纳尔，《讽刺诗》

尤西比乌斯,《君士坦丁传》

约翰·利多,《论月份》

佐西莫,《罗马新史》

VV. AA.,《拉丁文选》《奥古斯塔历史》

参考书目

ABASCAL, J. M., 2000-2001, «La era consular hispana y el final de la práctica epigráfica pagana», *Lvcentvm*, vol. XIX-XX, pp. 269-292.

—2002, «*Fasti consulares, fasti locales y horologia* en la epigrafía de Hispania», *Archivo Español de Arqueología*, vol. 75, pp. 269-286.

ALDRETE, G. S., 2006, *Floods of the Tiber in ancient Rome*. The Johns Hopkins University Press, Baltimore.

ALFÖLDY, A., 1937, *A festival of Isis in Rome under the christian emperors of the IVth century*. Institute of numismatics and archaeology of the Pázmany-Universiy, Budapest.

ALONSO RODRÍGUEZ, M. C., 2012, «El rey en el balcón: Carlos III y el descubrimiento de Herculano», en M. Almagro Gorbea y J. Maier Allende (eds.), *De Pompeya al nuevo mundo: La corona española y la arqueología en el siglo XVIII*, pp. 81-92.

ALVAR EZQUERRA, A., 1980-1981, «*Las res gestae divi augusti*», *Cuadernos de prehistoria y arqueología*, n.º 7-8, pp. 109-140.

AUGET, R., 1972, *Cruelty and civilization. The roman games*. Routledge, Londres y Nueva York.

BAGNALL, R. S. *et al.* (eds.) 2013, *The encyclopedia of ancient history*. Willey-Blackwell Publishing, Chicester.

BAILÓN GARCÍA, M., 2012, «El papel social y religioso de la mujer romana. *Fortvna mvliebris* como forma de integración en los cultos oficiales». *Habis*, vol. 43, pp. 101-118.

BARCHIESI, A., 1997, *The poet and the prince: Ovid and Augustan discourse*. University of California Press, Berkeley, Los Ángeles y Londres.

BARKER, D., 1996, «The golden ages is proclaimed? The *Carmen Saeculare* and the renascence of of the golden race», *The Classical Quarterly*, vol. 46, pp. 434-446.

BARNES, T. D., 1968, «Hadrian's farewell to life», *The classical quarterly*, vol. 18, n.º 2, pp. 384-386.

—2014, *Constantine. Dynasty, religion and power in the later roman empire*. Wiley Blackwell, Malden.

BARNETT, J. E., 1998, *Time's pendulum: From sundials to atomic clocks, the fascinating history of timekeeping and how our discoveries changed the world*. Mariner Books, Nueva York.

BARTON, C. A., 1993, *The sorrows of the ancient romans. The gladiator and the monster*. Princeton University Press, Princeton.

BARTON, T., 1995, «Augustus and capricorn: astrological polyvalency and imperial rhetoric», *The journal of roman studies*, vol. 95, pp. 33-51.

BARRETT, A. A., 2002, *Livia: first lady of imperial Rome*. Yale University Press, New Haven y Londres.

BEARD, M., 1987, «A complex of times: no more sheep for Romulus' birthday», *Proceedings of the Cambridge Philological Society*, vol. 33, pp. 1-15.

—2013, *Laughter in ancient Rome. On joking, tickling, and cracking up*. University of California Press, Berkeley, Los Ángeles y Londres.

BEARD, M., NORTH, J., PRICE, S., 1998a, *Religions of Rome. Volume 1: a history*. Cambridge University Press, Cambridge.

—1998b, *Religions of Rome. Volume 2: a sourcebook*. Cambridge University Press, Cambridge.

BECK, R., 1988, *Planetary gods and planetary orders in the mysteries of Mithras*. E. J. BRILL, Leiden, Nueva York, Copenhage y Colonia.

—2006, *The religion of the Mithras cult in the roman Empire. Mysteries of the unconquered Sun*. Oxford University Press, Oxford.

BENNETT, C., 2003, «The early augustan calendars in Rome and Egypt», *Zeitschrift für papyrologie und epigraphik*, vol. 142, pp. 221-240.

BERESFORD, J., 2013, *The ancient sailing season*. Brill, Leiden y Boston.

BLACKBURN, B., HOLFORD-STREVENS, L., 1999, *The Oxford companion to the year*. Oxford University Press, Oxford.

BORMANN, E., HENZEN, G. (eds.), 1876, *Corpus Inscriptionum Latinarum. Voluminis sexti pars prima. Inscriptiones sacrae. Augustorum, magistratuum, sacerdotum. Latercula et tituli militum*. Berolini apud

Georgium Reimerum.

BORMANN, E., HENZEN, G., HUELSEN, CHR. (eds.), 1882, *Corpus Inscriptionum Latinarum. Voluminis sexti pars secunda. Monumenta columbariorum. Tituli officialium et artificium. Tituli sepulcrales reliqui: A-Claudius*. Berolini apud Georgium Reimerum.

BOWMAN, A., WILSON, A. (eds.), 2009, *Quantifying the roman economy: methods and problems*. Oxford University Press, Oxford.

BROUWER, H. H. J., 1989, *Bona Dea. The sources and a description of the cult*. E. J. Brill, Leiden, Nueva York, Copenhage y Colonia.

CAIRNS, F., 2010, «Roma and her tutelary deity: names and ancient evidence», en C. S. Kraus, J. Marincola y C. Pelling (eds.), *Ancient historiography and its contexts. Studies in honour of A. J. Woodman*. Oxford University Press, Oxford, pp. 245-266.

CARABIAS TORRES, A. M., 2012, *Salamanca y la medida del tiempo*. Ediciones Universidad de Salamanca, Salamanca.

CARANDINI, A. (ed.), 2013, *Atlante di Roma Antica*. Mondadori Electa, Milán.

CARTER, M. J., 2006, «Gladiatorial combat: the rules of engagement», *The classical journal*, vol. 102, n.º 2, pp. 97-114.

CHRISTENSEN, P., KYLE, D. G. (eds.), 2014, *A companion to sport and spectacle in greek and roman antiquity*. Wiley Blackwell, Malden.

CIARDIELLO, R., 2011-2012, «Alcune riflessioni sulla casa del Bracciale d'oro a Pompei», *Annali. Archeologia, studi e ricerche sul campo.*

Unisob, pp. 167-193.

CID LÓPEZ, R. M., 2014, «Imágenes del poder femenino en la Roma antigua. Entre Livia y Agripina», *Asparkía*, 25, pp. 179-201.

CLAUSS, M., 2000, *The roman cult of Mithras. The god and his mysteries*. Trad. R. Gordon. Routledge, Londres y Nueva York.

COBBETT, R. E., 2008, «A dice tower from Richborough», *Britannia*, vol. 39, pp. 219-235.

CULHAM, P., 2004, «Women in the roman republic», en H. I. Flower (ed.), *The Cambridge companion to the roman Republic*. Cambridge University Press, Cambridge.

DE JUAN FUERTES, C., CIBECCHINI, F., MIRALLES, J. S., 2014, «El pecio Bou Ferrer (La Vila Joiosa-Alicante). Nuevos datos sobre su cargamento y primeras evidencias de la arquitectura naval». *I Congreso de arqueología náutica y subacuática española (Cartagena, 14, 15 y 16 de marzo de 2013)*. Ministerio de Educación, Cultura y Deporte, Madrid.

DECLERCQ, G., 2002, «*Dionysius Exiguus* and the introduction of the christian era», *Sacris Erudiri*, vol. 41, pp. 165-246.

DEGRASSI, A., 1963, *Inscriptiones Italiae, XIII, Fasti et elogia*. Fasc. II, *Fasti anni numani et iuliani*. Roma.

Dessau, H. (ed.), 1887, *Corpus Inscriptionum Latinarum. Volumen decimum quartum. Inscriptiones Latii veteris Latinae*. Berolini apud Georgium Reimerum.

DOLANSKY, F., 2008, «*Togam virilem sumere*: coming of age in the roman world», en J. Edmondson y A. Keith (eds.), *Roman dress and the fabrics of roman culture*. University of Toronto Press, Toronto, Buffalo y Londres, pp. 47-70.

—2011, «Honouring the family dead on the *parentalia*: ceremony, spectacle, and memory», *Phoenix*, vol. 65, n.º 1/2, pp. 125-157.

DONAHUE, J. F., 2003, «Toward a typology of roman public feasting», *The american journal of philology, vol. 124, n.º 3 Special issue: roman dining*, pp. 423-441.

ECK, W., 2007, *The age of Augustus. Second edition*. Blackwell Publishing, Munich.

EGMOND, F., 1995, «The cock, the dog, the serpent, and the monkey. Reception and transmission of a roman punishment, or historiography as history». *International journal of the classical tradition*, vol. 2, n.º 2, pp. 159-192.

EVANS GRUBBS, J., 2002, *Women and the law in the roman Empire. A source book on marriage, divorce and widowhood*. Routledge, Londres y Nueva York.

FEAR, A. T., 1996, «*Cybele* and Christ», en E. N. Lane, *Cybele, Attis & related cults*. E. J. Brill, Leiden, Nueva York y Colonia, pp. 37-50.

FEENEY, D., 2007, *Caesar's calendar: Ancient time and the beginnings of History*. University of California Press, Berkeley, Los Ángeles y Londres.

FERRUA, A., 1974, «*Zeses* èzhchic *o zhcaic*» Aevum, vol. 48, n.º 3/4, pp.

329-334.

FORNÉS PALLICER, A., PUIG RODRÍGUEZ-ESCALONA, M., 2006, «Los gestos con el pulgar en los combates de gladiadores». *Latomus*, vol. 65, n.º 4, pp. 963-971.

FORSYTHE, G., 2012, *Time in roman religion. One Thousand years of religious history*. Routledge, Londres y Nueva York.

FRISCHER, B., FILLWALK, J., 2013, «A Computer simulation to test the Buchner thesis. The relationship of the Ara Pacis and the meridian in the Campus Martius, Rome», *Proceedings of the 2013 Digital Heritage International Congress*, pp. 341-346.

FUTRELL, A 2006, *The roman games: a sourcebook*. Blackwell Publishing, Malden.

GALINSKY, K., 1992, «Venus, polysemy, and the Ara Pacis Augustae», *American journal of archaeology*, vol. 96, n.º 3, pp. 457-475.

GARCÍA-DILS DE LA VEGA, S., ORDÓÑEZ AGULLA, S., 2015, «*Fasti astigitani*. Fragmento de calendario epigráfico de *Colonia Augusta Firma* (Écija-Sevilla)», *Pallas: revue d'etudes antiques*, vol. 99, pp. 311-328.

GEIGER, J., 2008, *The first hall of fame. A study of the statues in the forum augustum*. Brill, Leiden y Boston.

GRAFTON, A. T., SWERDLOW, N. M., 1985, «Technical chronology and astrological history in Varro, Censorinus and others», *The classical quarterly*, vol. 35 n.º 2, pp. 454-465.

GRANT, M., 1950, *Roman anniversary issues: an exploratory study of the numismatic and medallic commemoration of anniversary years, 49 BC-AD 375*. Cambridge University Press, Cambridge.

—1988, «Calendar dates and ominous days in ancient historiography», *Journal of the Warburg and Courtauld institutes*, vol. 51, pp. 14-42.

GREEN, C. M. C., 2009, «The gods in the circus», en S. Bell y H. Nagy (eds.), *New perspectives on Etruria and Rome in honor of R. D. De Puma*, pp. 65-78.

GRETHER, G., 1946, «Livia and the roman imperial cult», *The American journal of philology*, vol. 67, n.º 3, pp. 222-252.

GRIFFIN, M. (ed.), 2009, *A companion to Julius Caesar*. Wiley Blackwell, Hoboken.

GRODZYNSKI, D., 1974, «Par la bouche de l'empereur», en J. P. Vernant et al. (eds.), *Divination et rationalité*. Éditions du Seuil, París, pp. 267-295.

HALSBERGHE, G. H., 1972, *The cult of Sol invictus*. E. J. Brill, Leiden.

HANNAH, R., 2005, *Greek and roman calendars. Construction of time in the classical world*. Duckworth, Londres.

HARRIES, J 2012, *Imperial Rome AD 284 to 363. The new Empire*. Edinburgh University Press, Edimburgo.

HERSCH, K. K., 2010, *The roman wedding. Ritual and meaning in antiquity*. Cambridge University Press, Cambridge.

HESLIN, P., 2007 «Augustus, Domitian and the so-called *horologium au-*

gusti», *The journal of roman studies*, vol. 97, pp. 1-20.

HOEY, A. S., 1937, «Rosaliae signorum», *The Harvard theological review*, vol. 30 n.º 1, pp. 15-35.

HOLLAND, L. A., 1937, «The shrine of the Lares Compitales», *Transactions and proceedings of the American Philological Association*, vol. 68, pp. 428-441.

HOLLIDAY, P. J., 1990, «Time, history and ritual on the *Ara Pacis Augustae*», *The art bulletin*, vol. 72, n.º 4, pp. 542-557.

HOPKINS, M. K., 1965, «The age of roman girls at marriage», *Population studies*, vol. 18, n.º 3, pp. 309-327.

HOUSMAN, A. E., 1932, *«Disticha de mensibvs»*, *The classical quarterly*, vol. 26, n.º 3/4, pp. 129-136.

HUBBARD, T. K., 2014, *A companion to greek and roman sexualities*. Wiley Blackwell, Hoboken.

HUMPHREYS, A. (ed.), 1998, *William Shakespeare: Julius Caesar*. Oxford University Press, Oxford.

IARA, K., 2015, «Moving in and moving out: ritual movements between Rome and its *suburbium*», en I. Östenberg, S. Malmberg y J. Bjornebye (eds.), *The Moving city. Processions, passages and promenades in ancient Rome*. Bloomsbury, Londres, Nueva Delhi, Nueva York y Sidney, pp. 125-132.

JOHNSON, V. L., 1959, «The superstitions about the *nundinae*», *The american journal of philology*, vol. 80, n.º 2, pp. 133-149.

—1960, «*Natalis urbis and principium anni*», *Transactions and proceedings of the American Philological Association*, vol. 91, pp. 109-120.

KALAS, G., 2015, *The restoration of the roman forum in late antiquity: transforming public space*. University of Texas Press, Austin.

KALLIS, A., 2011, «*Framing Romanità:* the celebrations for the *Bimillenario Augusteo* and the *Augusteo-Ara Pacis* project», *Journal of contemporary history, 46 (4)*, pp. 809-831.

KELLUM, B. A., 1994, «What we see and what we don't see. Narrative structure and the *Ara Pacis Augustae*», *Art history*, vol. 17, n.º 1, pp.26-45.

KER, J 2010, «*Nundinae:* the culture of the roman week», *Phoenix*, vol. 64, n.º 3/4, pp. 360-385.

KNAPP, R., 1986, «Cantabria and the era *consularis*», *Epigraphica*, vol. 48, pp. 115-146.

— 2011, *Los olvidados de Roma: prostitutas, forajidos, esclavos, gladiadores y gente corriente*. Ariel, Madrid.

KOORTBOJIAN, M., 2013, *The divinization of Caesar and Augsutus*. Cambridge University Press, Cambridge.

KOPTEV, A., 2005, «Three brothers at the head of archaic Rome: the king and his *Consuls*», *Historia: Zeitschrift für alte geschichte*, vol. 54, n.º 4, pp. 382-423.

KYLE, D. G., 1998, *Spectacles of death in ancient Rome*. Routledge, Londres y Nueva York.

LAJOYE, P., 2010, «*Quirinus*, un ancien dieu tonnant? Nouvelles hypotheses sur son étymologie et sa nature primitive», *Revue de l'histoire des religions*, 227, pp. 175-194.

LEHOUX, D. R., 2000, *Parapegmata, or, astrology, weather and calendars in the ancient world*, Tesis doctoral. University of Toronto.

—2007, *Astronomy, weather and calendars in the ancient world.* Cambridge University Press, Cambridge.

LINTOTT, A. W., 1968, «*Nundinae* and the chronology of the late roman republic», *The classical quarterly*, vol. 18, n.º 1, pp. 189-194.

LONG, C. R., 1987, *The twelve gods of Greece and Rome.* E. J. Brill, Holanda.

—1989, «The gods of the months in ancient art», *American journal of archaeology*, vol. 93, n.º 4, pp. 589-595.

—1992, «*The Pompeii* calendar medallions», *American journal of archaeology*, vol. 96, n.º 3, pp. 477-501.

LOTT, J. B., 2004, *The neighborhoods in augustan Rome.* Cambridge University Press, Cambridge.

MARQUÉS, N. F., 2015, «Monedas de guerra y triunfo de Octaviano. Las series *Caesar Divi F e Imp Caesar* (RIC I^2 250-274)», Saguntum, vol. 47, pp. 89-104.

MARZANO, A., 2013, *Harvesting the sea: the exploitation of marine resources in the roman mediterranean.* Oxford University Press, Oxford.

MATTINGLY, H., SYDENHAM, E. A., 1926, *The Roman Imperial Coin-*

age, vol. II*: Vespasian to Hadrian.* Spink and son LTD, Londres.

MATTINGLY, H., SYDENHAM, E. A., *Sutherland,* C. H. V., 1949, *The Roman Imperial Coinage*: vol. IV, part III: *Gordian III-Uranius Antoninus.* Spink and son LTD, Londres.

MAZZEI, P., 2005, «Alla ricerca di Carmenta, vaticini, scrittura e votive », Bullettino della Commissione Archeologica Comunale di Roma, vol. 106, pp. 61-81.

MCDONNELL, M., 2006, *Roman Manliness. Virtus and the roman Republic.* Cambridge University Press, Cambridge.

MCDONOUGH, C. M., 1997, «Carna, Proca and the strix on the calends of june», *Transaction of the american philological association* (1974), pp. 315-344.

—1999, «Forbidden to enter the ara *maxima*: dogs and flies, or dogflies?» *Mnemosyne,* vol. 52, n.º 4, pp. 464-477.

—2004, «The hag and the household gods: silence, speech and the family in mid-February (Ovid Fasti 2.533-638)», *Classical philology,* vol. 99, n.º 4, pp. 354-369.

MCGINN, T. A. J., 1998, *Prostitution, sexuality, and the law in ancient Rome.* Oxford University Press, Oxford.

MCLYNN, N., 2008, «Crying wolf: the Pope and the *lupercalia», The journal of roman studies,* vol. 98, pp. 161-175.

MICHELS, A. K., 1953, «The topography and interpretation of the *lupercalia», Transactions and proceedings of the american philological associ-*

ation, vol. 84, pp. 35-59.

—1967, *The calendar of the roman republic*. Princeton University Press, Princeton.

MOMMSEN, T. (ed.), 1863, *Corpus Inscriptionum Latinarum. Volumen primum. Inscriptiones latinae antiquissimae ad C. Caesar mortem.* Berolini apud Georgium Reimerum.

MONTANELLI, I., 2016, *Historia de Roma.* Trad. D. Pruna. Debolsillo, Madrid.

MOURITSEN, H., 2011, T*he freedman in the roman world.* Cambridge University Press, Cambridge.

MUÑOZ-SANTOS, M. E., 2016, *Animales in harena. Los animales exóticos en los espectáculos romanos.* Confluencias editorial.

NEWBY, Z., 2005, *Greek athletics in the roman world. Victory and virtue.* Oxford University Press, Oxford.

NOCK, A. D., 1930, «Σύνναος θεός» *Hardvard studies in classical philology*, vol. 41, pp. 1-62.

NORTH, J. A., 2008, «Caesar at the *lupercalia*», *The journal of roman studies*, vol. 98, pp. 144-160.

OGILVIE, R. M., 1969, *The romans and their gods in the age of Augustus.* W. W. Norton & Company, Nueva York y Londres.

ORUCH, J. B., 1981, «St. Valentine, Chaucer, and spring in February», *Speculum*, vol. 56, n.º 3, pp. 534-565.

PANDEY, N. B., 2013, «Caesar's comet, the julian star, and the invention of

Augustus», *Transactions of the american philological association*, vol. 143, n.° 2, pp. 405-449.

PASCAL, C. B., 1988, «Tibullus and the ambarvalia», *The American journal of philology*, vol. 109, n.° 4, pp. 523-536.

PIÑERO, A., 2006, *Guía para entender el Nuevo Testamento*. Trotta, Madrid.

PIÑERO, A. (ed.), 2009, *Todos los evangelios. Canónicos y apócrifos*. Edaf, Madrid, México, Buenos Aires, San Juan, Santiago, Miami.

POHLSANDER, H. A., 1969, «Victory: the story of a statue», *Historia: Zeitschrift für alte geschichte*, vol. 18, n.° 5, pp. 588-597.

PORTE, D., 1981, «*Romulus-Quirinus*, prince et dieu, dieu des princes. Étude sur le personnage de Quirinus et sur son évolution, des origins à Auguste», *Aufsteig und Niedergang der Römischen Welt*, II, 17.1, pp. 300-342.

POYNTON, J. B., 1938, «The public games of the romans», *Greece & Rome*, vol. 7, n.° 20, pp. 76-85.

PUGLIARELLO, M., 2003, «*Miraculum litterarum*: Evandro, Carmenta e l'alfabeto latino», *FuturAntico*, 1, pp. 281-301.

PUTNAM, M. C. J., 1986, *Artifices of eternity: Horace's fourth book of odes*. Cornell University Press, Ithaca y Londres.

RADKE, G., 1978, «Der Geburtstag des älteren Drusus», *Wurzburger Jahrbucher fur die Altertumswissenschaft*, 4, pp. 211-213.

RAINBIRD, J. S., 1986, «The fire stations of imperial Rome», *Papers of the british school at Rome*, vol. 54, pp. 147-169.

RAMSEY, J. T., LICHT, A. L., 1997, *The comet of 44 B.C. and Caesar's funeral games*. Scholars Press, Atlanta.

RANTALA, J., 2011, «No place for the dead: *Ludi saeculares* of 17 BC and the purificatory cults of may as part of the roman ritual year», en C. Krotzland, K. Mustakallio (eds.) *On old age: approaching death in Antiquity and the Middle ages*. Brepols, Turnhout, pp. 235-252.

ROHR, R., 1996, *Sundials: history, theory and practice*. Dover Publications, Nueva York.

ROSSINI, O., 2007, *Ara Pacis*. Electa, Roma.

RÜPKE, J., 2007, *Religion of the romans*. Trad. R. Gordon. Polity Press, Cambridge y Malden.

—2011, *The roman calendar from Numa to Constantine: Time, History and the Fasti*. Trad. D. M. B. Richardson, Wiley-Blackwell, Hoboken.

—2012, *Religion in republican Rome. Rationalization and ritual change*. University of Pennsylvania Press, Philadelphia.

—2016, *On roman religion. Lived religion and the individual in ancient Rome*. Cornell University Press, Ithaca y Londres.

SALZMAN, M. R., 1984, «The representation of april in the calendar of 354», *American journal of archaeology*, vol. 88, n.° 1, pp. 43-50.

—1990, *On roman time: The codex-calendar of 354 and the rhythms of urban life in late antiquity*. University of California Press, Berkeley, Los Ángeles y Londres.

—2004, «Pagan and christian notions of the week in the 4th century CE western roman empire», en R. M. Rosen (ed.) *Time and temporality in the ancient world.* University of Pennsylvania Museum of Archaeology and Anthropology, pp. 185-211.

SCULLARD, H. H., 1981, *Festivals and ceremonies of the roman republic.* Thames and Hudson Ltd., Londres.

SIMONSEN, K., 2003, «Winter sailing», *Mouseion: Journal of the classical association of Canada,* vol. 3, n.º 3, pp. 259-268.

SMITH, W., 1875, *A dictionary of greek and roman antiquities.* John Murray, Londres.

SNYDER, W. F., 1936, «Quinto nundinas pompeis», *The Journal of Roman Studies*, vol. 26, parte 1, pp. 12-18.

SPAETH, B. S., 1996, *The roman goddess Ceres.* University of Texas Press, Austin.

STAPLES, A., 1998, *From good goddess to vestal virgins. Sex and category in roman religion.* Routlendge, Londres y Nueva York.

STARR, R. J., 2010, «Augustus as Pater Patriae and patronage decrees», *Zeitschrift für papyrologie und epigraphik,* 172, pp. 296-298.

STEFANI, G., 2006, «La vera data dell'eruzione», *Archeo*, n.º 10, pp. 10-13.

STEPHENSON, R., KEVIN, Y., 1984, «Oriental tales of Halley's comet», *New scientist*, vol. 102, n.º 1423, pp. 30-32.

STERN, H., 1953, *Le calendrier de 354.* Étude *sur son texte et sur ses illus-*

trations. Librairie Orientaliste Paul Geuthner, París.

—1981, «Les calendriers romains illustrés», *Aufsteig und Niedergang der Römischen Welt*, II, 12, 2, pp. 431-475.

STEWART, A., 1993, *Faces of power: Alexander's image and Hellenistic politics*. University of California Press, Berkeley, Los Ángeles, Oxford.

SUTHERLAND, C. H. V., 1984, *The Roman Imperial Coinage*, vol. I, edición revisada. *From 31 BC to AD 69*. Spink and son LTD, Londres.

TAKÁCS, S. A., 1995, *Isis and Serapis in the roman world*. E. J. Brill, Leiden, Nueva York y Colonia.

TAMMUZ, O., 2005, «*Mare clausum?* Sailing seasons in the Mediterranean in early antiquity», *Mediterranean historical review*, vol. 20, n.º 2, pp. 145-162.

TAYLOR, L. R., 1937, «Tiberius' ovatio and the *ara numinis augusti*», *The american journal of philology*, vol. 58, n.º 2, pp. 185-193.

—1942, «The election of the *Pontifex Maximus* in the late Republic», *Classical philology*, vol. 37, n.º 4, pp. 421-424.

TERES, G., 1984, «Time computations and *Dionysius Exiguus*», *Journal of the History of astronomy*, vol. 15, pp. 177-188.

THOMAS, P., 2010, «Gladiatorial games as a mens of political communication during the roman republic», *Fundamina*, vol. 16, n.º 2, pp. 186-198.

THOMAS, R., ZIOLKOWSKI, J. M., 2013, *The Vergil encyclopedia*. Wiley Blackwell, Hoboken.

TOHER, M., 2017, *Nicolaus of Damascus: The life of Augustus and the au-*

tobiography. Cambridge University Press, Cambridge.

TURFA, J. M., 2012, *Divining the etruscan world. The brontoscopic calendar and religious practice*. Cambridge University Press, Cambridge.

VERSNEL, H. S., 1993, *Inconsistencies in greek and roman religion,* vol. II: *Transition and reversal in myth and ritual*. E. J. Brill, Leiden, Nueva York y Colonia.

VOUT, C., 2012, *The hills of Rome. Signature of an eternal city*. Cambridge University Press, Cambridge.

WALLACE-HADRILL, A., 1987, «Time for Augustus: Ovid, Augustus and the *fasti*», en M. Whitby, P. Hardie y M. Whitby (eds.), *Homo viator: classical essays for John Bramble*, pp. 221-230.

WEINSTOCK, S., 1971, *Divus Julius*. Oxford University Press, Oxford.

WISEMAN, T. P., 1974, «The circus flaminius», *Papers of the british school at Rome*, vol. 42, pp. 3-26.

—1985, «The god of the Lupercal», *The journal of roman studies*, vol. 85, pp. 1-22.

ZANGEMEISTER, C., SCHOENE, R. (eds.), 1871, *Corpus Inscriptionum latinarum. Volumen quartum. Inscriptiones parietariae pompeianae, hercvlanenses stabianae*. Berolini apud Georgium reimerum.

ZANKER, P., 1992, *Augusto y el poder de las imágenes*. Trad. P. Diener Ojeda, Alianza editorial, Madrid.

ZIOLKOWSKI, A., 1998-1999, «Ritual cleaning-up of the city: from the Lupercalia to the Argei». *Ancient Society*, vol. 29, pp. 191-218.

—1992, *The temples of the mid-republican Rome and their historical and topographical context.* L'Erma de Bretschneider, Roma.

附 录

罗马城平面图

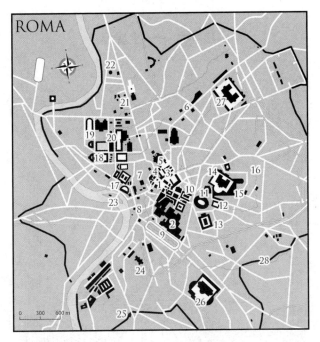

费罗卡利纪年表的一星期七天

星期六——土星日

土星日及其所有的小时，无论是白天还是晚上，
一切都变得不确定和困难。
这一天出生的人体弱多病，隐藏的东西不会被找到，
生病的人会死，盗窃行为不会被发现。

星期日——太阳日

太阳日及其所有的小时，无论是白天还是晚上，
宜乘船旅行或轮船初次下水。
这一天出生的人是健康的，隐藏的东西会被找到，
生病的人将会康复，盗窃行为会被发现。

星期一——月亮日

NOCT

I	IOV	B
II	MAR	N
III	SOL	C
IIII	VEN	B
V	MER	C
VI	LVN	C
VII	SAT	N
VIII	IOV	B
IX	MAR	N
X	SOL	C
XI	VEN	B
XII	MER	

DIVR

I	LVN	C
II	SAT	N
III	IOV	B
IIII	MAR	N
V	SOL	C
VI	VEN	B
VII	MER	C
VIII	LVN	C
IX	SAT	N
X	IOV	B
XI	MAR	N
XII	SOL	C

LVNAE DIES C

El día de la Luna y sus horas, ya sean nocturnas o diurnas, son propicios para abonar el campo y para hacer pozos o cisternas. Los nacidos en este día serán saludables, el que se esconda será encontrado, el que caiga enfermo se recuperará, el robo cometido sera descubierto.

月亮日及其所有的小时，无论是白天还是晚上，
宜给田地施肥和挖掘水井或蓄水池。
这一天出生的人是健康的，隐藏的东西会被找到，
生病的人将会康复，盗窃行为会被发现。

星期二 —— 火星日

NOCT

I	VEN	B
II	MER	C
III	LVN	C
IIII	SAT	N
V	IOV	B
VI	MAR	N
VII	SOL	C
VIII	VEN	B
IX	MER	C
X	LVN	C
XI	SAT	N
XII	IOV	B

DIVR

I	MAR	N
II	SOL	C
III	VEN	B
IIII	MER	C
V	LVN	C
VI	SAT	N
VII	IOV	B
VIII	MAR	N
IX	SOL	C
X	VEN	B
XI	MER	C
XII	LVN	C

MARTIS DIES N

El día de Marte y sus horas, ya sean nocturnas
o diurnas, son favorables para alistarse en el
ejército y hacer la guerra. Los nacidos en este
día serán enfermizos, el que se esconda no será
encontrado, el que caiga enfermo morirá, el robo
cometido no será descubierto.

火星日及其所有的小时，无论是白天还是晚上，
宜参军和发动战争。
这一天出生的人体弱多病，隐藏的东西不会被找到，
生病的人会死，盗窃行为不会被发现。

星期三 —— 水星日

NOCT

I	SAT	N
II	IOV	B
III	MAR	N
IIII	SOL	N B
V	VEN	C
VI	MER	C
VII	LVN	C N
VIII	SAT	N
IX	IOV	B
X	MAR	N
XI	SOL	N
XII	VEN	B

DIVR

I	MER	C
II	LVN	C
III	SAT	C N
IIII	IOV	B
V	MAR	N C
VI	SOL	C
VII	VEN	B
VIII	MER	C
IX	LVN	C
X	SAT	N
XI	IOV	B
XII	MAR	N

MERCVRII DIES C

El día de Mercurio y sus horas, ya sean nocturnas o diurnas, son favorables para negociar con granjeros, procuradores o comerciantes. Los nacidos en este día serán saludables, el que se esconda sera encontrado, el que caiga enfermo se recuperará rápidamente, el robo cometido será descubierto.

水星日及其所有的小时，无论是白天还是晚上，
有利于与农场主、代理人或商人做生意。
这一天出生的人是健康的，隐藏的东西会被找到，
生病的人将会康复，盗窃行为会被发现。

星期四——木星日

El día de Júpiter y sus horas, ya sean nocturnas o diurnas, son propicios para pedir un favor, para hablar con los poderosos y para pagar una cuenta. Los nacidos en este día serán saludables, el que se esconda sera encontrado rápidamente, el que caiga enfermo se recuperará, el robo cometido será descubierto.

木星日及其所有的小时，无论是白天还是晚上，
宜求助，与有权势者交谈并支付账单。
这一天出生的人是健康的，隐藏的东西会被找到，
生病的人将会康复，盗窃行为会被发现。

星期五 —— 金星日

El día de Venus y sus horas, ya sean nocturnas o diurnas, son favorables para comprometerse [en matrimonio] y para enviar a los niños y las niñas a la escuela. Los nacidos en este día serán saludables, el que se esconda será encontrado rápidamente, el que caiga enfermo se recuperará, el robo cometido sera descubierto.

金星日及其所有的小时，无论是白天还是晚上，
宜承诺（结婚），送男孩和女孩上学。
这一天出生的人是健康的，隐藏的东西会被找到，
生病的人将会康复，盗窃行为会被发现。

保存下来的一些主要纪年表复制品

　　除了安提阿特斯纪年表——到目前为止发现的前儒略历的唯一副本，其日期可以追溯到公元前 1 世纪上半叶，是在黑红相间的圆柱石膏上画的，目前发现的其他纪年表都以残片的形式保存下来，主要创作于奥古斯都和提比略皇帝时期（公元 1 世纪初）。

　　这些纪年表大约有 50 个手抄本，主要是在罗马和意大利中部的城市发现的，大部分都雕刻在大理石上，有小尺寸的，如玛吉斯特罗路姆·维奇纪年表，总高度不超过一米；也有更高大宏伟的，如普拉埃奈斯提尼纪年表，其尺寸早期可能超过两米的高度和五米高的宽度。只有两个罗马帝国后期的复制品超过了这两个尺寸：4 世纪的费罗卡利纪年表和 5 世纪的拉特库鲁斯·波莱米·西尔维纪年表。

　　下面是我们从保存至今的一些纪年表上复制的有趣残片。

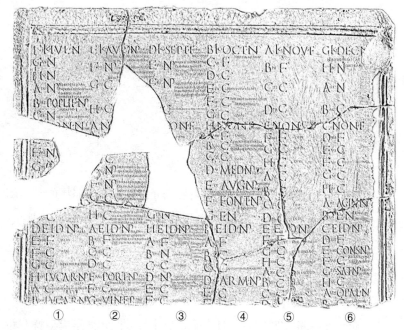

阿米特尼尼纪年表，提比略时期。残片对应于以下月份：① 七月；② 八月；③ 九月；④ 十月；⑤ 十一月；⑥ 十二月。

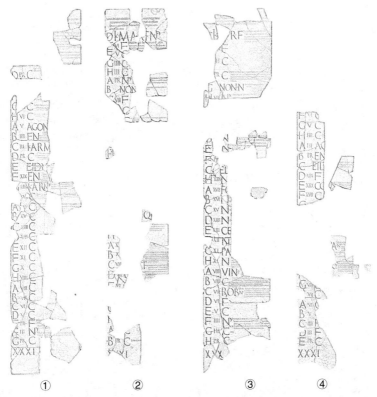

普拉埃奈斯提尼纪年表，奥古斯都统治末期。残片对应于下列月份：① 一月；② 三月；③ 四月；④ 十二月。

帕乌利尼尼纪年表，奥古斯都时期。残片对应于十月初。

瓦迪卡尼纪年表，提比略时期。残片对应于三月和四月。

致　谢

　　感谢我曾经的工作单位中国科学院国家授时中心，我在那里获得的授时方面的知识是我翻译本书的动机，因为这本著作的内容恰好是关于古罗马人如何计算时间的。感谢我的家人多年来的支持和无私付出，使我能够从事西班牙语教学和研究工作，并因此有缘翻译本书。感谢天津外国语大学西班牙语教师——熟语学和历史语言学博士韩芳女士，她审定了本书的拉丁语术语翻译。感谢西班牙《卡斯蒂利亚北方报》（*Castilla el Norte*）记者玛丽亚·尤金妮亚·加西亚·马科斯·加西亚斯（María Eugenia Marcos Garcías）女士的热心帮助，与她的邮件联系为我及时解除了在翻译过程中对古罗马文化方面的疑惑。

刘雅虹

图书在版编目（CIP）数据

古罗马的一年：透过历法看古罗马人的日常生活 /
〔西〕内斯托尔·F.马奎斯著；刘雅虹译. —上海：上
海三联书店，2023.4
ISBN 978-7-5426-7987-1

I.①古… II.①内… ②刘… III.①古历法－研究
－古罗马 IV.① P194.3

中国版本图书馆 CIP 数据核字（2022）第 241043 号

古罗马的一年：透过历法看古罗马人的日常生活

著　　者／〔西〕内斯托尔·F.马奎斯
译　　者／刘雅虹
责任编辑／王　建
特约编辑／苑浩泰
装帧设计／鹏飞艺术
监　　制／姚　军
出版发行／上海三联书店
　　　　　（200030）中国上海市漕溪北路331号A座6楼
邮购电话／021-22895540
印　　刷／三河市中晟雅豪印务有限公司
版　　次／2023 年 4 月第 1 版
印　　次／2023 年 4 月第 1 次印刷
开　　本／960×640　1/16
字　　数／166千字
印　　张／29.5

ISBN 978-7-5426-7987-1/P·11

定　价：69.00元

UN AÑO EN LA ANTIGUA ROMA : La vida cotidiana de los romanos a
través de su calendario
© Néstor F. Marqués, 2018
© Espasa Libros, S. L. U., 2018
© 2023 for this book in Simplified Chinese language by Phoenix-Power
Cultural Development Co., Ltd.
Ilustraciones de interior: Silvia Gutiérrez San José
Mapa de Roma (pág. 441): Néstor F. Marqués
Imágenes de los *fasti*: archivo fotográfico del autor (*fasti praenestini, paulini
y vaticani*); De Agostini/Getty Images (*fasti amiternini*)
Cover by Phoenix-Power Cultural Development Co., Ltd.

著作权合同登记号　图字：09-2022-0902 号